W0189315

Menschmaschinen

LMB 2002/003

Dr. Rodney Brooks ist Direktor des Artificial Intelligence Lab am Massachusetts Institute of Technology (MIT) und technischer Direktor von iRobot
Corp. Er begann seine Karriere als Forscher an der Carnegie Mellon University und erhielt 1984 eine Professur am MIT. Er hat sich mit bahn-
brechenden Erfindungen einen Namen gemacht und ist Mitbegründer der
American Association for Artificial Intelligence.

Rodney Brooks

Menschmaschinen

Wie uns die Zukunftstechnologien neu erschaffen

**Aus dem Amerikanischen von
Andreas Simon**

**Campus Verlag
Frankfurt/New York**

Die amerikanische Originalausgabe erschien 2002 unter dem Titel *Flesh and Machines* bei
Pantheon Books, a division of Random House, New York.
Copyright © 2002 Rodney Brooks

Redaktion der deutschen Übersetzung: Dr. Michael Charlier, Susanne Rebscher

Die Deutsche Bibliothek – CIP-Einheitsaufnahme

Ein Titeldatensatz für diese Publikation ist bei
Der Deutschen Bibliothek erhältlich
ISBN 3-593-36784-X

Das Werk einschließlich aller seiner Teile ist urheberrechtlich geschützt.
Jede Verwertung ist ohne Zustimmung des Verlags unzulässig.
Das gilt insbesondere für Vervielfältigungen, Übersetzungen, Mikroverfilmungen und
die Einspeicherung und Verarbeitung in elektronischen Systemen.
Copyright der deutschen Ausgabe © 2002 Campus Verlag GmbH, Frankfurt/Main
Umschlaggestaltung: mancini-design, Frankfurt/Main
Umschlagmotiv: © Getty Images Stone
Satz: TypoForum GmbH, Nassau
Druck und Bindung: Wiener Verlag GmbH, Himberg
Gedruckt auf säurefreiem und chlorfrei gebleichtem Papier.
Printed in Austria

Besuchen Sie uns im Internet: www.campus.de

Inhalt

Danksagung

Ich möchte all jenen danken, die mich zu diesem Buch inspiriert und mir bei seiner Abfassung geholfen haben. Meine liebe Frau Janet Sonenberg hat mich ermutigt und mich während der ganzen Zeit unterstützt. Ohne sie würde es dieses Buch nicht geben. Ich möchte außerdem den folgenden Menschen danken:

- allen meinen Studenten, die mir über die Jahre geholfen haben, Roboter zu bauen und einen Weg zu finden, lebensähnliches Verhalten bei nicht lebensähnlichen Geschöpfen zu bewirken;

- meinen Sponsoren von der Defense Advanced Research Projects Agency, vom Office of Naval Research und in jüngerer Zeit von der Nippon Telegraph and Telephone Corporation, die über die Jahre die Geduld und das Vertrauen hatten, dass aus meinen verrückten Ideen etwas Gutes entstehen würde;

- den Mitarbeitern des Massachusetts Institute of Technology, die mir, auch wenn sie selbst nicht ganz daran glaubten, meine Arbeit ermöglicht haben und mutig für die akademische Freiheit einstanden;

- Marvin Minsky, der mich seit meiner Jugend inspiriert hat;

- den regelmäßigen Teilnehmern von Dan Dennett's Salon, darunter Marcel Kinsbourne, Marc Hauser, Ray Jackendoff und Tecumseh Fitch, sowie den früheren, zeitweiligen und künftigen Mitgliedern, die immer bereit waren, über das Wesen des Seins zu diskutieren;

• Annika Pfluger, meiner langjährigen Assistentin, welche die Grafiken in diesem Buch gezeichnet hat und zusammen mit Sally Persing schwierig aufzufindende Quellenverweise für mich aufspürte;

• den Science-Fiction-Schriftstellern und -Filmregisseuren, die uns inspirieren, selbst wenn sie völlig falsch liegen, aber besonders, wenn sie den menschlichen Geist herausfordern, über sich hinauszugehen;

• Colin Angle und Helen Greiner, die in den letzten elf Jahren an meiner Seite standen und mit mir gemeinsam versucht haben, diese Träume in unserer Welt Realität werden zu lassen;

• meinen Lektoren Dan Frank und Stefan McGrath, die mir unschätzbare Kritik und Anregungen gaben.

Vorwort

Ich habe mein Leben dem Bau intelligenter Roboter gewidmet – von Robotern, die heute erstmals aus den Labors in die reale Welt hinaustreten. Während die Roboter immer klüger werden, sorgt sich manch einer, was wohl geschehen wird, wenn sie einmal wirklich intelligent geworden sind. Werden sie zu dem Schluss kommen, dass wir Menschen nutzlos und dumm sind? Werden sie die Welt von uns übernehmen? Ich bin in der letzten Zeit zu der Überzeugung gelangt, dass dies nie geschehen wird. Denn es wird in diesem Sinne kein »wir« (die Menschen) mehr geben, von denen »sie« (die reinen Roboter) die Herrschaft übernehmen könnten.

Nein, wir stehen nicht vor einer Katastrophe vom Ausmaß eines Asteroideneinschlags, der die Menschheit in ein vortechnologisches Zeitalter zurückkatapultieren würde. Stattdessen befinden wir uns längst auf einer Reise ohne Rückfahrschein und haben mit der technologischen Manipulation des menschlichen Körpers begonnen. In den ersten Jahrzehnten des neuen Jahrtausends werden solche Eingriffe moralisch noch heftig umstritten sein. Man wird sie infrage stellen, ablehnen oder befürworten. Verschiedene Kulturen werden sie schließlich in unterschiedlicher Geschwindigkeit akzeptieren, wie es derzeit mit Organtransplantationen geschieht, die zum Beispiel in Deutschland längst Routine sind, während sie in Japan noch weitgehend abgelehnt werden. Letztlich liegt es jedoch in unserem Wesen, technologische Manipulation am menschlichen Körpers allgemein zu akzeptieren.

Aber von welchen Technologien ist hier die Rede? Es gibt bereits Tausende von ehemals tauben Menschen, die heute mithilfe von Implantaten in einem Teil des Innenohres, der so genannten Schnecke, wieder hören können – mithilfe von Geräten, deren Elektronik eine direkte Verbindung zum Nervensystem hat. Es wurden bereits erste Versuche am Menschen mit Netzhautchips vorgenommen, die in die Augen von Blinden einge-setzt wurden (bei bestimmten Formen von Blindheit wie der Makuladege-neration) und diesen wieder einfache Wahrnehmungen ermöglichen. Kürzlich kam mir in unserem Labor ein Forscher aus dem Fahrstuhl ent-gegen, der trotz doppelter Beinamputation zu Fuß unterwegs war. Von den Knien aufwärts war er ganz Mensch, von den Knien abwärts ganz Roboter – noch dazu ein Prototyp: Metallschäfte, mit magnetostriktiver Flüssigkeit angefüllte Gelenke, Einplatinenrechner, Batterien, Verbin-dungsmuffen und überall herabbaumelnde Drähte. Keine Spur von anti-septischer Verpackung: Die ganze Technik war für alle sichtbar.

Forscher implantieren heute Chips in tierisches und manchmal auch menschliches Gewebe und stellen Verbindungen zu Nervenzellen her. Wir beobachten die ersten Anfänge direkter neuronaler Verbindungen zwischen Mensch und Maschine. Gleichzeitig wächst die Akzeptanz aller möglichen chirurgischen Eingriffe in den menschlichen Körper. Ich frage mich, ob ich mit meiner schweren Brille auf der Nase nicht schon den Anschluss verpasst habe: In den USA und mittlerweile auch in Europa kann man heute einfach ins nächste Einkaufszentrum fahren und seine Sehfähigkeit mit Laserchirurgie korrigieren lassen. Und wäh-rend all dies geschieht, wird durch die Gentherapie die Manipulation unseres Körpers auf zellulärer Ebene Wirklichkeit.

Athleten, die vor Wettkämpfen Steroide einnehmen, werden disquali-fiziert. Sehr bald werden wir vielleicht Schulkindern mit implantierten neuralen Internetverbindungen verbieten müssen, diese einzuschalten, wenn sie ihre Abiturklausuren schreiben. Nicht allzu lange danach könnte es praktisch zwingend werden, solche Implantate zu haben, um am Internet-Abitur teilnehmen zu können.

Angesichts dieser Trends wird es in naher Zukunft zu einer Verschmel-zung von menschlichem Körper und Maschine kommen. Wir Menschen werden das Beste haben, was Maschinen bieten können, aber wir werden zugleich über unser biologisches Erbe verfügen, um den jeweiligen Stand der Maschinentechnologie zu steigern. Daher werden wir (die Roboter-Menschen) ihnen (den reinen Robotern) einen Schritt voraus sein. Wir müssen uns also keine Sorgen machen, dass sie eines Tages die Herrschaft übernehmen könnten.

Cambridge, Massachusetts
Februar 2001

1
Tänze mit Maschinen

Was die Menschen von den Tieren unterscheidet, sind Sprachvermögen und Technologie. Viele Tierarten verfügen über ein großes Repertoire allein an Warnrufen. Bei den südafrikanischen Meerkatzen bedeutet ein Schrei, dass ein Raubvogel in der Luft ist, ein anderer, dass eine Schlange am Boden kriecht. Alle Mitglieder der Art erkennen die Verbindung zwischen bestimmten Lauten und solchen primitiven Bedeutungen. Aber keine Meerkatze kann jemals zu einer anderen sagen:»Hey, erinnerst du dich an die Schlange, die wir vor drei Tagen gesehen haben? Da unten ist eine, die ganz genauso aussieht.« Das erfordert Sprachvermögen, und Meerkatzen besitzen kein Sprachvermögen.

Einige Schimpansen und Gorillas haben in Experimenten viele Dutzend Substantive, ein paar Adjektive und einige Verben in Form von Zeichen oder Symbolen gelernt. Sie haben diese Symbole manchmal in neuer Weise zusammengesetzt, wie zum Beispiel»Wasser-Vogel«, um sich auf eine Ente zu beziehen. Aber sie konnten nie etwas Anspruchsvolles sagen wie:»Bitte gib mir die gelbe Frucht, die in der Tasche ist.« Das erfordert Sprachvermögen, und Schimpansen und Gorillas besitzen kein Sprachvermögen.

Irene Pepperberg hat mehr als 20 Jahre lang einen mittlerweile berühmten Graupapageien namens Alex aufgezogen und trainiert, zuerst an der Universität von Arizona und in jüngerer Zeit am Massachusetts Institute of Technology (MIT). Ihre Ergebnisse sind verblüffend und haben Skeptiker weit vorsichtiger gemacht, welche Sprachfähigkeiten sie Tieren, selbst solchen mit Spatzenhirnen, absprechen. Alex kann Wörter hören und sprechen. Er kann Fragen beantworten wie:»Wie viele runde, grüne Dinge sind auf dem Tablett?«, selbst wenn er die beiden Adjektive »rund« und »grün« zum ersten Mal zusammen hört. Als seine Trainerin zum Mittagessen ging, sagte Alex einmal:»Ich gehe nur zum Mittagessen und bin in zehn Minuten zurück«. Aber Alex plapperte hier nur nach – eben wie ein Papagei –, was er zuvor unter solchen Umständen von seiner Lehrerin gehört hatte. Er sagte nie:»Ich sehe, dass du zum Mittagessen gehst. Ich schätze, dass du in zehn Minuten zurück bist.« Das erfordert Sprachvermögen, und Alex besitzt kein Sprachvermögen.

Biber fällen Bäume, um Dämme zu bauen und Bäche zu stauen. So schaffen sie Teiche, in denen die Gräsern wachsen, von denen sie sich vorzugsweise ernähren. Vögel bauen Nester aus Zweigen, Grashalmen und anderem Material, zum Beispiel Wollfäden. Aber keine dieser Fertigkeiten ist eine Technik oder gar Technologie im wahren, menschlichen Sinne des Wortes. Es sind genetische Programme, die nur in stereotypen Situationen abrufbar sind. Die Tiere können sie nicht generalisieren und neuen Umständen anpassen.

Schimpansen allerdings benutzen in unterschiedlichen sozialen Gruppen verschiedene Werkzeuge. Die Schimpansen im Gombe-Reservat in Tansania suchen sich lange Zweige, entblättern sie, stochern damit in Ameisennestern und ziehen die essbaren Ameisen heraus. Die Schimpansen im Tai-Wald an der Elfenbeinküste wissen nicht, wie man das macht, aber anders als ihre Artgenossen in Tansania benutzen sie Baumstümpfe und Steine als Ambosse und verwenden dann einen hölzernen oder steinernen Hammer, um Nüsse zu knacken. Die Schimpansen lernen also in ihrer jeweiligen sozialen Gruppe, diese Werkzeuge einzusetzen, aber es kommt nur selten zur Erfindung neuer Anwendungsmöglichkeiten von Werkzeug. Dieselben Gruppen wurden mittlerweile über Jahrzehnte hinweg beobachtet, ohne dass in dieser Hinsicht Innovationen festgestellt werden konnten. Und natürlich gibt es auch keine altertümlichen Schimpansenwerkzeuge, die von Archäologen ausgegraben wurden. Schimpansen und andere Tiere verfügen über nichts, was auch nur entfernt an menschliche Technik oder Technologie erinnert.

Die einzigen erhaltenen nichtmenschlichen Werkzeuge stammen von den Neandertalern. Die Neandertaler waren ihrer Gestalt nach den Menschen sehr ähnlich und es wird heute debattiert, ob sich Menschen und Neandertaler möglicherweise gekreuzt haben. Es ist nicht bekannt, ob die Neandertaler Sprachvermögen besaßen und ob sie die anatomischen Voraussetzungen zur Atemkontrolle mitbrachten, die für das Sprechen notwendig ist. Vielleicht verfügten sie bereits über eine Syntax in ihrer

Zeichensprache, wie man sie in der Gehörlosensprache findet. Mit Sicherheit besaßen sie Techniken, um komplexe Handwerkzeuge, Waffen und Schmuck anzufertigen, das Feuer zu beherrschen und kunstvolle Begräbnisstätten anzulegen. Den Menschen ist es aber gelungen, die gesamte Art vollständig zu verdrängen.

Bleiben nur noch wir Menschen. Wir allein sind es auf der Erde, die Sprachvermögen besitzen, und nur wir verfügen über Technik und Technologie. Bis jetzt.

Was ist mit den Maschinen? Die meisten Menschen unterscheiden heute klar zwischen den Robotern aus der Science-Fiction-Welt und den Maschinen in ihrem täglichen Leben. In Filmen wie *Krieg der Sterne*, *Raumschiff Enterprise* und *2001: Odyssee im Weltraum* sehen wir intelligente Maschinen, die Namen tragen wie 3CPO, R2D2, Commander Data und HAL. Aber unsere Rasenmäher, Autos oder Textverarbeitungssysteme können ihnen nicht entfernt das Wasser reichen. Die Science-Fiction-Konstrukte und die Maschinen, mit denen wir leben, gehören zwei völlig verschiedenen Welten an. Die Fantasiemaschinen verfügen über Sprachvermögen und Technologie, äußern Gefühle, Wünsche und Ängste, sie lieben und sind stolz. Für unsere realen Maschinen gilt das nicht. Oder zumindest sieht das zum Anbruch des neuen Jahrtausends so aus. Aber wie wird es in hundert Jahren sein? Meine These ist, dass in nur 20 Jahren die Grenze zwischen Fantasie und Realität fallen wird. In nur fünf Jahren wird sie bereits in einer Weise überschritten sein, die so schwer vorstellbar ist wie noch vor zehn Jahren die tägliche Benutzung des World Wide Web.

Im Verlauf der gesamten, durch Aufzeichnungen und archäologische Funde dokumentierten Menschheitsgeschichte wurde das menschliche Leben in dramatischer Weise von technischen Revolutionen verändert. Solche Revolutionen ereigneten sich in der jüngeren Geschichte immer öfter. An den Beginn der jüngsten von ihnen, der *digitalen Revolution*, können sich die meisten von uns noch erinnern. Heute sind die Umstrukturierung unserer Welt, die diese Revolution ausgelöst hat, und die damit verbundenen Konflikte in vollem Gang. Sie führen zu einer Umverteilung von Reichtum und Macht und geben unseren Städten und unseren Lebensstilen ein neues Gesicht.

Es scheint, als brauchten wir nur erfreut zu verfolgen, wie diese Revolution ihren atemberaubenden Lauf nimmt. Aber so einfach ist das leider nicht. Tatsächlich kommt nicht nur eine weitere neue Technologierevolution wie ein gewaltiger Sturm auf uns zu, der unser Leben durcheinander wirbeln wird, sondern es sind gleich zwei. Diese beiden neuen Revolutionen werden uns fast gleichzeitig treffen.

Technische Revolutionen

Schon vor Beginn der aufgezeichneten Geschichte haben technische Innovationen das Leben der Menschen verwandelt. In der Vergangenheit vollzogen sich diese Transformationen Schritt für Schritt und über viele Generationen hinweg. Heute können technologische Innovationen unser Leben innerhalb einer Lebensspanne viele Male verändern.

In meiner Jugend in Australien dauerte es drei Monate, bis wissenschaftliche Neuigkeiten bei uns ankamen, denn so lange brauchte das Schiff, das wissenschaftliche Publikationen aus England zu uns brachte. Doch das änderte sich. 1984 war ich Mitgründer von Lucid, einer Firma in Silicon Valley an der Westküste der USA. Zur gleichen Zeit erhielt ich eine Stelle am Massachusetts Institute of Technology (MIT) an der Ostküste. Für unsere Firma schrieb ich eine Software in der Programmiersprache Common Lisp und sorgte für ihre Implementierung. Da ich von meiner Wohnung in Massachusetts aus arbeitete, schickten wir zuerst mit dem privaten Postdienst Federal Express täglich 20-Megabyte-Magnetbänder quer durch das ganze Land. Später stand mir eine teure Festnetzleitung mit einem Durchsatz von 19,2 Kbaud zur Verfügung; kurz bevor uns das in den Bankrott trieb, konnte ich Anfang der neunziger Jahre meine Daten gebührenfrei über das Internet verschicken. Ich benutzte also drei oder vier Generationen von Technologien zur Informationsverbreitung, bevor ich langsam in die mittleren Jahre kam. Ich erlebte persönlich wie im Zeitraffer die Geschichte der technologischen Veränderungen unseres Lebens am Beispiel verschiedener Maschinen. Obwohl sich diese Veränderungen im Vergleich zu denen, die unsere Vorfahren erlebten, mit rasender Geschwindigkeit vollzogen, waren sie in meinem Fall weit weniger gewaltsam oder auch nur unangenehm. Wie unser Sprachvermögen, so definiert uns auch unsere Technologie.

In der Frühgeschichte benutzten die Menschen sehr schlichte Maschinen. Sie waren so einfach, dass mancher sie kaum als Maschinen bezeichnen würde. Ein Knüppel ermöglichte dem Schlagenden, die Geschwindigkeit der niederfahrenden Hand zu beschleunigen und eine weit größere Aufschlagskraft zu erzielen als mit der bloßen Faust. Ein Handpflug konzentrierte die angewendete Kraft auf einen Punkt, die Pflugschar. Der Flaschenzug erlaubte, große Kräfte über kurze Strecken einzusetzen, indem die menschliche Hand mit geringer Kraft eine größere Entfernung zurücklegte. All diese »Maschinen« bildeten physische Erweiterungen zur Umformung von Kräften. Alle erforderten direkte menschliche Kraftanwendung, und alle bedurften der beständigen Kontrolle durch den Menschen, der sie in jeder Sekunde bedienen und beherrschen musste. Diese frühen Maschinen wiesen im Vergleich zu den heutigen keine große Komplexität auf. Aber sie ermöglichten die erste große Revolution in der Menschheitsgeschichte: Sie waren die Voraussetzung für die *Ackerbaurevolution*, die vor ungefähr 10000 Jahren begann. Diese Revolution vollzog sich nicht abrupt, sie brauchte Tausende von Jahren, um sich weltweit durchzusetzen.

Während dieser Übergangsphase wurden andere entscheidende Maschinen wie Schmelzöfen und das Rad erfunden. Das Rad tauchte zuerst vor 8500 Jahren auf, aber es dauerte weitere 3000 Jahre, bevor die Sumerer Fahrzeuge erfanden, die von Tieren gezogen wurden. Mit dieser Erfindung gewannen die Maschinen ein gewisses Maß an Autonomie. Die Menschen mussten nun nicht mehr jeden Moment Kontrolle ausüben. Sie konnten nun zum Beispiel einem Pferd eine Richtung vorgeben und ihm die Bewältigung des Weges überlassen.

Die von Tieren gezogenen Maschinen – wie Wagen und Pflüge – bewirkten vor etwa 5500 Jahren die zweite große Revolution in der Menschheitsgeschichte. Die Sumerer waren mit ihnen in der Lage, Sumpfgebiete trockenzulegen, neues Ackerbauland zu bewässern, große Anbauflächen für dauerhaften Ackerbau zu pflügen und landwirtschaftliche Produkte zu transportieren. Außerdem verminderte der Einsatz der halbautonomen Maschinen und Bewässerungssysteme die Zahl der zur Nahrungsproduktion erforderlichen Menschen. Es kristallisierten sich neue Aufgabenbereiche und Rollen in der Gesellschaft heraus: die der Priester, Künstler, Kaufleute und, am wichtigsten, die der Regenten. So kam es zur »zivilisatorischen Revolution«.

Die nächsten paar Tausend Jahre brachten eine langsame Zunahme an technischen Neuerungen, darunter Wasseruhren, Windmühlen und andere einfache autonome Maschinen. Sie ermöglichten das Wachstum der Städte, aber der Großteil der Bevölkerung lebte weiterhin auf dem Land. Erst mit der Erfindung der Dampfmaschine durch Thomas Newcomen 1705 und der Verwendung von Koks statt Holzkohle bei der Befeuerung von Eisenhütten durch Abraham Darby 1709 war die Zeit reif für die *industrielle Revolution*. Als James Watt 1765 Newcomens Konstruktion einen separaten Kondensator hinzufügte, erhöhte sich die Effizienz der Dampfmaschinen in dem Maße, in dem sie an Größe verloren. Sie waren nun stark genug, um sich auf Rädern fortzubewegen oder Mühlen aller Art mit wirtschaftlicher Energie zu versorgen.

In den folgenden 200 Jahren veränderte sich das menschliche Siedlungsmuster radikal. Die Mehrzahl der Menschen zog in die Städte. Grob formuliert, verrichteten sie im Wesentlichen zwei Arten von Arbeit: Die einen lieferten die jeweils erforderliche Intelligenz, um die Horden von Maschinen in Gang zu halten, die Materialien zu Gütern verarbeiteten. Die Energiesysteme waren autonom, aber die Kontrolle der einzelnen Maschinen war es nicht. Hier mussten noch Menschen mit häufig geistlosen, monotonen Tätigkeiten einspringen. Die anderen lieferten die physische Arbeitskraft, die Maschinen noch nicht erbringen konnten. Es waren immer noch Menschen, die Züge be- und entluden, Mauern hochzogen und Holzbalken verzapften, um Häuser zu bauen, einzelne Pflanzen kultivierten, wo ein massenhafter Anbau wie bei Getreide nicht möglich war, die wuschen und kochten sowie die Güter auf allen Stufen der Versorgungskette sortierten und lenkten. Menschen waren es auch, die sich um Buchführung, Bankwesen und Besteuerung kümmerten und Kriegsmaschinen bedienten. Kurz, die Menschen mussten immer noch überall dort ihre Intelligenz und ihre physische Arbeitskraft einsetzen, wo die Maschinen ihrer Struktur nach Defizite hatten.

Die industrielle Revolution setzte sich im 20. Jahrhundert fort. Die auf fossilen Brennstoffen beruhenden Kraftwerke und Maschinen wurden noch kleiner und effizienter. Neben Eisenbahnen und Bussen wurde der automobile Individualverkehr möglich, der das Stadtleben zuerst in der westlichen Welt und mittlerweile auch auf dem übrigen Planeten verwandelte. Die Stadtzentren entwickelten sich verstärkt zu Orten, in die man tagsüber zur Arbeit fährt, während man abends in die Vorstädte, die in überschaubarer Entfernung von den Arbeitsplätzen liegen müssen, zum Schlafen zurückkehrt. Die Revolutionen des Ackerbaus, der Zivilisation und der Industrialisierung vollzogen sich nicht über Nacht. Die ersten beiden dauerten Tausende von Jahren, und auch die industrielle Revolution nahm noch ein paar hundert Jahre in Anspruch. Wir befinden uns am Ende dieser Revolution, sind jedoch bereits von einer nächsten ergriffen worden; von der *Informationsrevolution* auf der Grundlage von Mikroprozessoren. Eine ganz andere Art von Technologie verändert zurzeit aufs Neue unser Leben. Von innen betrachtet scheint es sich nur um einen quantitativen, keinen qualitativen Wandel zu handeln, aber genau das ist das Wesen jeder tiefgreifenden Veränderung, die sich nicht als Katastrophe ereignet: Sie vollzieht sich Schritt für Schritt, und erst wenn man den Prozess mit Abstand betrachtet, werden seine Ausmaße begreiflich.

Die Informationsrevolution hat unseren Zugang zum Wissen noch tiefgehender verändert als Gutenbergs Erfindung der beweglichen Lettern für die Druckpresse 1454. Der Buchdruck ermöglichte sehr vielen Menschen den Zugang zu Information und machte es lohnend, lesen und schreiben zu lernen. Nun gab es ständigen Nachschub an Lesestoff, und der Schriftgebrauch war bald nicht länger auf einfache Zeichen an öffentlichen Einrichtungen beschränkt.

Die Informationsrevolution begann mit der Erfindung des Telegrafen 1834. Zum ersten Mal konnte Information zeitgleich an einen fernen Ort übermittelt werden. Das Telefon machte diese Fähigkeit allen zugänglich: Nun konnten auch Menschen ohne eine besondere technische Ausbildung innerhalb einer Stadt zeitgleich miteinander kommunizieren, ohne sich am selben Ort befinden zu müssen. Mit der Einführung elektronischer Vermittlungsstellen in der zweiten Hälfte des 20. Jahrhunderts breitete sich das Telefonsystem weltweit aus, und heute kann jeder fast jede Nummer auf der Welt selbstständig anwählen.

Die Informationsrevolution ist heute in vollem Gang und verändert unsere Städte aufs Neue. Wie alle Erfindungen ist auch das World Wide Web nicht ohne Vorläufer. Schon 1945 beschrieb Vannevar Bush vom MIT in seinem grundlegenden Aufsatz »As We May Think« mögliche technologische Innovationen der Zukunft, von denen viele realisiert wurden. So behielt er auch Recht mit seiner Ahnung, dass die Herstellung kostengünstiger komplexer Apparaturen mit großer Verlässlichkeit, wie sie im Telefonwesen eingesetzt wurden, zu weiteren Innovationen führen musste. Die wichtigste dieser neuen Möglichkeiten war, wie wir heute wissen, der Computer.

Bush konzipierte auch ein »Memex« genanntes Hypertext-Wissenssystem, das seines Erachtens aus einem Apparat von der Größe eines Schreibtisches bestehen könnte. Er sah es als den besten Weg, die Methoden zur Verbreitung wissenschaftlicher Information zu modernisieren, die damals bereits praktisch unverändert seit hundert Jahren verfügbar waren. Seit den sechziger Jahren entwarf Ted Nelson im Rahmen des Xanadu-Projekts mehrere Hypertextsysteme, welche die Art, wie Informationen gespeichert, durchsucht und ihre Nutzung abgerechnet werden kann, grundlegend verändern sollten, aber er gelangte nicht von der zweckfreien Forschung zur praktischen Anwendung. Tim Berners-Lee dagegen musste für seine Arbeitgeber eine nützliche Anwendung finden. Als er das World Wide Web erfunden hatte, setzte er seine Idee sofort in die Tat um und implementierte Anfang der neunziger Jahre diese Technik im gerade entstehenden Internet. Diese Technologien und Protokolle verbreiteten sich blitzartig und ermöglichten so auf einen Schlag weltweit sofortigen Zugang zu fast jeder Information. Wir müssen heute nicht mehr für eine Information vor Ort reisen, wir können sie mit ein paar Mausklicks zu uns holen.

Dadurch nimmt der Grad menschlicher Beteiligung bei der Informationsvermittlung in raschem Tempo ab. Eine der Funktionen, die Menschen übernahmen, als sie während der industriellen Revolution in die Städte zogen, wird somit frei. Es besteht nicht mehr so viel Bedarf an Menschen im Management in der Versorgungskette, in der Buchhaltung, im Bankwesen und bei der Besteuerung. Heute kauft man Bücher, Geräte, Lebensmittel, Möbel, Autos, Aktien und Reisen über das Internet. Eine ganz neue Wirtschaft hat sich um Online-Auktionen gebildet. Menschen, die es sich zuvor nicht leisten konnten, Waren zu verkaufen, werden zu Teilnehmern auf boomenden Sammlermärkten. Sie machen Geschäfte auf der ganzen Welt und müssen keine Rücksicht mehr auf die Geografie nehmen.

Das wirkt sich bereits heute auf unsere Städte aus. Wie Bill Mitchell, Dekan der Architekturfakultät am MIT, gern sagt, verwandeln sich durch die Informationsrevolution mittlerweile Bankfilialen in Cafés, weil sie überflüssig werden. Diese neuzeitliche Revolution wirkt sich auch auf unsere Arbeitsweise aus: Immer mehr Menschen sind heute als Telearbeiter von zu Hause für ihr Unternehmen tätig. Da immer höhere Bandbreiten verfügbar sind, besteht immer weniger Notwendigkeit, an einem bestimmten Ort zu arbeiten oder einzukaufen. Immer mehr Menschen werden in Zukunft nicht nur Dutzende, sondern Tausende von Kilometern von ihrer Firma entfernt wohnen. Die Notwendigkeit eines relativ kurzen Arbeitsweges wird verschwinden, und unsere Städte werden sich dementsprechend verändern und ein neues Gesicht erhalten.

Während wir noch mitten in der Informationsrevolution stecken, kommen bereits zwei neue Revolutionen in schnellem Tempo auf uns zu. Die *Roboterrevolution* steht an ihrem Anfang und wird uns zu Beginn des 21. Jahrhunderts überrollen. Das jahrhundertealte Projekt der Menschheit, künstliche Wesen zu schaffen, fängt an, Früchte zu tragen. Maschinen werden nun auch in Gebieten autonom, an denen die industrielle Revolution vorübergegangen ist. Sie fällen jetzt die Entscheidungen und Urteile, die die Menschen in den letzten 200 Jahren auf Trab gehalten haben. Bald werden immer weniger Menschen zur ständigen Überwachung von Produktionsmaschinen bereitstehen müssen, denn es zeichnen sich die ersten intelligenten Roboter ab, die in unstrukturierten Umgebungen operieren und damit Aufgaben übernehmen können, für die bislang Menschen noch als unentbehrlich galten. Aber diese Roboter sind nicht einfach Roboter: Es sind künstliche Lebewesen. Unsere Beziehung zu diesen Maschinen wird sich sehr von unseren Verhältnissen zu allen vorangehenden unterscheiden. Die nahende Roboterrevolution wird unsere Gesellschaft in fundamentaler Weise verändern.

Dicht auf den Fersen dieser Revolution befindet sich die *biotechnische Revolution*. Wir mögen glauben, dass die Biotechnologie bereits da ist, doch lassen sich ihre künftigen Möglichkeiten noch kaum in Umrissen erahnen. Sie wird nicht nur die »Technologie« unserer Körper, sondern auch die unserer Maschinen verändern, die uns immer ähnlicher werden, während wir uns gleichzeitig immer stärker unseren Maschinen annähern. Diese biotechnische Revolution wird unser Wesen von Grund auf ändern.

2

Die Suche nach
künstlichem Leben

Die Menschheit hat immer die jeweils verfügbare Technik genutzt, um Bilder von realen oder imaginären Tieren und Menschen zu schaffen. Die 30 000 Jahre alten Höhlenmalereien von Chauvet Pont d'Arc in Frankreich zeigen Nashörner, Bären, Löwen und Mammute in Verbindung mit menschlichen Händen und anderen menschlichen Körperteilen. In den ebenfalls in Frankreich gelegenen Höhlen von Lascaux finden sich 17 000 Jahre alte Abbildungen von Menschen, die Wisente jagen.

Vor etwa 7 000 Jahren begannen die Menschen in Europa und China, neben Vorratsgefäßen für feste und flüssige Nahrung auch Tiere und Menschen aus Ton herzustellen und zu brennen. Zuvor hatte man Figuren aus Holz und Stein gefertigt. Sobald das Schmelzen von Metall vor etwa 4 000 Jahren erfunden war, tauchten Tier- und Menschenfiguren aus diesem Material auf. Solche statischen Figuren besaßen schon in prähistorischer Zeit eine wichtige, meist künstlerische und religiöse Bedeutung.

Diese Malereien und Skulpturen waren zwar Darstellungen von Tieren und Menschen, agierten jedoch nicht in irgendeiner Weise. Damit vom Menschen geschaffene Lebewesen diesen Grad an Realismus erreichen konnten, mussten Verfahren der Mechanik eingesetzt werden.

Automaten

Als das Rad und die Radaufhängung erfunden wurde, tauchten sie bald auch bei Glieder- und Tierfiguren auf, die beispielsweise mit einem Band über den Boden gezogen werden konnten. Ein aus Kalkstein gefertigtes Schwein und ein Löwe auf Rädern wurden in den 3 100 Jahre alten Tempelanlagen von Susa in Persien gefunden.

Auf der Höhe der altägyptischen Zivilisation gab es bewegliche Statuen, die heimlich von Priestern gesteuert wurden und manchmal sogar durch versteckte Klangkanäle »sprechen« konnten. In Theben wählte eine bewegliche Amun-Statue den neuen König, indem sie, gesteuert von einem unsichtbaren Priester, ihren Arm ausstreckte, während die männlichen Mitglieder der Königsfamilie vor ihr vorbeischritten.

Bereits in der ägyptischen Antike wurden Wasseruhren entwickelt. Die frühesten Wasseruhren, wie die aus dem Grab des Pharao Amenophis I., der vor etwa 3 500 Jahren begraben wurde, fingen einfach tropfendes Wasser auf. Vor 2 000 Jahren versahen dann die Griechen und Römer die Uhren mit Kolben, Getrieben und Sperrklinken, sodass Vorläufer moderner Zifferblätter hinzugefügt werden konnten. Der griechische Physiker Heron von Alexandria (etwa 1. Jahrhundert n. Chr.), von dem unter anderem sehr ausführliche Beschreibungen von Wasseruhren stammen, baute bereits pneumatisch betriebene Menschenfiguren und sogar eine primitive Dampfmaschine.

Im Mittelalter erzielten die Menschen keine großen mechanischen oder technischen Fortschritte. Zwar soll Roger Bacon im 13. Jahrhundert einen sprechenden Automatenkopf konstruiert haben, aber die Belege dafür sind dürftig. Es war wohl, wie sein Teleskop und andere Erfindungen, eher eine geniale Spekulation als eine tatsächlich ausgeführte Konstruktion.

Vom frühen 14. Jahrhundert bis zum 17. Jahrhundert herrschte eine Leidenschaft für astronomische Uhrwerksmodelle der Himmelskörper. Sie stellten nicht nur die Mondphasen und Bilder der Tierkreise im exakten Zeitablauf dar, sondern brachten auch entsprechende Stundenschläge zu Gehör. Bei einigen Modellen führten animierte Figuren – kleine Menschen – die Stundenschläge aus. Diese Technik wurde schließlich, nachdem Anton Ketterer 1740 die erste Kuckucksuhr konstruiert hatte, bezahlbar und in Massen produziert.

In der Zwischenzeit entwarf der unvergleichliche Leonardo da Vinci im frühen 16. Jahrhundert nach seinen detaillierten Studien der menschlichen Anatomie einen mechanischen Roboter nach dem Vorbild des Menschen. Wie viele seiner größten Erfindungen wurde auch der Roboter nicht zu seinen Lebzeiten gebaut und wartet immer noch auf seine Realisierung.

Als der französische König Ludwig XIV. ein Kind war, baute ein Handwerker namens Camus ihm eine kunstvolle Spielzeugkutsche mit Pferden, Lakaien und Fahrgästen mit einzeln beweglichen Gliedern. Während seiner späteren Herrschaft konstruierte ein General de Gennes einen Pfau, der gehen und fressen konnte. Davon ließ sich vielleicht der französische Mechaniker Jacques de Vaucanson inspirieren, der im 18. Jahrhundert die berühmtesten Automaten baute.

Vaucanson ist besonders für seine mechanische Ente mit ihren ausgeklügelten Flügeln bekannt, die sehr sorgfältig der Natur nachempfunden war. Sie paddelte, schnatterte und reckte den Hals, um Futter und Wasser aufzunehmen. Vaucansons Ente konnte außerdem fressen und ihren Darm entleeren, obwohl es umstritten ist, ob die Verdauung auch automatisiert oder nur ein Trick war.

Vaucanson baute außerdem drei menschliche Automaten: einen Mandolinenspieler, der beim Spielen sang und mit dem Fuß den Takt schlug, einen Klavierspieler mit simulierten Atembewegungen, der seinen Kopf bewegen konnte, und einen Flötenspieler. Die Beschreibungen dieser Automaten betonen durchgängig, wie lebensähnlich sie waren. Allerdings sollte man dabei bedenken, dass sich der Anspruch an die Lebensähnlichkeit von Darstellungen jeglicher Art mit der Zeit verändert. Als in einem Pariser Theater der erste Schwarz-Weiß-Film vorgeführt wurde, der unter anderem einen herannahenden Zug zeigte, liefen die Zuschauer vor Angst aus dem Vorführraum. Heute zucken wir bei realistischen 3D-Filmen kaum noch zusammen, und alte Schwarz-Weiß-Filme erscheinen uns eher abstrakt, wenn nicht gar unrealistisch.

In jedem Fall inspirierten die Werke von Vaucanson andere Erfinder, und es gab bald eine ganze Reihe von Menschen- und Tierautomaten, die in Europa gebaut und ausgestellt wurden. Im späten 18. Jahrhundert konstruierten Pierre Jacquet-Droz und sein Sohn verschiedene Menschenautomaten, darunter eine Orgelspielerin. Dieser Automat simulierte Atembewegungen und konnte die Blickrichtung ändern: Die Spielerin schaute abwechselnd auf das Publikum, auf ihre Hände und die Noten. Henri Maillardet baute 1815 einen Automaten, der sowohl Französisch wie auch Englisch schrieb und verschiedene Landschaften zeichnen konnte. Er steht heute im Franklin Institute in Philadelphia.

Diese Automaten beeindruckten die Menschen ihrer Zeit, und die komplizierteren unter ihnen sind noch heute überaus faszinierend, wenn man sie in den Museen in Aktion erlebt. Aber es fehlte ihnen an

Spontaneität. Jedes Mal wenn sie eingeschaltet werden, wiederholen sie exakt die gleichen Bewegungen. Sie können zwar agieren, aber in keiner Weise auf ihre Umwelt reagieren. Elektronische Technologien waren erforderlich, um künstlichen Automaten diesen weiteren realistischen Aspekt zu verleihen.

Elektronische Geschöpfe

In den dreißiger und vierziger Jahren wurden die ersten digitalen Computer gebaut. Als Schaltelemente benutzten sie elektromagnetische Relais oder Elektronenröhren.

Elektromagnetische Relais bestehen aus einem Eisenkern, der tausendfach mit einem Draht umwickelt ist wie eine Spule mit einem Baumwollfaden. Wenn ein Strom durch den Draht fließt, entsteht ein Magnetfeld, das den Schalter am Ende des Eisenkerns betätigt. Relais gab es zur Genüge. In den Vermittlungszentralen der Telefongesellschaften waren sie das wesentliche Bauelement zur automatischen Weitervermittlung von Telefongesprächen. Diese Technik hatte die netten Fräuleins vom Amt ersetzt, die in den frühen Tagen des Telefons die Gespräche per Hand vermittelten, indem sie die Leitungen der Anrufer durch Einstöpseln von Kabeln mit den Leitungen der Angerufenen verbanden.

Die Elektronenröhren wurden aus der Leuchtröhrentechnik entwickelt. Eine Vakuumglasröhre enthält einen Glühdraht, der in diesem Fall Elektronen statt Photonen abgibt, eine Anode, um sie zu sammeln und den Stromkreis zu schließen, sowie ein schmales Metallgitter dazwischen. Wenn man eine Spannung an das Gitter anlegt, wird der Stromfluss moduliert – daher kann die Röhre als elektronischer Schalter dienen. Elektronenröhren waren ebenfalls bereits reichlich vorhanden, da sie die wesentlichen Bauelemente von Radios und später von Fernsehern waren.

Verschiedene Forscher in Deutschland, Großbritannien und den Vereinigten Staaten begannen damit, diese Elemente zusammenzusetzen, um primitive digitale Computer zu bauen. Die Entwicklung beschleunigte sich während des Zweiten Weltkriegs, da Computer unter anderem dazu benutzt wurden, abgefangene Feindbotschaften zu dechiffrieren. Aber diese Maschinen besaßen eine gewaltige Größe. Der Computer ENIAC an der Moore School für Elektrotechnik der Universität von

Pennsylvania war 1950 der erste »moderne« elektronische Computer mit den wesentlichen Merkmalen der heutigen Maschinen. Aber er nahm drei Räume ein, hatte 18000 Elektronenröhren und eine durchschnittliche störungsfreie Zeit von nur 20 Minuten. Elektronenröhren brennen irgendwann unweigerlich durch, so wie auch ihre Vorgänger, die Glühlampen in unseren Wohnungen: Irgendwann ist der Glühdraht einfach aufgebraucht. Man bemühte sich zwar, Elektronenröhren von längerer Lebensdauer herzustellen, aber bis heute ist sie auf ein paar Tausend Stunden begrenzt. Ein Radio mit vier oder fünf Elektronenröhren war daher Hunderte von Stunden in Betrieb, bevor eine seiner Röhren durchbrannte und man sich im Radiogeschäft Ersatz besorgen musste. Die meisten Menschen waren in der Lage, diese Reparatur selbst vorzunehmen. Bei einem digitalen Computer mit einer Gesamtzahl von Elektronenröhren, die größer war als die Zahl der Stunden der durchschnittlichen Lebensdauer jeder einzelnen, musste jedoch zwangsläufig schon nach weniger als einer Stunde Betriebszeit mindestens eine Röhre ausfallen. Und dann stand man vor der Aufgabe herauszufinden, welche der Tausenden von Röhren versagt hatte. Diese frühen Computer waren, obwohl etwas leistungsschwächer als der Chip in einer heutigen Uhr für fünf Euro, enorm teuer und wurden nur militärisch genutzt. Sie waren nicht das Werk von Tüftlern, die ein künstliches Wesen erschaffen wollten.

Die einzelnen Schaltelemente waren jedoch preisgünstig. Diese Elemente hatten bei allen vorangehenden Versuchen, künstliche Wesen zu konstruieren, gefehlt. Sie gaben den Automaten nun die Fähigkeit, auf ihre Umwelt zu reagieren. Das Relais und die Elektronenröhre stellten die Mittel bereit, um deren Verhalten durch Signale zu verändern, die diese von Sensoren empfingen. Sobald diese neue Technologie zur Verfügung stand, wurde sie für Versuche genutzt, künstliche Lebewesen zu schaffen. Die meisten sind jedoch nicht dokumentiert und fanden außerhalb der akademischen Forschungsinstitute statt. Der bekannte Philosoph Daniel Dennett stieß zum Beispiel in einem Pariser Gebrauchtwarenladen auf eine erstaunliche Schöpfung: auf einen Roboterhund. Er verbrachte viel fruchtlose Zeit damit, dessen Herkunft zu klären, aber dafür hatte er umso mehr Freude dabei herauszufinden, wie er funktionierte, und ihn zu reparieren. Der Hund kann bellen, sich auf seinen Rädern fortbewegen und scheint auf Licht zu reagieren.

Einige Erfinder wie Thomas Ross, R. A. Wallace und der berühmte Claude Shannon bauten Roboter, die selbstständig aus Labyrinthen herausfinden konnten, aber sie waren in ihrer Funktionsweise nicht sehr lebensähnlich. Ein sehr erfolgreicher und auch gut dokumentierter Versuch, tierähnliches Verhalten zu kopieren, war der Roboter von William Grey Walter.

Grey Walter war ein etwas exzentrischer Amerikaner, Leiter der Psychologischen Abteilung des Burden Neurological Institute im englischen Bristol. Die meisten seiner etwa 170 Aufsätze widmete er der Elektroenzephalographie. Ein Elektroenzephalograph zeichnet ohne operativen Eingriff die menschlichen Gehirnwellen auf, indem er die elektrische Aktivität mit Elektroden misst, die am Schädel befestigt werden. Die Elektroenzephalographie ist im Wesentlichen eine beobachtende Wissenschaft; man nimmt dabei keine Veränderung am menschlichen Gehirn vor, um zu sehen, was passiert. Wenn er aber elektromechanische Modelle von Tieren konstruieren könnte, um damit aktiv zu experimentieren, so war Grey Walter überzeugt, würde er vielleicht neue Einsichten in die Funktionsweise des Nervensystems gewinnen können.

Um 1943 begann Grey Walter mithilfe seiner Frau Vivian, kleine Roboter zu bauen. Sie benutzten Relais und Elektronenröhren als Schaltelemente und Getriebe von alten Gaszählern und einfache Elektromotoren für den Antrieb. Grey Walter interessierte sich für künstliche Wesen, die nicht nur Spontaneität zeigten, sondern auch Autonomie und Selbstregulierung[1]. 1948 hatten sie erfolgreich die erste einer Reihe von Maschinen gebaut, denen sie zum Spaß den biologisch klingenden Namen *Machina speculatrix* gaben und im Dezember 1949 der Zeitung *Daily Express* vorstellten. 1950 und 1951 veröffentlichte Grey Walter zwei kurze Artikel über sie im *Scientific American*. Der erste trug den Titel »An Imitation of Life«; aus dieser wie auch aus seinen anderen Schriften wird deutlich, dass Grey Walter Freude daran hatte, dass seine Roboter wie Tiere zu reagieren schienen. Wie Vaucanson und andere vor ihm hatte er sich in die Idee verliebt, eine mechanische Version eines Tieres zu schaffen.

Grey Walters Roboter hatten etwa die Größe eines Schuhkartons und sahen wie Riesenschnecken aus: ein gerundetes Plastikgehäuse mit ei-

---

[1] siehe Kapitel 5, »Totems, Spiele und Werkzeuge« seines Buches *Das lebende Gehirn*, München 1961

nem kleinen Kopf, der vorn herausschaute. Grey Walter selbst nannte sie *tortoise* (dt. Schildkröte), was wie »»taught us« klingt (dt. hat uns gelehrt), und zitierte in einem Vortragsmanuskript das entsprechende Wortspiel aus Lewis Carrolls *Alice im Wunderland*: »We called him Tortoise because he taught us.«

Die Schildkröten waren mit je zwei Elektromotoren ausgestattet, einem zum Lenken und einem zur Fortbewegung. Die Mechanik bestand aus den Getrieben alter Uhren und Gaszähler. Die Roboter hatten drei Räder, die wie bei einem Dreirad arrangiert waren, wobei das Vorderrad die ganze Arbeit leistete. Es war zugleich Antriebs- und Steuerrad. Der eine Motor versetzte dieses Rad in beständige Rotation, sodass die Schildkröte sich vorwärts bewegte; der andere drehte die Lenksäule konstant um ihre eigene Achse, sodass die Schildkröte in jede beliebige Richtung fahren konnte. Im Regelfall lief dieser Lenkmotor ständig mit mittlerer Drehzahl, sodass die Lenksäule sich ständig drehte. Die Elektronik beruhte auf Miniaturelektronenröhren und elektromagnetischen Relais. Alle Roboter waren mit einem einzigen Stoßsensor ausgestattet, der als Rundumgürtel ausgestaltet war, sodass jeder Anstoß aus jeder Richtung den Schalter betätigte. Sie hatten außerdem einen Lichtsensor auf der Steuersäule, mit dem die Schildkröten die Lichtintensität in ihrer jeweiligen Fahrtrichtung bestimmen konnten, während der Steuermotor sie drehte.

Einige der Roboter besaßen zusätzliche Sensoren, zum Beispiel Mikrofone. Ein spezieller Kasten fungierte als Aufladestation. In ihm befand sich ein vom Eingang aus sichtbares Lämpchen. Fuhr die Schildkröte von der Lichtquelle angezogen hinein, wurde sie automatisch mit dem Auflademechanismus verbunden.

Die erste Serie von Schildkröten, die Grey Walter, wie bereits erwähnt, *Machina speculatrix* nannte, weil sie das »erkundende, spekulative Verhalten [zeigten], das so typisch für viele Tiere ist«, hatte nur zwei Elektronenröhren, zwei Sensoren (Licht- und Stoßsensor) und die üblichen zwei Antriebsmotoren.

Diese Schildkröten entwickelten mehrere Verhaltensweisen. Die einfachste war, dass sie auf Licht reagierten und sich darauf zu bewegten. Ihr Steuermotor stellte seine Drehbewegung ein, wann immer eine Lichtquelle direkt vor dem Lichtsensor auftauchte, sodass die Schildkröte automatisch auf dieses Licht zusteuerte. Es konnte sein, dass sie die Richtung zufällig änderte, wenn die Hinterräder sie vom Weg abbrachten, aber dann tastete der Lichtsensor erneut die Umgebung ab, fand die Lichtquelle, und die Schildkröte steuerte weiter darauf zu.

Die Schildkröten zeigten noch eine weitere grundlegende Verhaltensweise: Wenn der Stoßsensor aktiviert war, wurde eine Zeit lang die Reaktion auf die Lichtquelle unterdrückt, und die beiden Motoren erhielten maximale Stromzufuhr, sodass die Schildkröte sich »in einer Abfolge von Stößen, Rückzügen, und Seitenschritten [bewegte], bis das Hindernis entweder beiseite gestoßen oder umgangen« war. Die Schaltkreise waren in hohem Maße nichtlinear ausgelegt. Bei moderater Lichtstärke stellte der Steuermotor seine abtastende Drehbewegung ein, und die Schildkröte bewegte sich auf die Lichtquelle zu. Wenn die Standardlichtquelle, die in den Experimenten benutzt wurde, nur 15 Zentimeter von der Schildkröte entfernt war, schaltete sich ein Relais ein, der Abtast-Steuermotor lief mit doppelter Geschwindigkeit und die Schildkröte wendete sich abrupt ab. Normalerweise wurde diese Reaktion ausgelöst, bevor die Schildkröte ihren Weg in ihren beleuchteten Aufladekasten fand. Wenn die Batterien des Roboters jedoch nachließen, nahm die Lichtempfindlichkeit ab, und der Roboter fand seinen Weg in den Kasten, bevor der Fluchtmechanismus ausgelöst wurde. Sobald er im Kasten mit der Energiequelle verbunden war, wurden die Motoren ausgeschaltet, bis die Batterien voll aufgeladen waren. Damit wurde die Schildkröte wieder extrem lichtempfindlich und suchte erneut ihren Weg aus dem Kasten heraus. Dass sich die Schildkröte gewissermaßen »entschied«, den Kasten zu verlassen, war ein Beispiel für ein entstehendes Verhalten, das in einer bestimmten Umgebung aus der nichtlinearen Koppelung einfacherer Verhaltensweisen hervorging und nun in anderen Begriffen beschrieben werden musste.

Es gab noch andere Beispiele für die Entwicklung von Verhaltensweisen. Die Schildkröten waren mit einer Lampe ausgestattet, die anzeigte, wann der Steuermotor eingeschaltet war. Wenn die Schildkröte zu einem Spiegel kam, wurde von der Außenwelt sozusagen eine Rückkoppelung ausgelöst und ein Kreislauf setzte ein. Der Roboter wurde von seinem eigenen reflektierten Licht angezogen und schaltete sofort seinen Steuermotor und seine Anzeigelampe aus, wodurch er wiederum nicht länger von seinem Spiegelbild angezogen wurde, sodass sich das Licht wieder einschaltete ... und so weiter. Andere interessante Verhaltensweisen traten auf, wenn sich zwei Schildkröten frontal begegneten.

Später baute Grey Walter eine noch ausgefeiltere Schaltung für seine Schildkröten. Es ist nicht ganz klar, ob sie sich in deren Inneren befand, wie seine Beschreibung nahe legt, oder ob es eine äußere Apparatur war, die über Drähte mit ihnen verbunden war. Diese Schaltung machte die Schildkröten lernfähig. Grey Walter nannte das neue Modell daher *Machina docilis*.

Grey Walters Ziel war, die Schildkröten bedingte Reflexe lernen zu lassen. Die ersten Experimente, die bewiesen, dass Tiere auf diese Weise lernen können, führte der russische Psychologe Pawlow Anfang des 20. Jahrhunderts an Hunden durch. Wenn ein Hund Nahrung aufnimmt, produziert er Speichel. Das ist ein einfacher Reflex, der offenbar eine fest programmierte Reaktion darstellt. Das Futter gilt als unbedingter oder spezifischer Stimulus. Bei einer Reihe von Versuchen wurde eine Glocke geläutet, wann immer der Hund Futter erhielt. Der Klang der Glocke wird als bedingter oder neutraler Stimulus bezeichnet. Bald lernte der Hund, die beiden Stimuli miteinander zu verbinden, und begann Speichel zu produzieren, wenn die Glocke ertönte, selbst wenn es kein Futter gab.

Machina docilis bewies die Möglichkeit des Erlernens bedingter Reflexe. Der unbedingte Reflex wurde hervorgerufen, wenn man der Schildkröte einen Stoß versetzte. Das löste den Stoßsensor aus und ihr Steuermotor schaltete auf doppelte Geschwindigkeit, während sie schnell wegfuhr. Grey Walter benutzte einen reinen Ton von 3 000 Hertz als neutralen Stimulus. Er war leicht zu erkennen, und Grey Walter musste nicht erst einen Sensor und ein Wahrnehmungssystem bauen, die viele verschiedene Töne erkennen konnten. Bald lernten die Schildkröten, beim Klang der Glocke zu fliehen. Die Schildkröten lernten auch Assoziationen mit anderen unbedingten Stimuli zu verbinden, wenn zum Beispiel ihre Lichtsensoren angestrahlt wurden.

Grey Walter bezeichnete das Verhalten der Schildkröten als »bemerkenswert unvorhersehbar«. Es gab viele Quellen für subtile Variationen. Da waren zum Beispiel Veränderungen der wahrgenommenen Lichtintensität aufgrund von kleinen Spannungsschwankungen der verwendeten Lichtquelle und noch geringeren Spannungsschwankungen in den Sensorschaltkreisen, je nachdem ob die Motoren in Reaktion auf den sich verändernden Bedarf an Antriebskraft aufgrund wechselnder Radwinkel mehr oder weniger Strom verbrauchten. Diese Mikroeffekte führten zu so komplexen Kombinationen, dass es sehr schwer war, das Verhalten der Schildkröten vorherzusehen.

Es gibt eine Reihe von Lehren, die sich aus diesen frühen Experimenten mit künstlichen Wesen ziehen lassen. Die wichtigste ist, dass selbst eine scheinbar äußerst schlichte Maschine sehr komplexes Verhalten in der physischen Welt zeigen kann, weil kleine Variationen des Wahrgenommenen und der Art, wie die Aktuatoren mit der Welt interagieren, das tatsächliche Verhalten des Systems verändern können. Außerdem können selbst einfache Maschinen mit nur wenigen nichtlinearen Elementen ein große Bandbreite von Verhaltensweisen produzieren, in denen viele elementare Reaktionen auf die Umwelt zur Ausbildung von Verhalten führen, das mehr ist als eine schlichte Verkettung der elementaren Verhaltensweisen. Für einen Beobachter ist es leichter, das Verhalten der Schildkröten in Begriffen zu beschreiben, die gewöhnlich mit freiem Willen in Verbindung gebracht werden – »Sie entschied sich, in den Kasten zu fahren« –, statt mit einer bis ins Einzelne gehenden mechanistischen Erklärung der besonderen, nicht erkennbaren Details, was ihre Sensoren wann meldeten. Weiterhin machen detaillierte Darstellungen von Grey Walters Experimenten deutlich, wie schwierig es ist, ein theoretisches psychologisches oder neurologisches Konzept in einem realen physischen System abzubilden. Auf der Ebene der Unterscheidungen, die in den Theorien getroffen werden, fallen die Details häufig nicht ins Gewicht, aber sie sind wesentlich, um theoretische Konzepte bei all den Einschränkungen umzusetzen, mit denen uns die Welt der körperlichen Objekte konfrontiert. Obwohl Grey Walter einen viel einfacheren akustischen Stimulus für die Schildkröten wählte als Pawlow bei seinen Hunden – einen reinen Ton statt einer läutenden Glocke –, musste Grey Walter Pawlows Beschreibung des Prozesses um sieben Punkte erweitern, damit er bei den Schildkröten funktionierte. So musste er zum Beispiel eigens eine Schaltung (einen Speicher) hinzufügen, der die Erinnerung an den Ton bewahrte, den er kurz zuvor gehört hatte, damit die Information noch verfügbar war, wenn die Schildkröte einen Stoß bekam. Grey Walters Experimente erforderten einen sehr sorgfältigen Entwurf, um das Lernvermögen einfacher Tiere nachzuahmen.

Digitale Technologien

Transistoren, Halbleiterschaltungen aus Germanium oder Silizium, erlaubten es, verlässliche Computer zu bauen, die stunden- und sogar tagelang fehlerfrei laufen konnten. Von den späten fünfziger Jahren an begannen diese Computer, die Buchführung und wissenschaftliche Forschungen zu revolutionieren. Bis in die späten Sechziger wurden sie auf der Basis integrierter Schaltkreise gebaut, den ersten Chips. Heute ist die Zentraleinheit ein einziger Chip oder Mikroprozessor, aber in den sechziger Jahren war die Zentraleinheit noch eine große Ansammlung von Chips, die auf einer oder mehreren Platinen aufgebaut werden mussten. Computer, die für ernsthafte Forschungen verwendet wurden, nahmen einen großen Raum ein, wurden von mehreren Vollzeitbeschäftigten betrieben und hatten in wirklich großen Instituten einen Arbeitsspeicher von vielleicht einem Megabyte. Der Speicher bestand damals vor allem aus Ferrit- oder Magnetkernen.

Jedes einzelne Bit – ein Speicher-Byte hat gewöhnlich acht Bit – bestand aus einem einzelnen Metallring von etwa einem Millimeter Durchmesser. Diese Ringkerne ändern ihre Magnetisierung schlagartig, wenn in den durch sie hindurchgefädelten, sich kreuzenden elektrischen Drähten Ströme bestimmter Stärke und Richtung fließen und zur Ummagnetisierung ausreichende Magnetfelder erzeugen, sodass ihre Polarisierung entweder eine Eins oder eine Null darstellt. Mit weiteren Drähten, die diagonal durch die Ringe gezogen waren, konnte man dann die Richtung der Polarisierung auslesen. Rechnet man zusätzliche Ringe zum Ausgleich der hohen Fehlerquote hinzu, erforderte ein Megabyte Arbeitsspeicher etwa zehn Millionen dieser kleinen Ferritringe, jeder mit drei oder vier Drähten durchwoben. Abgesehen vom physischen Volumen des Speichers war der Stromverbrauch aller Schaltkreise und ihrer Kühlung gewaltig. Diese Computer waren zu groß, um sie in einen Roboter einzubauen, aber man begann über mobile Roboter mit externen Gehirnen nachzudenken: eine Radio- oder TV-Verbindung von einem gehirnlosen Aggregat aus Rädern, Motoren und Sensoren zu einem Großrechner, der das Denken übernahm und Kommandos zurück zu seinem physischen Avatar, der Hülle eines Roboters, in der physischen Welt sandte.

Der berühmteste dieser Roboter war Shakey, erbaut am Stanford Research Institute in Menlo Park, Kalifornien. (Heute ist das Institut, das während des Vietnamkriegs aus der Universität herausgelöst wurde und mittlerweile weitgehend vom Verteidigungsministerium finanziert wird, als SRI International bekannt.) Nils Nilsson leitete von 1968 bis 1972 ein Forschungsteam, das Shakey baute und programmierte, und leistete viele grundlegende Beiträge zur Forschung über künstliche Intelligenz.[2] Nils ist ein großer, weißhaariger Mann, dessen körperliche Erscheinung in Verbindung mit seinem ruhigen, gutmütigen und beschaulichen Wesen seine skandinavische Herkunft verrät. Shakeys Verhalten spiegelte das seines Schöpfers wider. Shakey, ein Computer etwa von der Größe eines kleinen Erwachsenen, lebte in einer Reihe sorgfältig konstruierter Räume und konnte große bunte Klötze und Keile erkennen und über den Fußboden schieben. Üblicherweise erhielt Shakey – so benannt, weil die Kamera und die Sendeantenne so zitterten, wenn er sich bewegte – den Befehl, in einen bestimmten Raum zu gehen und einen bestimmten farbigen Klotz in einen anderen Raum zu schieben. Auf dem Weg fand er dann vielleicht einen bunten Keil in einem Türrahmen, den er aus dem Weg räumen musste, um sein Vorhaben auszuführen. Schließlich kam Shakey zu seinem Ziel ein paar Meter entfernt von seinem Startpunkt und führte seine Aufgabe aus – sechs oder acht Stunden, nachdem er begonnen hatte. Die meiste Zeit saß die Roboterhülle Shakey müßig herum, während sein fernes Gehirn über eine Reihe von Bewegungszügen nachbrütete, mit denen es sein Ziel erreichen konnte. Die integrierte Kamera des Roboters übermittelte ein Standard-TV-Signal, das alle paar Minuten vom Hauptcomputer empfangen und digitalisiert wurde. Seine Stoßsensoren und die Radgeschwindigkeitsmesser sandten einige Male in der Sekunde ihre Meldungen über ein Funksystem. Und in eher größeren Zeitabständen schickte der Hauptcomputer Befehle an den Roboter, seine Räder zu bewegen, eine Panoramaaufnahme zu machen oder seine Kamera zu neigen.

[2] Überraschenderweise gibt es keinen allgemein zugänglichen Bericht über das Shakey-Projekt von seinen Schöpfern, lediglich eine Reihe verstreuter Forschungsberichte, die auf Konferenzen präsentiert wurden. Shakey wird in vielen Lehrbüchern übereinstimmend als Ursprung vieler Teilbereiche der klassischen Forschung über künstliche Intelligenz genannt und findet auch in der populären Literatur häufig Erwähnung. Der einzige vollständige Bericht ist eine Sammlung von Aufsätzen und Erinnerungen, die der Projektleiter als technischen Bericht für das SRI zusammenstellte.

Shakey war kaum mit den künstlichen Wesen von Grey Walter vergleichbar. Er nutzte für seine Orientierung in der physikalischen Welt einen völlig anderen Ansatz. Die Schildkröten besaßen kein Apriori-Wissen der besonderen Umstände, in denen sie sich wieder finden würden, wenn sie eingeschaltet wurden. Sie mussten alles selbst erspüren. Für Shakey fertigten die Forscher dagegen eine komplette zweidimensionale Karte der Welt an und speicherten sie im Gehirn des Roboters. Sein Programm ging stillschweigend davon aus, dass der Boden vollkommen eben war und nichts auf etwas anderem liegen konnte, sodass zwei Dimensionen ausreichten. Wenn Shakey sich bewegte, veränderte er dieses Modell, indem er nach Maßgabe seiner visuellen Wahrnehmungen seine Annahmen darüber änderte, wo sich die farbigen Klötze befanden. Shakey agierte jedoch kaum wie ein Tier. Er saß minutenlang still, wenn sein fernes Gehirn rechnete. Er hatte eindeutig kein Gefühl für das Jetzt und Hier der Welt: Wenn jemand kam und die Klötze verschob, während er »nachdachte«, vollzog er seine Handlungen, als ob die Welt immer noch im gleichen Zustand wäre wie vor der Störung. Shakey überlegte in Situationen, in denen reale Tiere Wahrnehmungen und Handlungen direkt verknüpfen. Er war unter der Voraussetzung konstruiert, dass seine Wahrnehmungsberechnungen ein akkurates Modell der Welt aufrechterhalten konnten, aber das war technisch so schwierig, dass seine Schöpfer etwas schummeln und die Welt für ihn sehr einfach machen mussten.

Ende der siebziger und Anfang der achtziger Jahre gab es drei gut bekannte Projekte mobiler Roboter, die sich in der einen oder anderen Weise aus dem Shakey-Projekt ergeben hatten.[3]

Im Jet Propulsion Laboratory (JPL) der NASA in Pasadena, Kalifornien, wurde ein Roboter entwickelt, der als Marsfahrzeug eingesetzt werden sollte. Es handelte sich um ein flaches Chassis von der Größe eines Kleinwagens mit einem in zwei Dimensionen beweglichen, aufmontierten Greifarm. Nur geringe Anstrengungen wurden auf die Navigationsfähigkeit verwandt; stattdessen konzentrierten sich die meisten darüber veröffentlichten Aufsätze auf das Problem, den Computer mithilfe von Bilderkennung Steine aufheben zu lassen.

---

[3] Es würde mich nicht wundern, wenn es auch eine Vielzahl ähnlicher Arbeiten in Russland gäbe, aber ich war nicht in der Lage, das zu verifizieren.

Das Laboratoire d'Analyse et d'Architecture des Systèmes (LAAS) im französischen Toulouse entwickelte einen dreirädrigen mobilen Roboter namens Hilaire. Die beiden Hauptstützen des Projektes waren Georges Giralt, ein sympathischer Spanier, und Raja Chatila, ein äußerst intelligenter Syrer, die beide zu typischen Franzosen geworden waren. Hilaire war etwas größer als ein Einkaufswagen und benutzte Sonar- und Lasermesssucher, um zweidimensionale Modelle seiner Welt zu erstellen – eine Welt aus beweglichen Sperrholzwänden, die seine Schöpfer als Hindernisse aufbauten und durch die er navigieren musste. Und genau das tat Hilaire: Er sammelte mit seinen Sensoren Informationen, wo sich die Wände befanden, plante einen kollisionsfreien Weg in zwei Dimensionen, basierend auf seinen besten gegenwärtigen Annahmen, und bewegte sich etwas. Dann integrierte er die neu vor seinen Sensoren auftauchenden Informationen mit der vorangehenden Sicht der Welt, um ein möglichst widerspruchsfreies Modell zu gewinnen. Schließlich stellte Hilaire seine Fahrtroute neu zusammen und bewegte sich etwas näher auf das Ziel zu. Wie Shakey war Hilaire sicher kein künstliches Lebewesen.

Während des Wettrennens um die erste Mondlandung schickte die NASA im Rahmen des Apolloprogramms unbemannte Landeraketen zum Mond, die »Surveyors«. Eine der wichtigsten Informationen, die diese Aufklärungsraketen den Menschen auf der Erde lieferten, hatte zum Inhalt, dass die Mondoberfläche fest genug war, um zu landen; man würde also nicht im Mondboden versinken. Während der mit Hochdruck betriebenen Entwicklung der Aufklärungsraketen gab es für eine kurze Zeit einen Plan, mobile Roboter ins All zu entsenden, um die Befahrbarkeit der Mondoberfläche zu testen – es gab Befürchtungen, dass die Astronauten vielleicht sicher landen, sich dann aber nicht fortbewegen könnten. Die NASA ließ die Fakultät für Maschinenbau der Universität Stanford ein vierrädriges Vehikel bauen, um zu testen, wie gut es sich von der Erde aus über Funksignale steuern ließe. Andere Forschungsteams arbeiteten an einem robusten Roboterfahrzeug, das schließlich zu den Elektroautos weiterentwickelt wurde, mit denen die Astronauten von Apollo 15, 16 und 17 fuhren. In Stanford lag der Forschungsschwerpunkt auf der Kontrollierbarkeit des Wagen von der Erde aus mit der Verzögerung der Funkwellen von 2,5 Sekunden hin und zurück. Daher wurde ein recht einfaches Gerät namens Cart (Karren) gebaut. Es hatte vier Fahrradräder und ein Antriebssystem, das eine Fahrradkette benutzte. Die Vorderräder wurden ganz ähnlich wie bei einem Auto gelenkt. Der Cart war ungefähr so groß wie ein Teewagen und sah auch aus wie einer, nur mit Fahrradrädern an den Seiten. Der Plan, dieses Roboterfahrzeug zum Mond zu schicken, wurde bald fallen gelassen. Dafür griffen einige »Hacker« vom Stanford Artificial Intelligence Laboratory diese Idee auf, die in den siebziger Jahren dann drei Generationen von Studenten beschäftigen sollte.

Das Stanford Artificial Intelligence Laboratory (SAIL) wurde 1963 von dem Visionär John MacCarthy gegründet. MacCarthy hatte zuvor zusammen mit Marvin Minsky das MIT Artificial Intelligence Laboratory gegründet und mit geleitet. Er hatte große Pläne für die »künstliche Intelligenz«, ein Begriff, den er im Sommer 1956 bei einem von ihm geleiteten sechswöchigen Workshop am Dartmouth College mit dem Titel »The Dartmouth Summer Research Project on Artificial Intelligence« geprägt hatte. Er richtete das SAIL im Gebäude des D. C. Power Labors[4] ein, einem hölzernen, halbkreisförmigen Bauwerk ein paar Kilometer oberhalb des Stanford-Campus in der Nähe der St.-Andreas-Spalte.

MacCarthy glaubte an die Vernunft, übertrug diese Überzeugung aber leider auch auf seinen Umgang mit anderen Menschen. Er wurde von seinen Kollegen sehr hoch geschätzt, ja, fast verehrt, verhielt sich selbst aber eher distanziert. Sein Alter Ego war Lester Earnest, der den täglichen Betrieb des SAIL leitete. Lester war ein großer, liebenswerter, promovierter Geisteswissenschaftler, der in der Football-Auswahl des Cal Tech-Institutes gespielt hatte. Er verteilte die Büroräume und die Forschungsgelder. Unter MacCarthys Leitung überwachte Lester die sich Schritt für Schritt vollziehende Konstruktion des einzigartigen und fortschrittlichsten Großrechners der Welt, der noch während der Bauzeit ständig von Dutzenden wissenschaftlicher Assistenten benutzt wurde. Zu einer Zeit, als die meisten Universitätscomputer noch Lochkarten benutzten und bestenfalls Terminals für die Schriftwiedergabe besaßen, verfügte der SAIL-Computer bereits an jedem Bildschirm über Grafikfähigkeit, Sound, die Möglichkeit zur Wiedergabe von Videos sowie über einen Laserdrucker, der Schwarz-Weiß-Grafiken drucken konnte. Lester förderte bei den Studenten des Laboratoriums die Spielfreude. Daraus ent-

---

[4] Benannt nach Donald C. Power; die übliche Witzfrage lautete: „Wo liegt das AC Power-Labor? (in Anspielung auf die Rockgruppe ACDC).

stand das erste Videospiel,»Space Wars«, die ersten elektronischen Roboterarme, die erste computergenerierte Musik, die ersten Ganzseiten-Editoren und einige der ersten Satzsysteme mit Schriftzeichensätzen von variabler Breite. Der SAIL-Computer war ein Brutkasten für Innovationen und neue Ideen.

Aber das SAIL machte auch Fehler. Eines Tages kam ein junger Kerl namens Steve Jobs zu John MacCarthy mit einem Computer, der auf ein Holzgerüst montiert war, und pries ihn als »die Zukunft« an. Er wurde abgewiesen. MacCarthy machte den Fehler wieder gut, indem er ein paar Jahre später das Stanford-University-Network-Projekt sponserte, aus dem Sun Microsystems entstand.

In dieser Umgebung versuchten unter John MacCarthys Aufsicht drei wissenschaftliche Assistenten nacheinander, Cart dazu zu bringen, etwas Intelligentes zu tun. MacCarthy war nämlich der Meinung, dass sich menschliche Autofahrer emotional und unlogisch verhielten, und wollte sie durch sichere Computer ersetzen.

Der erste Assistent hieß Rodney Schmidt. 1967 begannen er und MacCarthy darüber nachzudenken, wie sich ein automatisch gesteuertes Auto bauen ließe, das in der Lage wäre, auf normalen Straßen durch den Verkehr zu kommen und dabei alle notwendigen Informationen von seinen Sensoren zu erhalten. In seiner vier Jahre später eingereichten Doktorarbeit zeigte Schmidt auf, dass Cart in der Lage war, einer weißen Linie auf dem Boden etwa sechs Meter weit zu folgen. Die Probleme waren weit größer gewesen als erwartet, aber Schmidts eigentliche Innovation bestand darin, dass Cart sich für seine Orientierung vollständig auf seine Umwelt stützte. Er hatte kein vollständiges internes Weltmodell, sondern nahm wahr, was sich direkt vor seinem Auge befand, und reagierte darauf, indem er der gewundenen weißen Linie folgte. Und er agierte unter freiem Himmel statt in einem aseptischen Innenraum. Es war die erste Andeutung, wie ein Roboter eines Tages wie ein von Menschen geschaffenes Tier in Echtzeit auf seine Umgebung reagieren könnte, statt jeden Schritt vorher genau zu überlegen – Sensor-Motor-Regelkreise statt Kognition.

Die Verlockung von Vernunft und Logik blieb jedoch stark. Der nächste Student, der Cart übernahm, war Bruce Baumgart. Vielleicht angeregt von der hügeligen, dreidimensionalen Umgebung um das SAI-Laboratorium wollte Baumgart dem Roboter ein dreidimensionales Modell der Welt geben. Das war vor der Zeit der 3D-Grafiksysteme, daher musste Bruce erst viele der Techniken erfinden, die heute benutzt werden, um die Bilder im Kino, im Fernsehen, in der Werbung und in Videospielen zu produzieren. Dieses Nebenproblem entwickelte er erfolgreich zu einem großen Unternehmen, was aber auch bedeutete, dass Bruce nie dazu kam, Cart allzu viel beizubringen.

Danach erbte Hans Moravec den Roboter. Moravec war ein wahrer Exzentriker: brillant, innovativ und verrückt. Seit ich ihn in Stanford kennen lernte, hatte er enormen Einfluss auf mein Leben.

Ich wuchs in Adelaide in Südaustralien auf, in einer ruhigen Stadt zwischen Perth (3 200 Kilometer entfernt im Westen) und Melbourne (800 Kilometer entfernt im Osten) gelegen, eingebettet in Weinberge im Norden und Süden. Es war ein isolierter Ort am Ende der technologischen Welt, geografisch so weit entfernt von den Innovationen in Europa und Nordamerika wie nur irgend möglich. Bücher und Zeitschriften aus unserem kulturellen Mutterland England erreichten uns erst, wie bereits erwähnt, drei Monate nach ihrem Erscheinen. Ich wurde ein Technikfreak in einem Land, in dem niemand wusste, was ein Technikfreak war. Ich starrte durch das Fenster auf den IBM-Großcomputer im Finanzzentrum der Stadt und gierte nach der Technologie.

Ich verbrachte meine Kindheit damit, Dinge zu konstruieren, und als ich zehn Jahre alt war, brachte ich mir genügend Kenntnisse über Elektrizität bei, um zu versuchen, meine eigenen Computer zu bauen – mit einem Taschengeld von etwa zehn australischen Cents in der Woche. Etwas später konnte mein Vater ausgemusterte Module aus dem Labor des Verteidigungsministeriums mitbringen, wo er als Elektrotechniker arbeitete. Ich baute Maschinen, die einfache Spiele spielen konnten, und schließlich, als ich zwölf war, ein Gerät, das perfekt Ticktacktoe beherrschte.[5] Aufgrund der begrenzten Anzahl von Komponenten, die mir zu Verfügung standen, war die Maschine leider darauf beschränkt, in nur einem der acht möglichen Außenfelder des Bretts zu beginnen, und keiner der Erwachsenen wollte mir glauben, dass diese Beschränkung kein Trick war, um sie irgendwie hinters Licht zu führen. Ich stieß auf eine

---

[5] Ein Spiel, bei dem mit vier Linien eine kreuzförmige Figur gezeichnet wird. Ein Spieler muss versuchen, drei Kreuze in eine waagerechte, horizontale oder diagonale Linie zu bringen, was der Gegenspieler durch das Setzen von Nullen zu verhindern sucht. (A. d. Ü.)

Taschenbuchausgabe von William Grey Walters Buch und versuchte, meine eigene Version von *Machina speculatrix* zu konstruieren– mit der Transistortechnologie statt mit Elektronenröhren (ich hatte schon unzählige hässliche Stromstöße in hohen Voltzahlen bekommen, als ich versuchte, mein eigenes Elektronenröhrenoszilloskop zu bauen). Die Feinheiten der ursprünglichen Schaltungen begriff ich noch nicht so ganz, aber immerhin konnte mein erster Roboter Norman auf dem Fußboden umherlaufen, auf Licht reagieren und um Hindernisse herumtorkeln.

Ich verbrachte sechs Jahre auf der Flinders University of South Australia und studierte Mathematik. Zusätzlich gelang es mir, jeden Sonntag zwölf Stunden lang unbeschränkten Zugang zum Großrechner der Universität zu bekommen, einer 16-Kilobyte-Maschine. Das war mein Himmelreich. Ich entwickelte eine Computersprache speziell für künstliche Intelligenz und richtete dafür eine interaktive Schnittstelle auf der Hauptkonsole ein. Ich schrieb Programme, die Theoreme beweisen konnten, befasste mich mit mathematischen Problemen symbolischer Integration, begriff einige Aspekte der englischen Sprache und lernte, Computerspiele zu spielen. Schließlich wurde mir klar, dass es dies war, was ich in meinem Leben tun wollte. Ich brach meine Promotion in Mathematik auf halbem Weg ab und schaffte es, im Jahr 1977 eine Stelle als Forschungsassistent am Stanford Artificial Intelligence Laboratory zu bekommen. Mit mir wurden damals nur zwei weitere neue Studenten aufgenommen, und noch heute wundere ich mich über mein unglaubliches Glück, gerade zu dem Zeitpunkt nach Silicon Valley zu kommen, als dort alles aufblühte. Ein Junge aus nirgendwo, der niemanden kannte. Was hatte sich die Aufnahmekommission damals dabei gedacht?

Am SAIL lernte ich bald Hans Moravec kennen. Er war bereits ein paar Jahre dort und der Meister der Geheimnisse des SAIL-Computers. Er hatte die vorangehenden sechs Monate heimlich im Laboratorium gelebt, in einem Schlafzimmer, das er sich auf dem Dachboden gebaut hatte. Er hatte während dieser ganzen Zeit das Labor nicht verlassen. Freunde gingen für ihn einkaufen, und er wusch sich in einer Dusche im Keller. Das war alles ziemlich verrückt für einen Jungen wie mich aus der kolonialen Mittelschicht. Außerdem steckte Hans voller fantastischer Ideen, angefangen von Ballonsonden für billige Reisen ins Orbit über Rechner mit extrem paralleler Architektur und baumartige Roboter bis hin zur Übertragung menschlicher Gehirne auf Silizium. Seine Arbeit an Cart war jedoch etwas prosaischer.

Hans war überzeugt, dass der erste Schritt, um Cart zu intelligentem Handeln in seiner Welt zu befähigen, darin bestünde, ihm ein akkurates dreidimensionales Modell dieser Welt zu geben.[6] Bei seinem ersten Versuch in Stanford benutzte er Verfahren der Bildrepräsentation in Computern, um ein Szenario in drei Dimensionen zu erfassen. Er musste dazu eine Menge neuer Techniken erfinden. Seine Algorithmen erkannten die visuell unterscheidbaren Punkte eines Szenarios. Sie wurden mit zwei verschiedenen Kameras oder »Augen« aufgenommen, und durch Abgleichung der Daten ließ sich dann ihre Richtung und Entfernung berechnen, ähnlich wie Menschen ihre stereoskopische Sicht benutzen. Genau genommen verwendete Hans in seiner Version von Cart dafür nicht zwei Kameras, sondern eine einzige, die er über neun Positionen von einer Seite zur anderen des Wagens gleiten ließ, um die Bilder von jeder dieser Positionen zu vergleichen. Es handelte sich daher um eine neunäugige Stereosicht, bei der eine einzelne Kamera zeitversetzt die Rolle von neun Augen übernahm. Cart speiste alle diese Punkte in ein Modell ein und berechnete dann den optimalen Weg zu seinem Ziel unter Umgehung aller Hindernisse. Dann bewegte er sich etwa einen Meter blind voran und betrachtete das Szenario aufs Neue. Dabei integrierte er die neuen Hindernispunkte in sein altes Weltmodell und versuchte, die schlüssigste Synthese aufeinander folgender Versionen herzustellen.

Mit einem TV-Sender (lizenziert unter der Bezeichnung Bay Area TV-Kanal 22) übertrug Cart die Kamerabilder zum Großrechner des SAIL und erhielt über Funk Steuer- und Antriebssignale zurück. Der Roboter bewegte sich etwa alle 15 Minuten vorwärts – das heißt, sofern der Großrechner des SAIL nicht von anderen Leuten belegt war. Während der Hauptauslastung des Computers am Spätnachmittag konnten aus den

---

[6] Er vertritt diese Überzeugung seit 25 Jahren, und sein letztes Forschungsprojekt an der Carnegie Mellon University ist der x-te Versuch eines noch besseren dreidimensionalen Programms. Ich habe über die Jahre versucht, ihn zu überzeugen, dass erstens Tiere, und auch Menschen, keine akkuraten dreidimensionalen Modelle entwerfen und trotzdem in der Lage sind, intelligent in der Welt zu handeln; und er zweitens mit diesen Modellen etwas Kluges anfangen muss, sobald er sie hat, weshalb es besser wäre, schon jetzt ein wenig über dieses Problem nachzudenken, um sich über die Erfordernisse an sie klar zu werden. Ich hatte bisher noch keinen Erfolg.

15 Minuten leicht 3,5 Stunden werden. Es gab noch eine Reihe weiterer Probleme: Erstens waren Carts Batterien etwa alle sechs Stunden leer, und er war zu wackelig, um das Gewicht von noch mehr Batterien zu tragen. Zweitens: Um die Algorithmen so schnell wie möglich durchlaufen zu lassen, basierte die Programmierung des Roboters auf der Annahme, dass das Szenario während einer Laufzeit unverändert bleiben würde. Aber im SAIL ging es zu wie in einem Taubenschlag: Ständig kamen und gingen Leute, Möbel wurden hin und her gerückt, Türen gingen auf und zu. Außer nachts. Nach Mitternacht waren die meisten Studenten gegangen, und kaum jemand war bis sechs Uhr morgens da, wenn die Computermusik-Studenten vom Center for Computer Research in Music and Acoustics kamen, um am Computer an ihren Kompositionen zu arbeiten. Während des Sommers 1979 ließ Hans seinen Roboter fast jede Nacht durch einen großen offenen Raum im SAIL fahren. Ich persönlich experimentierte in jenem Sommer mit einem 28-Stunden-Tag, 20 Stunden Arbeit, gefolgt von acht Stunden zu Hause; deshalb half ich in jenen Nächten oft aus. Wir stellten einen Hindernisparcours aus Stühlen, geometrischen Körpern und Bäumen aus Karton auf, gaben Cart ein Ziel in etwa 20 Meter Entfernung und ließen ihn laufen. Während der 15 Minuten seiner Blindheit, in denen er seine letzten Beobachtungen verdaute, konnten wir uns im Raum bewegen und alle erforderlichen Anpassungen vornehmen.

Cart war im Allgemeinen in der Lage, seinen Weg in sechs Stunden von einem Ende des Raumes zum anderen zu finden, ließ sich aber häufig von den Kartonbäumen und -objekten verwirren. Sie hatten nicht viele Unterscheidungsmerkmale, deshalb nahm der Roboter sie häufig nicht wahr. Wir behängten sie mit Christbaumschmuck von einer Weihnachtsparty, wodurch sie viel besser sichtbar wurden und sich leichter umgehen ließen. Der Höhepunkt dieser Experimente kam an einem Samstag Ende Oktober, als Hans einen Tag lang den Computer allein benutzen durfte und alles für eine Fahrt des Roboters unter freiem Himmel vorbereitete. Es war ein großes Zuschauerereignis, obwohl es noch langatmiger zuging als bei einem Kricket-Spiel, als Cart versuchte, zwischen den Stühlen und Kartonattrappen zu navigieren, die nun auf der Laderampe des D.-C.-Power-Laboratoriums postiert waren. Leider verstieß die Außenwelt gegen eine von Hans' zentralen Annahmen: Die sehr deutlich zu erkennenden Schatten, die alle Objekte auf den Boden warfen, waren nicht statisch. Tatsächlich bewegten sie sich in den 15-minütigen Intervallen zwischen der Beobachtung des Szenarios nicht unbeträchtlich. Carts Weltmodell geriet in große Verwirrung, und Hans musste gelegentlich hinauslaufen, um die Welt wieder in Ordnung zu bringen, damit das interne Modell ihr etwas besser entsprach. Es war weit einfacher, die reale Welt zu verändern als Carts internes Modell davon.

Trotz der ernsten Absichten des Projektes war ich ein bisschen enttäuscht. Grey Walter war es gelungen, seine Schildkröten dazu zu bringen, sich stundenlang autonom zu bewegen, wobei sie sowohl mit einer sich dynamisch verändernden Welt als auch miteinander interagierten. Seine Roboter waren aus Teilen gebaut, die ein paar Dutzend englische Pfund gekostet hatten. Hier, im Zentrum der Hochtechnologie, agierte ein Roboter, der sich auf eine Ausrüstung von mehreren Millionen US-Dollar stützte, nicht annähernd so gut. In seinem Inneren spielte sich weit mehr ab, als es bei Grey Walters Schildkröten jemals der Fall gewesen war: Er schuf akkurate dreidimensionale Modelle der Welt und formulierte detaillierte Pläne innerhalb dieser Modelle. Aber von außen betrachtet war die ganze interne Denkfähigkeit kaum der Mühe wert. Es erinnerte an die alte Scherzfrage, ob ein Baum, der in einem menschenleeren Wald umstürzt, ein Geräusch macht, wenn niemand da ist, der es hören kann. Waren die internen Modelle wirklich nutzlos, oder waren sie eine notwendige Vorarbeit für bessere Leistungen künftiger Generationen von Cart?

3
Planetarische Botschafter

Im Mai 1992 baute ich bereits seit beinahe acht Jahren meine eigenen künstlichen Wesen. Sie waren ein künstlerischer Erfolg, hatten allerdings bislang noch keinen dauerhaften Einsatzort außerhalb des Labors gefunden. Ich war sicher, dass sie die Art und Weise, wie wir über Roboter denken und mit Maschinen umgehen, verändern konnten, aber ich brauchte eine überzeugende und erfolgreiche neue Anwendung für sie.

Also stahl ich mich eines Morgens aus einer Konferenz über künstliche Intelligenz in Santa Fe, New Mexico, und flog nach Los Angeles. Ich wollte zum ersten Mal einen der Helden meiner Jugend treffen, den ersten Mann, der mit einem Wagen auf dem Mond herumgefahren ist, den Kommandanten von Apollo 15 und ehemaligen Leitenden Testpiloten der Edwards Air Force Base: David Scott. Scott holte mich in einem kleinen alten roten Toyota ab. Es waren nicht die siegreichen Tage des Weltraumprogramms, und wir waren eher in einer Partisanenmission unterwegs. Aber schon nach dem Mittagessen hatten David Scott und ich beschlossen, zum Mond zu fliegen, oder zumindest sollten unsere Roboter es tun. Jetzt gab es einen Zukunftsplan für meine künstlichen Wesen, einen Wirkungsort außerhalb meines Labors.

Die ersten Roboter erwachen

Während ich Hans Moravec am SAIL half, Hindernisse herumzuschleppen, forschte ich auch für meine eigene Doktorarbeit über Bilderkennung. Ich fütterte mein Programm mit dreidimensionale Apriori-Modellen von Objekten: Ein Flugzeug war ein Zylinder mit zwei trapezförmigen Flügeln, zylindrischen Triebwerken und einem trapezförmigen Heck. Das Programm versuchte dann, die Modelle in einem Bild zu erkennen. Mein Programm brauchte Stunden, um auf demselben SAIL-Computer durchzulaufen, der für die Analysen der Kameraschnappschüsse von Moravecs Roboter nur 15 Minuten brauchte.

Ich schloss meine Promotion ab und machte mich auf eine kleine Odyssee durch verschiedene Forschungsstellen an der Carnegie Mellon University und am MIT und wurde später Fakultätsmitglied in Stanford und am MIT. Während der ganzen Zeit arbeitete ich an auf Modellen basierenden Ansätzen für Industrieroboter, Bilderkennung und Pfadplanung für mobile Roboter. Als ich im September 1984 als Mitglied des Artificial Intelligence Laboratory zum MIT kam, beschloss ich, meinen eigenen mobilen Roboter zu bauen.

In den ersten Monaten suchte ich mir Laborräume und rekrutierte Studenten. Anita Flynn war eine sportbesessene Studentin des MIT. Sie hatte die US Naval Academy verlassen, als sie zu ihrem Entsetzen und zu ihrer Entrüstung feststellen musste, dass die Marine etwas dagegen hatte, dass Frauen Kampfjets flogen. Es war ihr nie in den Sinn gekommen, dass es in ihrer geliebten Marine eine derart schändliche Regel geben könnte. Nachdem sie ein Jahr Klinken geputzt hatte, wurde sie am MIT aufgenommen und studierte dort weiter. Peter Ning, der Sohn eines taiwanesischen Diplomaten, studierte Elektrotechnik und suchte nach einem Thema für seine Diplomarbeit. Er war versessen darauf, ein Mikroprozessorensystem zu bauen – eine Aussicht, die mir ein bisschen Angst machte. Ich hatte in Stanford begonnen, mit Sathya Narayanan zusammenzuarbeiten, einem Studenten, der mir zum MIT folgte. Er war ein Tausendsassa, der in Software ebenso versiert war wie in Hardware. Die Kälte seines ersten Winters in Cambridge erinnerte ihn allerdings nicht gerade an seine südindische Heimatstadt Madras.

Dann brauchte ich ein Roboterchassis – etwas, das über den Boden rollen konnte. Ich war nicht so versessen darauf, alles von der Pike auf selbst zu bauen. Hans Moravec hatte das getan, als er 1980 eine Forschungsstelle an der Carnegie Mellon University annahm. Es hatte ihn viele Jahre und viel Geld gekostet und ihm wenig Erfolg gebracht. Ich wollte diese Erfahrungen nicht mit ihm teilen und versuchte daher, schon etwas Fertiges zu kaufen oder einige von Moravecs Studenten von der Carnegie Mellon University anzuwerben, die bei ihrem zweiten Versuch erfolgreich ein sehr einfaches, funktionsfähiges System gebaut hat-

ten. Zum Glück traf Anita zufällig Grinnell More[7]. Grinnell, der Sohn
von Trenchard More, einem der zwölf Teilnehmer an John MacCarthys
Workshop von 1956 in Dartmouth, hatte mit seiner Highschool eine
Auseinandersetzung über die dortigen Erziehungsmethoden gehabt und
steckte daraufhin all seine Energie in eine Firma, die er mit zwei Freunden gegründet hatte – um Roboterchassis zu bauen. Sie hatten einen
Roboter mit der Bezeichnung VECTROBOT entwickelt. Es war ein Zylinder von 25 Zentimetern Höhe, einem Durchmesser von 45 Zentimetern
und drei Rädern, die alle zugleich Steuer- und Antriebsräder waren. Ich
kaufte Grinnell sofort einen davon ab. Seine beiden Partner suchten sich
jedoch bald sicherere Jobs, und Grinnell fing an, häufig in unser Labor
zu kommen.

Unser Basisroboter erhielt einfache Befehle zur Kontrolle seiner Bewe-
gungsgeschwindigkeit und Laufrichtung über eine serielle Leitung. Nun
mussten wir einige Sensoren darauf montieren und genügend Rechnerkapazität installieren, um die Sensoren mit den Antriebselementen zu
verbinden. Wir entschieden uns für einen Ring von zwölf Schallmesssen-
soren als Primärsensoren. Diese Sonarsensoren hatte Polaroid als automatischen Entfernungsmesser für die Kamera SX-70 entwickelt. Damit
lassen sich Entfernungen von 30 Zentimetern bis zu etwa fünf Metern
messen, mit etwa einem Zentimeter Fehlerabweichung, obwohl die tatsächliche Genauigkeit der Messungen weit geringer war. Wir wollten
außerdem zwei Kameras an Bord haben, damit der Roboter seine Umgebung sehen konnte. Damit diese in einer Büroumgebung eine gute Sicht
hatten, mussten sie in Hüfthöhe montiert werden. Das bedeutete, dass
der Roboter höher als die Schreibtische sein musste und die Sensoren in
Tischplattenhöhe angebracht werden mussten. Auf diese Weise bestand
die beste Chance, dass der Roboter die Tische als Hindernisse erkannte,

---

[7] Grinnell ist heute stellvertretender Direktor meiner Firma iRobot Corporation, lei-
tet die Abteilung Real World Interface, die Forschungsroboter für Labors auf der
ganzen Welt baut, und entwickelt und vermarktet unsere »urban robots«. Eine Serie
der Forschungsroboter ist ein direkter Nachkomme des ursprünglichen VECTRO-
BOT, obwohl die Produktlinie beträchtlich angewachsen ist. Die »urban robots«
sind Raupenfahrzeuge, klein genug, um von einem Polizisten bei einem terroristi-
schen Überfall oder von einem Soldaten im Häuserkampf durch ein Fenster gehievt
zu werden. Der Roboter kann auf eine Aufklärungsfahrt geschickt werden, eine ver-
schüttete Treppe hochfahren und Videoaufnahmen von Vorgängen aus einem Haus
senden, in dem Gefahren lauern.

statt nur die Tischbeine zu sehen und sich beim Hindurchfahren selbst zu köpfen. Ergebnis all dieser Überlegungen war ein zylindrischer Roboter, der etwa die Größe eines R2D2 hatte. Solche Roboter sind heute in Forschungslabors sehr verbreitet, aber unserer war einer der ersten. Wir nannten ihn Allen, zu Ehren von Allen Newell von der Carnegie Mellon University, einem der Begründer der Künstliche-Intelligenz-Forschung (KI) und ebenfalls ehemaliger Teilnehmer des Workshops in Dartmouth 1956.

Aufgrund unserer Erfahrungen mit Shakey und Cart kam es uns nicht in den Sinn, die Rechnerkapazität an Bord des Computers unterzubringen. Das war in den Labors der KI-Forschung einfach nicht üblich. Die Großrechner im KI-Labor des MIT in den Jahren 1984 und 1985 waren radikal anders als das, was der Rest der Welt benutzte. Es gab etwa 20 im Labor manuell zusammengebaute Rechner. Sie hatten grafische Bildschirme, bei denen jeder Bildpunkt einzeln angesteuert wurde (wie heute jeder PC), eine Maus, eine Verbindung zu einem Datenserver nach Art des Ethernet, 128 Kilobyte Hauptspeicher und 16 Megabyte virtuellen Speicher. Ihre Muttersprache war Lisp, eine wunderbar ausdrucksstarke Progammiersprache, die John MacCarthy schon 1959 entwickelt hatte. Die Rechner wurden Lisp-Maschinen genannt. Ich entschloss mich, eine Lisp-Maschine als Hauptprozessor zu benutzen und ihn über einen seriellen Anschluss mit dem Roboter zu verbinden. Mir schwebte eine Funkverbindung vor, aber trotz der wackeren Bemühungen einiger MIT-Studenten, die ich dafür angeheuert hatte, gelang es uns nicht, jemals befriedigende Resultate mit einer solchen Verbindung zu erzielen, bevor wir unseren ersten Roboter verschrotteten. Weniger als 20 Jahre später sind solche digitalen Funkverbindungen Massenprodukte, die man im Haushalt jeden Tag verwendet, aber wir mussten uns noch mit einem 20 Meter langen Kabel begnügen. Für den Roboter selbst baute Peter Ning mit Unterstützung eines Ingenieurs im KI-Labor, Noble Larson, einen Ein-Platinen-Prozessor als Schnittstelle zwischen der externen seriellen Leitung, der seriellen Leitung zu den Motoren und den Sonarsensoren. Der Mikroprozessor an Bord fungierte als Schaltstation, die Bits von und zu den richtigen Orten durchschleuste. Er selbst führte nicht viele Berechnungen aus und war nur zu einem geringen Teil ausgelastet.

Ich hatte darüber nachgedacht, wie die Rechnerleistung organisiert werden sollte, um den Roboter zu kontrollieren. Irgendwie sollte das System die Wahrnehmungsprozesse, welche die Rohdaten der Sensoren verarbeiteten, mit den Motorprozessen verbinden, welche die Befehle zur Roboterbasis kontrollierten. Die Frage war, wie diese Rechnerbox ausgelegt werden sollte: Welche Berechnungen sollte sie durchführen, wie viel Feedback sollte in die Wahrnehmungsprozesse gehen und von den Motorprozessen kommen und was war der geeignete Weg, um ihre Berechnungen zu repräsentieren und zu spezifizieren? Zumindest informell betrachtete man so eine Box als Kognitions-Box, als denkendes und intelligentes Herz. Die beste Lösung für den Bau dieser Box war, so beschloss ich, ihre Eliminierung. Es sollte gar keine Kognition geben; alles, was ich bauen wollte, war sensorische Wahrnehmung und Aktionsfähigkeit. Damit klammerte ich vollständig aus, was traditionell als die »Intelligenz« der künstlichen Intelligenz galt.

Aber was ist Intelligenz? Wörterbuchdefinitionen sprechen von der Fähigkeit zu lernen, neue Situationen zu verstehen oder Wissen anzuwenden, um auf die eigene Umgebung einzuwirken. Der Versuch, diese Definitionen in objektive Kriterien zu verwandeln, um zu entscheiden, ob ein Roboter Intelligenz besitzt, ist eine höchst vertrackte Aufgabe und sehr wahrscheinlich gar nicht zu lösen. Man kann jedoch einige Vergleiche anstellen. Ein Mensch erscheint zumeist intelligenter als ein Hund, ein Hund intelligenter als ein Salamander und ein Salamander intelligenter als eine Ameise. Und vielleicht würden wir einräumen, dass eine Ameise intelligenter als ein Spielzeug zum Aufziehen ist. Aber was das eine Wesen intelligenter macht als das andere, ist sehr schwer zu quantifizieren.

Wenn man nach den Projekten aus den frühen Tagen der KI-Forschung urteilen wollte, müsste man Intelligenz als das definieren, was hoch gebildete männliche Wissenschaftler am meisten interessiert. Damals galt es als interessant, Computer Schach spielen zu lassen, Integralgleichungen zu berechnen, wie sie in einem Seminar für analytische Geometrie an der Universität auftauchen können, mathematische Theoreme zu beweisen oder komplizierte Probleme der Wortalgebra zu lösen. Aufgaben, die ein vier- oder fünfjähriges Kind mühelos bewältigen kann, wie zum Beispiel, zwischen einer Kaffeetasse und einem Stuhl zu unterscheiden, auf zwei Beinen zu gehen oder seinen Weg vom Schlafzimmer zum Wohnzimmer zu finden, galten nicht als intelligente Leistungen. Auch ästhetische Urteile wurden nicht zum Repertoire der intelligenten Fertigkeiten gezählt.

Mit dem Beginn der achtziger Jahre war den meisten KI-Forschern jedoch klar geworden, dass diese Probleme sehr schwierig zu lösen waren, und in den letzten 20 Jahren haben viele erkannt, dass sie tatsächlich viel schwieriger sind als erstere. Sehen, gehen, navigieren und ästhetische Urteile fällen, das erfordert gewöhnlich kein ausdrückliches Denken oder Ketten von Überlegungen. Es geschieht einfach.

Auf den ersten Blick schien meine Entscheidung, die Kognitions-Box wegzulassen, darauf hinzuweisen, dass Schach, Analytik und Problemlösungen nicht zu den Intelligenzleistungen gehörten, mit denen ich mich beschäftigen wollte. Tatsächlich war das nicht meine Absicht. Mir schien, dass diese Formen intelligenter Fähigkeiten tatsächlich auf den Fähigkeiten des Sehens, Gehens, Navigierens und Urteilens basierten. Ich war überzeugt – und bin es bis heute –, dass Intelligenzleistungen aus der Interaktion von Wahrnehmung und Handlung entstehen und dass in deren ausgewogener Implementierung auch der Schlüssel zur allgemeineren Intelligenz liegt

Im Rückblick gab es eine Reihe von Anhaltspunkten, die mich zu dieser radikalen Position brachten. Während meiner Jahre als Forscher am MIT und als Fakultätsmitglied der Universität Stanford hatte ich meine eigene Problemlösungstechnik entwickelt. Ich sah mir an, wie alle anderen ein bestimmtes Problem angingen, und suchte nach der Kernannahme, in der alle so sehr übereinstimmten, dass sie nicht einmal darüber sprachen. Dann stellte ich mir vor, dass diese Kernannahme falsch wäre, und schaute, wo dieser Gedankengang hinführte. Häufig erwies sich dies als sehr nützlich. Etwa ein Jahr lang arbeitete ich mit Tomas Lozano-Perez an Algorithmen, um kollisionsfreie Wege für die Arme von Industrierobotern an einem unübersichtlichen Arbeitsplatz voller Hindernisse zu finden, wo sie Teile bearbeiteten, schweißten oder lackierten. Mir wurde klar, dass sich jeder, der an diesen Algorithmen arbeitete, darauf konzentrierte, wie die Hindernisse im realen Raum in einer höheren mathematischen Dimension der Motorkontrolle als Hindernisse erscheinen konnten: Jeder konzentrierte sich darauf, wie diese Hindernisse dort zu repräsentieren waren. Statt darzustellen, wo die Hindernisse waren, wollte ich aufzeigen, wo sie nicht waren. In meinen Algorithmen sollte es eine Repräsentation geben, wo sich der Roboterarm sicher hinbewegen konnte, und innerhalb dieser Beschränkungen sollte er seinen Weg planen, um die gewünschte Arbeit auszuführen. Das brachte sofort Ergebnisse und führte zu einigen praktischen Algorithmen, wo es zuvor keine gegeben hatte.

Anfang 1984, als ich noch an der Fakultät von Stanford war, hielt Sandy Pentland eine Seminarreihe am nahe gelegenen SRI International ab. Die Reihe trug den Titel »Von Pixeln zu Prädikaten«.[8] Pixel sind die elementaren Bildpunkte, die wir bei digitalen Bildern auf unseren Computermonitoren oder Fernsehbildschirmen sehen. Solche Bilder bestehen aus einer rechteckigen Anordnung kleiner Quadratpixel, von denen jedes einheitlich eine bestimmte Farbe hat. Unsere Augen interpretieren das Nebeneinander dieser Pixel so, dass sie Objekten der realen Welt entsprechen. Das Wort »Prädikat« im Seminartitel bezog sich auf die Art von Repräsentation, die bei dem Roboter Shakey benutzt worden war. Shakey hatte eine Prädikatlogik ersten Ranges verwendet, um die Welt zu repräsentieren. Die Details der Repräsentation sind hier nicht wichtig, es sei nur daran erinnert, dass die Modelle, die Shakey von der Welt hatte, vollständige Beschreibungen des physischen Arrangements sein sollten, sodass innerhalb des Modells Pläne erstellt werden konnten, die in der korrespondierenden realen Welt vollkommen gültig wären. Als roter Faden zog sich die Erkenntnis durch die Seminarreihe, dass Bilderkennung mit Pixeln als Input und prädikativen Beschreibungen der Welt als Output nicht gut funktionierte. Jeder wusste, dass man dies für die Bilderkennung anstrebte, und selbst der legendäre David Marr vom KI-Labor des MIT hatte vor seinem frühen Tod 1980 ausdrücklich gesagt, das Endziel der Bilderkennung sei »[...] eine objektzentrierte Repräsentation der dreidimensionalen Struktur und der Organisation der wahrgenommenen Gestalt, dazu einige Aussagen zu ihren Oberflächeneigenschaften [...]«[9].

Ich war eingeladen, im Rahmen dieser Seminarreihe einen Vortrag über meine früheren Forschungen zu halten. Zu dieser Zeit jedoch frustrierte mich meine Arbeit immer mehr. Ich arbeitete nur wenig mit wirklichen Robotern, weil die Probleme bei der Datenverarbeitung zur Aufrechterhaltung einer detaillierten Repräsentation der Welt so groß

---

[8] 1986 gab Pentland schließlich zu diesem Seminar ein Buch heraus. Mein Aufsatz in diesem Band enthält keine der radikaleren Gedanken, die ich damals in meinem Vortrag präsentierte, sondern orientiert sich, fußend auf meiner früheren Doktorarbeit, stark am Seminartitel.

[9] Siehe S. 38 seines 1982 posthum erschienenen Buches *Vision*, San Francisco.

waren. Es erschien mir zusehends unmöglich, all die Informationen aus Bildern oder anderen Sensor-Inputs zu extrahieren, welche die internen Weltmodelle zu brauchen schienen, um eine angemessene Auswertung zu ermöglichen. Andererseits schienen reale Tiere und natürlich Grey Walters künstliche Schildkröten gar nicht über die neuronale Kapazität zu verfügen, um so viele Berechnungen durchzuführen, wie unsere Algorithmen erforderten. Irgendetwas stimmte hier anscheinend nicht. Als ich meinen Vortrag im Seminar von Sandy Pentland hielt, gab ich zu bedenken, dass Wahrnehmung und Aktionsvermögen möglicherweise direkter verknüpft waren, ohne zwischengeschaltete detaillierte Weltmodelle. Ich zeigte mit Folien auf einem Lichtbildprojektor[10], wie es aussehen würde, wenn man die Kognitions-Box, die jeder für unabdingbar hielt, wegließe. Das war die zentrale Überzeugung, die ich infrage stellte. Auf der Grundlage dessen, was über ihren Anteil in Tiergehirnen bekannt war, zeichnete ich die Kästchen für Wahrnehmung und Handlung größer und ließ sie ohne irgendeine Kognitions-Box überlappen. Die Kognition setzte ich in eine kleine Sprechblase, welche die Gedanken des externen Beobachters eines gesamten Robotersystems von Welt, Wahrnehmung und Handlung repräsentierte.

Damals hatte ich noch keinerlei Vorstellung davon, wie sich so ein System bauen ließe. Später, am MIT, stieß ich jedoch bei der Konstruktion des Roboters Allen auf einen Lösungsweg. Ich hatte den Eindruck, dass Insekten wesentlich mehr konnten als jeder damals existierende Roboter. Sie konnten sich mit einer Geschwindigkeit von einem Meter und mehr pro Sekunde bewegen, dabei Hindernissen und Räubern ausweichen sowie Futter und Partner für die Paarung finden. Sie hatten nur einige zehntausend, vielleicht einige hunderttausend Nervenzellen, und die Rechenleistung einer jeden war, verglichen mit einem digitalen Computer, sehr langsam. Selbst wenn man die Zahl der Nervenzellen multiplizierte, waren Insekten nicht weit von der Rechenleistung eines guten digitalen Computers entfernt. Zumindest theoretisch hätten wir in der Lage sein sollen, unter Verwendung eines solchen Computers eine Steuerung für einen Roboter zu bauen, die ähnliche Leistungen erreicht hätte. Was war das Besondere an der Organisation des Nervensystems von

---

[10] Lichtbildprojektoren waren das, was man vor Erfindung von PowerPoint und LCD-Projektoren in der Universität benutzte.

Insekten, dass es ihnen erlaubte, so gute Leistungen mit so geringer Rechenleistung zu erbringen?

Im Sommer 1985 saß ich einige Wochen in einem Pfahlhaus an einem Fluss in Südthailand fest, wohin mich meine Schwiegereltern verbannt hatten, die über meine Sicherheit in der Nachbarschaft besorgt waren. Während alle um mich herum Thai sprachen, hatte ich jeden Tag stundenlang Zeit, einfach nur dazusitzen und nachzudenken. Ich begann damit, Diagramme zu zeichnen, wie nach der konventionellen Vorstellung Rechnerkapazität organisiert werden sollte: durch Kästchen mit Pfeilen. Jedes Kästchen stellte eine auszuführende Berechnung dar und jeder Pfeil einen Informationsfluss, das Ausgangssignal eines Kästchens, das als Eingangssignal auf ein anderes Kästchen gerichtet war. Solche Kästchen- und Pfeildiagramme waren und sind bis heute allgemein gebräuchlich. Jeder Kasten repräsentiert schematisch eine sehr große Rechenleistung, die auf dem Großrechner Sekunden oder länger dauern kann. Betrachtet man diese Diagramme mit den vielen Kästchen auf jedem Weg zwischen Sensoren und Aktuatoren, wird deutlich, dass das System sehr langsam sein muss und längst nicht so gut auf die Umwelt reagieren kann wie Insekten. Langsam dämmerte es mir: Warum nicht die Berechnungen einfacher machen, sodass sie in jedem Kästchen nur ein paar Millisekunden brauchen würden? Aber statt zum Ausgleich Tausende von Kästchen zu bauen, wurde mir klar, dass ich mit ein oder zwei Hand voll einfacher Kästchen auskommen würde, etwa mit der gleichen Zahl wie in den ursprünglichen Diagrammen, die ich gezeichnet hatte. Entscheidend wäre, den Roboter dazu zu bringen, so schnell auf seine Sensoren zu reagieren, dass er in seinem Inneren gar kein detailliertes Rechenmodell der Welt erstellen und aktualisieren musste. Wenn er etwas sehen musste, würde er die Beziehung zur wirklichen Welt einfach über seine Sensoren herstellen. Das war das zweite Mal, dass ich meine Problemlösungsmethode anwandte. Wenn der Bau und die Aufrechterhaltung eines internen Weltmodells schwierig waren und zu viel Rechnerleistung kosteten, warum nicht auf das interne Modell ganz verzichten? Jeder andere Roboter hatte ein solches Modell gehabt. Aber es war nicht klar, ob Insekten es hatten – warum sollten Roboter also unbedingt eins brauchen?

Wie diese Kästchen zur Datenverarbeitung in allgemeiner Weise organisiert werden sollten, blieb ein Problem. Wieder führte der Gedanke an

Insekten zu einer Einsicht. Insekten haben sich wie alle anderen Tiere im Lauf der Zeit entwickelt. Weder waren sie von Anfang an voll ausgebildet noch blieben sie über Hunderte oder Tausende von Generationen unverändert. Im Allgemeinen begannen die Lebewesen mit einfachen Fähigkeiten und entwickelten nach und nach kompliziertere. Natürlich verkümmerten unter gewissen Umständen mit der Zeit einige Fähigkeiten, wenn sie nicht mehr gebraucht wurden. Wir Menschen müssen kein Gras mehr verdauen, deshalb ist unser Blinddarm geschrumpft und nur noch ein »Appendix«, ein Anhang unseres Verdauungssystems, wie der lateinische Name sagt. Aber im Allgemeinen bauen komplexere Fähigkeiten auf einfacheren auf, häufig durch Hinzufügung neuer Nervenzellen.

Das war die Metapher, die ich für meine Roboter wählte. Ich wollte zunächst einfache Kontrollsysteme für einfaches Verhalten bauen. Dann würde ich zusätzliche Kontrollsysteme für komplexeres Verhalten hinzufügen, welche die älteren Kontrollsysteme jedoch weiterarbeiten ließen. Wo nötig, konnte das neuere Kontrollsystem gelegentlich die Fähigkeiten der älteren Systeme nutzen, wenn diese besser wussten, wie sich der Roboter verhalten sollte. Und so sollte in Nachahmung des Evolutionsprozesses hinsichtlich immer komplexerer Nervensysteme bei realen Tieren auch bei meinem Roboter eine Schicht um die andere hinzukommen.

Für Allen plante ich drei solcher Ebenen. Die erste war eine Kontrollebene, die sicherstellen sollte, dass der Roboter den Kontakt mit anderen Objekten vermied, seien sie stationär oder beweglich. Das bedeutete, dass er Objekten ausweichen musste, die er mit seinem Sonar entdeckte, ganz gleich ob er versuchte, sich in eine Richtung zu bewegen, oder jemand oder etwas auf ihn zukam. Die zweite Ebene sollte dem Roboter »Wanderlust« einpflanzen, sodass er sich ziellos umherbewegen würde. Aufgrund des schon vorhandenen Kontrollsystems der niedrigeren Ebene, das Kontakt mit anderen Objekten vermied, konnte der ziellose Wanderer sehr einfach ausgelegt werden, ohne Kollisionen befürchten zu müssen. Die dritte Ebene sollte dem Roboter ermöglichen, seine Welt zielgerichtet zu erkunden. Wann immer er etwas Interessantes in der Entfernung erkannte, bewegte er sich in diese Richtung. Auf dieser Ebene musste er sich keine Sorgen darum machen, Kollisionen zu vermeiden, da sich darum schon die unterste und primitivste Kontrollebene kümmerte. Und wenn die Erkundungsebene nichts Interessantes wahrnahm, das sich zu untersuchen lohnte, übernahm die Wanderfunktion die Kontrolle und ließ den Roboter die Welt durchstreifen, bis die oberste Schicht etwas Interessantes fand. Dies war die Architektur (»Subsumptionsarchitektur« genannt) für den Bau meiner künstlichen Wesen. Ihre Nervensysteme wurden als Schaltkreisdiagramme dargestellt, die etwa ein Dutzend einfache Datenverarbeitungselemente mit Sensoren (Eingangssignale) und Aktuatoren (Ausgangssignale) verknüpften. Die Schaltungselemente behandelten ihre Eingangsleitungen als ständige Signalquellen und generierten ebenso beständige Signale für ihre Ausgangsleitungen. Auf der Lisp-Maschine, die wir als Hauptrechner verwendeten, implementierte ich rasch einen Schaltkreissimulator, der sich verhielt, als ob jede dieser einfachen Rechenboxen kontinuierlich und parallel lief. Tatsächlich war das ziemlich einfach. Ich brauchte länger, um ein Tool für eine ansprechende grafische Darstellung des Schaltplanes und ein weiteres zu programmieren, das überwachte, wie viel Zeit der Computer brauchte, um jedes einzelne Schaltungselement zu simulieren und dies in Echtzeit grafisch darzustellen. Ersteres hatte keinen großen Nutzen und Letzteres zeigte, dass es beinahe überhaupt keine Zeit kostete, die gesamte Schaltung zu simulieren. Jetzt musste ich nur noch alles an einen realen Roboter anschließen. Aber der Roboter war trotz der harten Arbeit von Peter, Anita und Sathya noch nicht fertig.

Ich entschloss mich daher, eine Simulation des wirklichen Roboters zu schaffen, einschließlich einiger physikalischer Größen, wie die Sonarsensoren reagieren würden. Das Steuersystem, das ich für den realen Roboter gebaut hatte, ließ sich dabei verwenden, um den simulierten Roboter zu kontrollieren. Das ist heute eine übliche Technik, aber damals noch nicht. Bald hatte ich mein System ausgetestet. In der simulierten Welt konnte ich den Roboter umherfahren lassen, ohne dass er mit Hindernissen zusammenstieß. Er war in der Lage, eine simulierte Geschwindigkeit von beinahe einem halben Meter pro Sekunde aufrechtzuerhalten, und befand sich ständig in Aktion, ohne an einem bestimmten Punkt innezuhalten und nachzudenken. Dieser simulierte Roboter war viel besser als Cart oder Hilaire. Vor allem aber konnte ich simulierte bewegliche Objekte in seine Welt stellen, und mein simulierter Roboter wich ihnen auf seiner Fahrt durch den simulierten Raum aus, während die reale Wanduhr tickte. Das war etwas, was kein anderer existierender Roboter konnte: in einer sich dynamisch verändernden Umgebung operieren. Und warum wurde mein simulierter Roboter damit fertig? Weil er die Welt als sein eigenes Modell benutzte. Er bezog sich nie auf eine interne Beschreibung der Welt, die schnell veraltet war, wenn sich irgendetwas in der realen Welt bewegte.

Im Oktober 1985 fand in Gouvieux-Chantilly nördlich von Paris das Zweite Internationale Symposium der Roboterforschung statt. Das erste Symposium hatte Michael Brady vom KI-Labor des MIT 1983 in Bretton Woods (New Hampshire) organisiert. Die Idee bestand darin, die 50 innovativsten Forscher in der Roboterforschung auf der ganzen Welt für eine intensive Woche mit Vorträgen und Diskussionen zusammenzubringen. Ich war bereits zum ersten Symposium wegen meiner Arbeit an Industrierobotern in meiner Zeit als Forscher am MIT von 1981 bis 1983 eingeladen worden. Wegen dieser früheren Arbeiten wurde ich auch 1985 wieder eingeladen. Ich wollte Allen vor der Konferenz unbedingt funktionsfähig machen, sodass ich zeigen konnte, wie neu und anders er arbeitete. Als die Vorträge eingereicht werden mussten, war es noch nicht so weit, deshalb konnte ich nur einige Ergebnisse der Simulation berücksichtigen. Es gelang mir, Allen so eben funktionsfähig zu machen, bevor ich nach Frankreich flog. Ich hatte ein Video in schlechter Qualität von den ersten Versuchen dabei. Es zeigte den Roboter, wie er sich in flinkem Tempo Korridore hinunterbewegte und dabei genau in der Mitte zwischen den Wänden fuhr. Er wich herannahenden Fußgängern aus, ließ sich von einer Gruppe von Menschen treiben, die ihn auf drei Seiten umringten, sodass er nur eine Richtung hatte, in die er fahren konnte, ohne eine Kollision zu verursachen. Es war fantastisch.

Als ich auf der Konferenz an der Reihe war, stand ich auf und erklärte, wie ich einen intelligenten Roboter gebaut hatte, indem ich die zentrale Annahme der KI-Forschung ablehnte. Mein System eliminierte jeden Denkprozess und jede Gedankenkette. Stattdessen beruhte er vollständig auf gedankenloser Aktivität, der direkten Verbindung von Wahrnehmung und Handlung. Und ich behauptete, dass mein Roboter besser funktionierte als alles, was mit dem alten Ansatz zuvor gebaut worden war. Ohne es offen auszusprechen sagte ich damit nicht mehr und nicht weniger, als dass die gesamte Arbeit in der KI-Forschung bis dahin in die Irre gegangen sei und mein neuer Ansatz alles verändern würde.

Der Vorsitzende der Konferenz, George Giralt, Schöpfer des berühmten Hilaire, und Ruzena Bajscy, heute Direktorin der Abteilung Compu-

terwissenschaft der National Science Foundation, aber damals noch Lei-
terin des Labors für Roboterwissenschaft an der Universität von Pennsylvania, saßen zusammen im hinteren Teil des Saales. Jahre später erzählte
mir Ruzena, dass George und sie sich während meines Vortrags zugeflüs-
tert hatten:»Warum wirft dieser junge Mann seine Karriere weg?« Auf
dem Video zeigte mein Roboter viel mehr als alles, war irgendein früherer
Roboter geleistet hatte, wenn man es mit den Augen eines externen Beobachters sah. Aber er tat es auf zu einfache Weise! Das Publikum konnte
nicht akzeptieren, dass dies ernsthafte Arbeit war. Er tat vieles weit
schneller als irgendein früherer Roboter. Aber es gab keine seitenlangen
Ausdrucke von Gleichungen oder von komplexen Algorithmen, die programmiert worden waren. Das konnte keine ernsthafte Roboterforschung sein. Es waren solche Äußerungen, die mich von der Hauptströ-
mung der Roboterforschung trennten. Die Auseinandersetzungen, die
damals begannen, dauern bis heute an. Der Vortrag an jenem Tag wurde
zu einem entscheidenden Wendepunkt in meiner Karriere. Meine Studenten und ich sehen uns heute den gleichen Argumenten gegenüber,
wenn wir demonstrieren, wie unsere humanoiden Roboter mit Menschen in menschenähnlicher Weise interagieren, aber mit einem Verhalten, das von relativ schlichten Regeln produziert wird, die auf rechenin-
tensiven Wahrnehmungsprozessen aufbauen.

Ich kehrte zum MIT zurück, fasziniert von der neuen Wendung, die
meine Arbeit genommen hatte. Ich hatte Blut geleckt, und es machte
Spaß. Ich wusste, dass ich für eine feste Professorenstelle neue Aufsätze
veröffentlichen musste. Es gab eine neue Zeitschrift namens *Robotics and
Automation*, also schickte ich eine aktualisierte Version meines Vortrags
in Gouvieux-Chantilly dem Herausgeber George Bekey von der Universität von Südkalifornien. Er schickte ihn drei anonymen Prüfern, die alle
seine Ablehnung empfahlen. Die Arbeit sei zu neu, nicht hinreichend
getestet und zu schlicht. George akzeptierte den Aufsatz trotzdem und
veröffentlichte ihn im April 1986. Heute ist es einer der meistzitierten
Aufsätze[11] in der Roboter- und Computerwissenschaft.

Ein neuer Doktorand namens Jonathan Connell stieß zu unserer
Gruppe. Anfänglich fügte er Allen weitere Kontrollschichten hinzu,
sodass dieser in der Lage war, Wände entlang und durch Türen zu fahren

---

[11] Er ist wieder abgedruckt in *Cambrian Intelligence*, Cambridge (Mass.) 1999.

und systematisch Büros zu erkunden. Aber bald erreichten wir die Grenzen der Sonarsensoren, die Allen an Bord hatte, und ich träumte von einem Roboter, der seine Umgebung in irgendeiner Weise manipulieren konnte, statt sich einfach in ihr umherzubewegen.

Wir begannen die Arbeit an einem neuen Roboter, Herbert, benannt nach Herbert Simon, Allen Newells Kollege an der Carnegie Mellon University. Dieser Roboter sollte seine gesamte Datenverarbeitung an Bord haben, für die wir einfache Acht-Bit-Prozessoren einsetzten. Dazu bekam er einen Laserabtaster, der dreidimensionale Daten seiner Umgebung lieferte, und einen Arm, der Gegenstände von Tischplatten und dem Fußboden aufheben konnte. Herberts Aufgabe war es, leere Mineralwasserflaschen im Labor zu finden und einzusammeln. Er löste, solange er existierte, noch viel mehr Kontroversen aus, als Allen es jemals getan hatte; aber hier ist nur von Bedeutung, dass er technisch den Weg für meinen erfolgreichsten Roboter, für Genghis ebnete. Mit dem Bau von Herbert wurden wir die erste Forschergruppe, die über zwei mobile Roboter verfügte. Es ist wie bei Kindern: Sobald man das Tabu des zweiten Kindes gebrochen hat, wird es immer leichter, noch mehr zu bekommen. Durch Herbert sammelten wir Erfahrungen, wie wir die Datenverarbeitung an Bord eines Roboters unterbringen konnten.

Ein Roboter auf Beinen

Anfang 1988 arbeitete unsere Forschungsgruppe mit vielen verschiedenen Robotern. Einer hatte einen Arm, ein anderer konnte sehen, der nächste besaß einen Laser-Scanner, und zwei konnten einander umherjagen. Aber alle rollten auf Rädern. Keiner ging auf Beinen wie die große Mehrheit der Landlebewesen. Es wurden damals ein paar gehende Roboter gebaut, am erfolgreichsten von Marc Raibert, der ebenfalls am KI-Labor des MIT tätig war. Seine Roboter hüpften auf einem oder mehreren Beinen. Marcs Roboter mussten sich schnell bewegen, um ihre Balance zu halten. Eine Hand voll Roboter war mit in sich beweglichen Beinen ausgestattet worden, aber alle brauchten Sekunden oder länger für jeden Schritt. Die Roboter, die in gerader Linie hüpften, gingen oder rannten, taten dies ohne einen anderen Zweck, als zu demonstrieren, dass sie sich auf ihren Beinen fortbewegen konnten.

Ich fragte mich, ob wir einen gehenden Roboter bauen konnten, der zu mehr in der Lage war. Aber zuerst brauchte ich wieder eine Annahme, von der alle anderen stillschweigend überzeugt waren, deren Widerlegung jedoch alles vereinfachen würde. Welche falsche Grundannahme gab es im Hinblick auf die Gehfähigkeit? Als ich mir Videos von Insekten ansah, die über unebenes Terrain gingen, bemerkte ich, dass sie häufig daneben traten und stolperten. Das war der Schlüssel. Jeder hatte gedacht, dass gehende Roboter im Gleichgewicht bleiben müssen. Was, wenn man sie stolpern und mehr krabbeln als gehen lässt, genau wie es die Insekten tun?

Grinnell More, der einen Tag in der Woche in unserem Labor verbrachte, bastelte rasch einen zweibeinigen Geher zusammen, der einen Stützschwanz hinter sich her zog. Wir steuerten ihn mit einer Modellflugzeug-Fernbedienung und fanden heraus, dass wir den Roboter problemlos über sehr schwieriges Gelände gehen lassen konnten. Colin Angle[12] war ein neuer Student in meinem Labor. Er, Grinnell und ich beschlossen, eine sechsbeinige Version davon zu bauen: Auf jeder Seite eines geraden Rückgrats sollten je drei Beine symmetrisch angeordnet werden. Grinnell baute die Mechanik des Roboters, Colin ein Bordcomputersystem mit vier Prozessoren, und ich schrieb das Programm. Schließlich nannten wir den Roboter Genghis (Abbildung 1), weil er in der Lage war, über alles auf seinem Weg hinwegzutrampeln, angezogen von der für uns unsichtbaren Infrarotstrahlung, die durch die Körperwärme jedes Säugetiers entsteht.

Genghis[13] ist bis heute mein bester Roboter. Er sieht mit seinem stocksteifen Körper aus wie ein großes, sechsbeiniges, ungelenkes Insekt. Seine einzige Benutzerschnittstelle ist ein Ein-und-Aus-Schalter. Im ausgeschalteten Zustand lag er mit flach ausgestreckten Beinen auf dem Boden. Wurde er eingeschaltet, stand er auf und wartete, dass sich eine Infrarotquelle bewegte. Sobald die sechs wie an einer Perlenkette aufgereihten Sensoren etwas wahrnahmen, legte er los. Hatte Genghis seine Beute einmal im Visier, krabbelte er, nur auf sein Ziel konzentriert, über alles hinweg, was auf seinem Weg lag. Wenn er ausgeschaltet wurde, war

---

[12] Colin ist Mitbegründer meiner Firma iRobot Corporation und heute ihr Geschäftsführer.

[13] Seit Mitte der neunziger Jahre befindet sich Genghis im National Air and Space Museum in Washington, D.C.

Abbildung 1: Der Roboter Genghis. Er hat sechs Beine, die ihm ein insektenhaftes Aussehen verleihen. Die sechs an der Kopfseite aufgereihten Infrarotsensoren erlauben ihm, Säugetiere durch ihre Körperwärme aufzuspüren.

er wieder eine leblose Ansammlung von Metall, Drähten und Elektronik. Der Roboter hatte eine wespenartige Persönlichkeit: eine blinde Entschlossenheit. Aber er hatte eine Persönlichkeit! Er verfolgte seine Beute und krabbelte nach seinem Willen, nicht nach den Launen eines menschlichen Kontrolleurs. Mit seinem Verhalten wirkte er auf mich und auf andere wie ein Lebewesen – ein künstliches Lebewesen. Es war zweifellos die Körperform von Genghis, die ihm etwas von seiner Persönlichkeit verlieh, obwohl Grinnell, Colin und ich damit keine bewusste Gestaltungsabsicht verfolgt hatten. Vor allem aber hauchte ihm die Software »Leben« ein, ließ ihn wie ein Lebewesen unter vergleichbaren Umständen agieren.

Natürlich ist Software selbst nicht »lebensähnlich«. Aber Software, die in der richtigen Weise organisiert ist, kann lebensähnliches Verhalten erzeugen: Sie kann die Grenze zwischen »maschinenähnlich«, wie wir Software normalerweise sehen, und »tierähnlich« überschreiten. Im Anhang des Buches findet sich eine genaue Beschreibung der bei Genghis eingesetzten Software. In diesem Kapitel soll nur ein kleiner Teil davon skizziert werden, um zu demonstrieren, wie der Übergang von maschinenartigem zu tierartigem Verhalten bewerkstelligt werden kann. Die Software für Genghis war nicht in Form eines einzelnen Programms strukturiert, sondern bestand aus 51 kleinen Parallelprogrammen. Nach einer Konvention der Computerwissenschaft nannten wir diese Programme »Erweiterte endliche Automaten«, (augmented finite state machines) oder AFSMs. In unserem Fall hatte jede AFSM die Komplexität eines Getränkeautomaten. Sie konnte sich in exakt einem von wenigen möglichen Zuständen befinden und bis zu zwei dreistellige Zahlen speichern. Das Programm, dass einen Getränkeautomaten steuert, kennt nur zwei Zustände: Entweder wurde genügend Geld für ein Getränk eingeworfen oder nicht. In beiden Fällen wird die Maschine weitere Münzen akzeptieren und den eingeworfenen Gesamtbetrag registrieren, sagen wir 1,25 Euro. Befindet die Maschine sich im »Nicht-genug«-Status, ignoriert sie das Drücken einer Getränketaste, zum Beispiel der Taste für Apfelsaftschorle. Ist sie dagegen im »Genug«-Zustand und wird eine Getränketaste gedrückt, öffnet sie die entsprechende Kontrollklappe, zieht den Preis des Getränks von der eingeworfenen Gesamtsumme ab und öffnet die Münzschächte, um die korrekte Menge Wechselgeld zurückzuerstatten. Dann springt sie sofort wieder in den »Nicht-genug«-Status zurück und stellt die aktuelle Gesamtsumme auf null. Mehr beherrscht das Steuerprogramm eines Getränkeautomaten nicht.

Abbildung 2 zeigt das Netzwerk von 51 AFSMs, die Genghis steuerten. Keine davon ist komplexer als die Programmkontrolle eines Getränkeautomaten, die wir gerade dargestellt haben. Der einzige Unterschied besteht darin, dass die AFSMs einander über fest verdrahtete Leitungen Zahlen schicken können. Die AFSMs entsprechen den Kästchen in meinem Kästchen-und-Pfeil-Diagramm, das ich damals in Thailand gezeichnet hatte, die verbindenden Leitungen den Pfeilen dazwischen. Wir können uns vorstellen, dass ein Getränkeautomat jedes Mal wenn jemand ein Getränk kauft, über eine Funktelefonverbindung Nachrichten zum Firmensitz schickt, um mitzuteilen, dass wieder eine Flasche Apfelsaftschorle verkauft wurde. Genau solche einfachen Nachrichten werden auch zwischen den AFSMs im Netzwerk von Genghis hin und her geschickt.

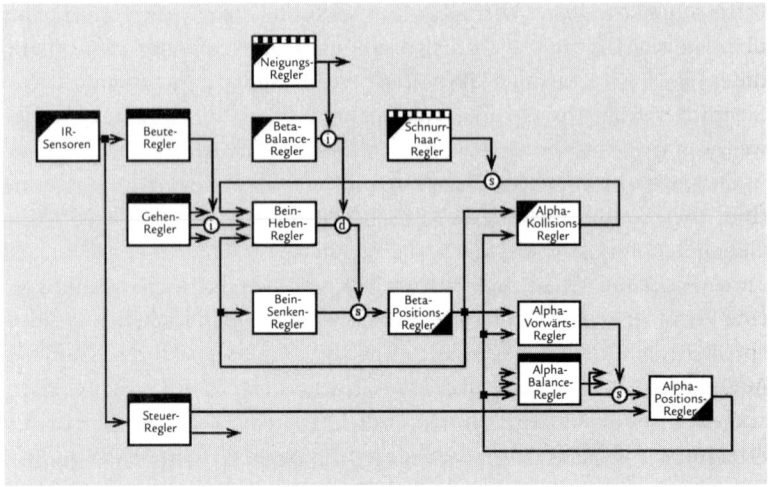

Abbildung 2: Dies sind die 51 erweiterten endlichen Automaten (AFSMs), die Genghis von einem Haufen Metall, Plastik und Silizium in ein künstliches Wesen verwandeln. Jede AFSM mit einem dicken schwarzen Balken ist einfach vorhanden; jede mit einer einfachen Rahmung sechsfach, einmal für jedes Bein. Die mit Streifen gibt es zwei Mal, entweder für die Symmetrie von Vorder- und Hinterseite oder die Rechts-Links-Symmetrie. Die AFSM-Regler mit einem schwarzen Dreieck in der oberen linken Ecke erhalten Inputs von einem oder mehreren Sensoren. Ein Dreieck in der unteren rechten Ecke gibt an, dass die Maschine Signale an einen Motor ausgibt. Wo drei Outputs oder drei Inputs erscheinen, sollten eigentlich sechs stehen, die Signale an die sechs lokalen Schaltkreise jedes Beines ausgeben beziehungsweise von ihnen empfangen.

Die Software für Genghis wurde Schritt für Schritt entwickelt. Die ersten 48 AFSMs erlauben dem Roboter, auf unebenem Terrain zu krabbeln und dabei nach Möglichkeit seine Balance zu halten sowie auf Hindernisse zu reagieren. Das Wichtigste, das man zum Verständnis des Folgenden wissen muss, ist, dass der »Gehen-Regler« in Abbildung 2 sechs Ausgänge besaß, welche die sechs Beine zu Schritten anregten. Ohne entsprechende Impulse hätte Genghis einfach dagestanden und nicht zu gehen versucht.

Die letzte Verhaltensschicht erzeugten die drei AFSMs mit den Bezeichnungen IR-Sensoren, Beutesuche und Steuerung. Diese Schicht machte Genghis zu einem Raubtier. Jetzt lauerte er darauf, dass eine

Infrarotquelle in sein Blickfeld kam, heftete sich an sie und verfolgte sie über jedwedes Terrain. Natürlich sind dies die beschreibenden Begriffe, die ein Beobachter wählen könnte, wenn er Genghis in Aktion erlebt. Wie Sie mittlerweile wissen, kam die Programmierung dieses Verhaltens mit weit weniger expliziten intentionalen Komponenten aus.

Der Infrarot-Regler erhielt Eingangssignale von sechs wärmeempfindlichen Sensoren, die in Abbildung 1 deutlich an der Vorderseite von Genghis erkennbar sind. Jeder von ihnen hatte den Status »aus«, wenn in seiner Richtung nichts zu erkennen war, und den Status »ein«, wenn er eine Veränderung der Infrarotstrahlung wahrnahm. Diese Sensoren entsprachen den Bewegungsmeldern, die man an Häusern anbringt, um das Außenlicht einzuschalten, und die auf genau das Strahlungsspektrum eingestellt sind, das alle Säugetiere mit ihrer Körperwärme produzieren. So eigneten sie sich sehr gut dazu, eine sich in ihrem Blickfeld bewegende Person zu erkennen. Etwas formal lässt sich der Infrarot-Sensoren-Regler wie folgt definieren:

Infrarot-Sensoren-Regler: gibt ständig in Form einer Liste[14] aus, welcher der sechs wärmeempfindlichen Sensoren in der vorangehenden halben Sekunde aktiv war.

Die Ausgangssignale (Output) des Infrarot-Sensoren-Reglers wurden als Eingangsignale (Input) in zwei andere Regler eingespeist. Der erste war der Beutesuch-Regler:

Beutesuch-Regler: erhält als Input die Signalliste der Infrarotsensoren. Produziert als Output ein kontinuierliches Stoppsignal, aber sobald die Liste das Signal eines aktiven Sensors enthält, wird das Stoppsignal für fünf Sekunden unterbrochen.

Die Ausgangssignale des Beutesuch-Reglers waren so geschaltet, dass sie die Ausgangssignale des Gehen-Reglers sperrten. Das Zusammenspiel unserer beiden neuen Regler bewirkte also, dass Genghis stillhielt, wenn er keine Infrarotaktivität vor sich wahrnahm.

Registrierten die nach vorn gerichteten Wärmesensoren jedoch eine

---

[14] In Wirklichkeit wurde die Liste von einer Zahl zwischen 0 und 63 repräsentiert, wobei jedes ihrer sechs Bit im Binärcode dem Zustand eines der Sensoren entsprach.

Infrarotaktivität, setzte sich der Roboter für ein paar Sekunden in Bewegung und behielt diese so lange bei, wie er diese Aktivität wahrnahm. Man beachte nun die Art, wie die Konstruktion des Roboters und seine Steuerungen zusammenwirkten, um sein letztendliches Verhalten zu beeinflussen. Die wärmeempfindlichen Sensoren waren nach vorn gerichtet und der Roboter ging auch nach vorn. Wenn er also Infrarotaktivität wahrnahm, ging er auf diese zu. Für einen außenstehenden Beobachter schien der Roboter sie vor sich zu sehen und absichtlich darauf zuzugehen. Hätte man die Sensoren herumgedreht, sodass sie nach hinten geblickt hätten, hätte sich Genghis von der Wärmequelle fortbewegt. Gengis hatte keinerlei Vorstellung von »vorwärts« oder »rückwärts«. Die Entscheidung, in welche Richtung er ging, war durch die Interaktionen von Sensoren und Aktuatoren festgelegt und wurde durch die sehr einfachen geistlosen AFSMs, die wir dafür gebaut hatten, vermittelt.

Ein anderer Regler, der für die Steuerung, erhielt ebenfalls die Ausgangssignale des Infrarot-Sensoren-Reglers.

Steuer-Regler: Input: Signalliste der Wärmesensoren. Zähle ständig, wie viele Sensoren auf der linken und wie viele auf der rechten Seite eingeschaltet sind. Wenn mehr auf der Linken eingeschaltet sind, schicke eine Botschaft zu linken Beinen, kleinere Schritte zu machen, wenn mehr auf der Rechten, lasse rechte Beine kleinere Schritte machen.

Denken wir einen Moment darüber nach, was geschieht, wenn Genghis an einer Seite kleinere Schritte macht. Wenn man selbst normale Schritte mit dem linken Fuß macht, aber kleine mit dem rechten, wird sich der eigene Körper automatisch nach rechts drehen – und genau so vollzog es sich bei ihm. Der Steuer-Regler lenkte Genghis in Richtung jeder beliebigen Wärmequelle. Da er sich nur vorwärts bewegte, wenn er eine solche Quelle sah, war das kombinierte Ergebnis, dass er auf jede Infrarotquelle zuging und ihr auch folgte, wenn sie sich bewegte. Aber er wusste nicht einmal, ob sich die Quelle bewegte. Er folgte ihr einfach.

Genghis saß nun da und wartete auf eine sich bewegende Infrarotquelle, die vor ihm vorbeiging. Entdeckte er eine, bewegte er sich darauf zu, steuerte nach links und rechts, um das Ziel im Visier zu behalten, und krabbelte dabei über jedes Hindernis auf seinem Weg hinweg.

Die ersten 48 AFSMs von Genghis hatten genauso wenig Bewusstsein wie die letzten drei. Sie können alle Details im Anhang nachlesen, wenn Sie möchten. Die Software, die Genghis kontrollierte, war sehr schlicht.

Sie bestand aus einer Reihe äußerst einfacher lokaler Berechnungen, die dieses unbelebte Objekt zum Leben erweckten, wenn man sie im Kontext des physischen Roboters miteinander verband. So konnte sie – scheinbar – die Grenze zwischen lebendig und unbelebt überschreiten. Sie selbst war nicht komplex, sondern eher einfach angelegt. Aber es war das Verhalten der Software, das Komplexität bewies.

Man beachte, dass das zu beobachtende komplexe Verhalten von Genghis sich nicht in den Berechnungen spiegelte, die in seiner Ansammlung von endlichen Automaten stattfanden und den Roboter dazu brachten, sich so zu verhalten, wie er es tat. Nirgendwo in Genghis gab es eine Repräsentation seiner Beute und ihrer Fluchtbahn. Nirgendwo gab es eine Repräsentation des Terrains, das vor Genghis lag und über das er krabbeln musste. Und nirgendwo gab es innerhalb des Kontrollsystems von Genghis irgendeine Repräsentation einer Absicht, etwas zu verfolgen, oder eines Ziels, das erreicht werden sollte. Dennoch drängten sich einem Beobachter am ehesten diese Begriffe auf, um das Verhalten des Roboters zu beschreiben.

Hier lauert eine tiefgründige philosophische Frage: Wenn es keine Repräsentation der Absichten von Genghis gab, besaß er dann überhaupt Absichten? Oder erweckte er lediglich den Eindruck, welche zu haben? Diese Fragen führen zwangsweise zu einer weiteren: Was würde es bedeuten, wenn tatsächlich eine Intention repräsentiert werden würde. Müsste man einen Daten verarbeitenden Homunculus (oder besser Insectulus) im Inneren von Genghis annehmen, damit der Roboter legitimerweise Intentionen haben könnte? Aber selbst dann bliebe das Problem, welche Struktur dieses interne Modell haben sollte und ob es seinerseits einen eigenen kleinen Homunculus oder Insectulus in seinem Inneren benötigen würde. Kehrt man die Frage um, könnte man die Daten verarbeitenden Schaltkreise realer Insekten untersuchen. Wenn wir das tun, finden wir dort ähnliche, wenngleich etwas anders organisierte neurale Schaltkreise, in denen es ebenfalls keine expliziten Repräsentationen von Intentionen gibt. Hat also ein reales Insekt Intentionen, oder ist diese Idee ein unzulässiger Anthropomorphismus? Wenn wir sagen, dass es keine Intentionen hat, können wir die so genannte Evolutionsleiter nach oben klettern und ähnliche Fragen über Reptilien, Säugetiere,

Affen und schließlich Menschen stellen. Kaum ein Philosoph wird dem Menschen die Fähigkeit absprechen, Intentionen zu haben, aber vielleicht verschiedenen anderen Tierarten.

Obwohl Genghis tierähnliches Verhalten zeigte, könnte es Philosophen und Laien gleichermaßen sehr schwer fallen, ihm Intentionen zuzuschreiben. Wir werden auf diese Fragen in vielerlei Gestalt später noch zurückkommen.

Situierte und verkörperte Roboter

Der insektenähnliche Genghis-Roboter war ein Wendepunkt in der Arbeit meiner Forschergruppe. Es war der Beginn unserer eigenen »kambrischen Explosion«. Wir bauten in schneller Folge Dutzende von Robotern mit unterschiedlichen Mechanismen und Fähigkeiten, aber alle basierten auf den zentralen Ideen von Genghis. Unsere Roboter nahmen ganz unterschiedliche Körperformen an, die sich aus unseren ersten Gestaltungsideen ergaben. Daher das Wortspiel der »kambrischen Explosion«: Schließlich saßen wir in Cambridge, und im Kambrium kam es zu einer sprunghaften Entfaltung des Artenreichtums von Fauna und Flora.[15]

Alle unsere Roboter basierten auf zwei fundamentalen Prinzipien: Situiertheit und Verkörperung. Diese beiden Ausdrücke mögen nicht immer eindeutig verstanden werden, deshalb benutze ich gern die folgenden Definitionen:

»Situiert« ist ein Wesen oder Roboter, das oder der in die Welt eingebettet ist und nicht mit abstrakten Beschreibungen umgeht, sondern durch seine Sensoren mit dem Hier und Jetzt der Welt, das sich unmittelbar auf das Verhalten dieses Wesens auswirkt.

»Verkörpert« ist ein Wesen oder Roboter, das oder der einen Körper hat und die Welt zumindest teilweise direkt durch deren Einflüsse auf seinen Körper erfährt. Eine spezialisiertere Form der Verkörperung liegt vor, wenn das gesamte künstliche Wesen in diesem Körper enthalten ist.

---

15 Ich verdanke dieses Wortspiel Tony Prescott.

Nach diesen Definitionen ist das Reservierungssystem einer Fluggesellschaft situiert, aber nicht verkörpert. Ein Industrieroboter, der Minute für Minute das gleiche Farbmuster sprüht, ist verkörpert, aber nicht situiert. Die Arbeit mit Genghis hatte uns gezeigt, wie wichtig diese beiden Prinzipien sind. Ein traditioneller Gehroboter wie der an der Carnegie Mellon University gebaute Ambler begann damit, die Welt vor ihm abzutasten, um ein dreidimensionales Modell davon zu bekommen. Dann plante er einen Weg für sich zwischen den Hindernissen hindurch. Anschließend plante er, wo er jeden Fuß hinsetzen musste, damit sein Körper dem Pfad folgt, und schließlich jede erforderliche Biegung seiner einzelnen Glieder, um seine Füße an die richtigen Stellen zu setzen, damit sein Körper dem gewünschten Weg folgen konnte. Dann endlich bewegte er seine Füße. Genghis dagegen begann damit, seine Füße zu bewegen. Seine Verkörperung, seine physische Existenz koppelte seine sechs Beine, und während jedes davon sein eigenes Bewegungsmuster vollzog, folgte der gesamte Körper von Genghis der sich ergebenden Bahn, die zugleich das Ergebnis seiner Handlungen und seiner Situation in der Welt war. Die in der Welt situierte Kontrollschicht der Beutejagd wirkte auf die unteren Verhaltensebenen der einzelnen Beine ein, sodass Genghis seine Aufgabe *in* der Welt ausführen konnte und seine Beute verfolgte, ohne jemals seine Bewegungsbahn oder gar jede einzelne Bewegung vorauszuplanen.

Nachdem wir das begriffen hatten, konnten wir unsere »kambrische« Artenvielfalt mit noch mehr Verhaltensweisen ausstatten.

Bei der Programmierung von Herbert legte Jonathan Connell absichtlich fest, dass sein internes Gedächtnis keine Information länger als drei Sekunden speichern konnte. Trotzdem war er in der Lage, durch das Labor zu gehen, das er im Wesentlichen wie einen Irrgarten behandelte, während er seine virtuelle »linke Hand« an der Wand hielt, um sich nicht zu verirren. Er konnte eine Flasche mit seinem Laser-Scanner finden, sie aufheben und wieder fallen lassen, wenn sie noch voll war, sowie jede leere Flasche zu dem Ort zurückbringen, an dem er eingeschaltet worden war. Einige Leute verwirrte das. Sie dachten, wir würden damit behaupten wollen, dass kein Tier – nicht einmal ein Mensch – ein Gedächtnis von mehr als drei Sekunden benötigte. Natürlich war das nicht unsere Absicht. Wir wollten nur sehen, wie weit wir die Idee treiben konnten, keinen zentralen Ort für die Kognition zu haben, alle langfristigen Zustände draußen in der Welt zu belassen und stattdessen mit der schlichten Alternative zu arbeiten:»Es ist nichts in meiner Hand, daher muss ich nach einer Flasche suchen« beziehungsweise »Es ist etwas in meiner Hand, daher muss ich versuchen, nach Hause zurückzukehren.« Herbert war der situierte Roboter schlechthin.

Meine Studentin Maja Mataric baute den Roboter Toto aus einer kleineren Version von Grinnell Mores berädertem Chassis, der mithilfe eines Kompasses und Sonars navigierte und Karten seiner Umgebung anfertigte, ohne irgendwelche konventionellen Datenstrukturen zu verwenden. Stattdessen modifizierten sich die AFSMs, die denen von Genghis ähnelten, selbst und repräsentierten in ihrem Zusammenwirken schließlich im Wesentlichen die Büroumgebungen, denen Toto auf seinen Wanderungen begegnete. Auch Maja testete aus, wie weit man ohne eine zentrale kognitive Maschine kommen konnte. Toto agierte genau wie ein Roboter mit einem konventionellen Modell der Welt, nur dass sein Modell ganz auf das niedrige Niveau des Sensoren- und Motorsystems beschränkt blieb. Statt explizit zu sein, war das Modell nur eine Modulation dessen, wie Toto in der Welt situiert war – es bestimmte jede von Totos Reaktionen auf die Welt durch seine Verkörperung, und daher agierte der Roboter, als ob er über ein von ihm selbst gefertigtes Modell verfügte. Es gab keine Trennung zwischen jenem Teil des Systems, der das Modell erstellte, und dem, der es benutzte, wie bei konventioneller Software. Sie waren ein und dasselbe. Das verstößt gegen alle Grundüberzeugungen der Computerwissenschaft und war den meisten traditionellen KI-Forschern nur schwer zu vermitteln.

Ein anderer Student, Ian Horswill, begann mit einfachen Sichtsystemen für Allen und baute schließlich noch einen weiteren Roboter auf der Basis von Grinnells kleinem beräderten Chassis. Dieser Roboter, Polly, war als Fremdenführer für Besucher des KI-Labors des MIT konzipiert. Polly patrouillierte die Korridore entlang und benutzte visuelle Datenverarbeitung, um ihnen zu folgen und Hindernisse zu umgehen. Um ihre Führungen allerdings überhaupt machen zu können, musste Polly irgendwie erkennen können, wer denn ein Besucher war.

An dieser Stelle wurde eine Analyse ihrer ökologischen Nische, ihrer Situation in der Welt, erforderlich. Die Studenten im Labor hatten bald genug von Polly, welche die Korridore durchwanderte und mit einem billigen Sprachsynthesizer losplapperte. Wenn sie den Roboter den Korridor hinunterkommen sahen, brauchten sie jedoch nur einen halbwegs großen Bogen um ihn zu machen, um nicht von ihm belästigt zu werden. Besucher, so dachten wir bei Pollys Entwurf, wären höchst interessiert, einen Roboter zu sehen, der die Korridore entlangwandert, und würden sehr wahrscheinlich stehen bleiben, um ihn zu betrachten. Also behandelte Polly alles, was sich mitten auf einem Korridor befand, groß war und vertikale Sichtkanten bis 50 Zentimeter über dem Boden hatte, als potenziellen Besucher. Sie hielt dann an, bot eine Führung an und wartete auf eine positive Antwort. Da ihr einziger Sensor eine Kamera war, schlug sie stets vor, dass der Besucher zur Bejahung einen seiner Füße schütteln solle. Sobald sie die Bewegung sah, wusste Polly, dass sie einen Kunden hatte. Kisten und Mülltüten, die gelegentlich auf den Korridoren standen, gaben nie eine bejahende Antwort, daher fuhr Polly weiter und suchte sich einen anderen Kandidaten.

Polly operierte ein paar Monate erfolgreich und war jeden Nachmittag etwa zwei Stunden in Betrieb. Sobald sie ein Opfer gefunden hatte, wanderte sie zielgerichtet durch den siebten Stock unseres Gebäudes und versuchte, jeden Ort zu besuchen, über den sie etwas wusste. Sie hatte keine akkurate Karte, sondern, ähnlich wie Toto, einen selbst angefertigten Plan. Sie benutzte ihr Sehvermögen, um die zuvor gespeicherten Bilder der Sehenswürdigkeiten wiederzuerkennen, und gab, während sie durch eine recht gewöhnliche Büroumgebung navigierte, so aufregende Dinge bekannt wie: »Dies ist der Kaffeeraum und die Küche.« Polly schaffte es, einige spontane Führungen mit wirklichen Besuchern des Labors durchzuführen, und das mit einer mit Klettband befestigten Kamera, die um 20 Grad hin- und herpendelte, während sie durch die Korridore ratterte. Wir wollten zeigen, dass Polly definitiv keine akkuraten internen Modelle konstruierte, wie Shakey es versucht hatte – sie schwamm in einem Meer der Ungewissheit.

Colin Angle und Cynthia Breazeal arbeiteten an einer weit ambitionierteren Reihe sechsbeiniger Gehroboter. Colin baute die Zwillingsroboter Attila und Hannibal, die jeder 19 Motoren, 11 Bordcomputer und 100 Sensoren hatten. Sie waren damals eigentlich zu komplex für uns, aber Cynthia schrieb beherzt AFSMs für sie, in einer etwas niveauvolleren Sprache namens Behavior Language, die ich entwickelt hatte. Schließlich erstellte sie über 1 500 AFSMs, die den Robotern alle möglichen Fähigkeiten gaben. Sie verkrafteten einen Ausfall von Sensoren, und durch ein Schmerzmodell, das von widersprüchlichen Sensorsignalen ausgelöst wurde, konnten sie schlechte Sensoren ignorieren und später wieder integrieren, wenn diese wieder korrekt arbeiteten.

Cynthia schrieb auf der Basis von Kenntnissen über die Fortbewegung von Insekten einige Modelle für verschiedene Gangarten und entdeckte in einer der Darstellungen einen Widerspruch. Statt explizit ausgelöster Beinbewegungen wie im Fall von Genghis hatten Attila und Hannibal dynamische Gangarten, die sich unmittelbar daraus ergaben, was den einzelnen Beinen begegnete und welche Informationen sie untereinander austauschten. Außerdem waren die Beine in der Lage zu kooperieren, wenn sie auf sehr unebenes Terrain stießen: Sie hoben zusammen den Körper hoch und wahrten das Gleichgewicht, während ein Bein nach einem möglichen Halt suchte, oder wichen, wo nötig, vor einem Hindernis zurück und umgingen es. Mit 1 500 AFSMs, so war unsere Meinung, hätten wir wohl ausreichend erwiesen, dass unser Ansatz skalierbar war.

Immer mehr Roboter entsprangen unserem Labor, darunter Bodicea, ein sechsbeiniger Geher mit pneumatischen Beinen, der für die Marsoberfläche entworfen war und das Kohlendioxid der Atmosphäre als Arbeitsmedium benutzte, sowie die »Nerd Herd« von 20 identischen Robotern[16], die ähnlich wie soziale Insekten ohne explizite Kommunikation miteinander kooperierten. Wir bauten außerdem eine Reihe von kleinen Robotern, die dafür entworfen wurden, Geröll auf der Mondoberfläche umherzuschieben, um Schutzwälle für menschliche Wohngebäude zu schaffen, sowie weitere insektenähnliche kooperierende Roboter.

Das gemeinsame Kennzeichen all dieser Roboter war, dass sie wie Genghis künstliche Wesen waren, die sich auf eigene und unabhängige Weise in ihrer Umwelt verhalten konnten. Sie beruhten auf mehrschichtigen Steuerungssystemen ohne Kognitionszentralen und verbanden ganz ähnlich wie Insekten Sensoren über sehr kurze neurale Pfade mit Aktuatoren. Sie waren situiert und verkörpert.

---

[16] Sie waren sich vor allem darin sehr ähnlich, dass sie meistens nicht funktionierten.

Roboter auf dem Weg ins All

Während die Arbeit meiner Forschungsgruppe im Artificial Intelligence Laboratory am MIT weiterging, versuchten wir auch, einen oder mehrere von unseren Robotern in den Weltraum und womöglich auf eine andere Planetenoberfläche zu bekommen. Als Colin Angle und ich Genghis bauten, machte ich mir mit Anita Flynn Gedanken, wie diese Art von Robotern die Weltraumerkundung verbilligen könnten.

Ende der achtziger Jahre hatte das Jet Propulsion Laboratory in Pasadena, Kalifornien, einen Plan entwickelt, einen mobilen Roboter zum Mars zu schicken. Man hatte ein neues Fahrzeug gebaut, das sich von dem der späten siebziger Jahre unterschied. Das neue Fahrzeug, genannt Robbie, wog mehr als eine Tonne und bewegte sich ferngesteuert mit einer Geschwindigkeit von etwa einem Zentimeter pro Sekunde. Für das Projekt wurden zwölf Milliarden US-Dollar veranschlagt, eine angesichts des damaligen politischen Klimas und der angespannten Haushaltslage wahnwitzig hohe Summe.

Anita und ich waren beflügelt vom schnellen Erfolg, den Colin und ich mit dem Bau von Genghis erzielt hatten. Wir schrieben einen Aufsatz mit dem Titel »Fast, Cheap and Out of Control: A Robot Invasion of the Solar System« (Schnell, billig und außer Kontrolle: Eine Roboterinvasion in das Sonnensystem), der 1989 im *Journal of the British Interplanetary Society* erschien. Zentraler Punkt unseres Vorschlags war, statt eines einzigen 1 000-Kilo-Roboters besser 100 1-Kilo-Robots zum Mars oder wohin auch immer zu schicken. Wir waren der Meinung, dass ein kleines Fahrzeug viel von dem erreichen konnte, was einem großen möglich war. Wenn man nur ein Zehntel der Nutzlast zum Mars schickte, könnte man die Kosten drastisch reduzieren, da die Startkosten für die größere Last einen Großteil der Gesamtkosten der Mission ausmachten. Das war bei unserem Vorschlag die Einsparkomponente. Ein kleines Fahrzeug würde außerdem die Entwicklungszeit stark vermindern. Das war die Zeitsparkomponente. Angesichts vieler Fahrzeuge wäre die Bodenkontrolle außerdem eher geneigt, eines zu opfern und es in interessantes, aber gefährliches Gelände zu schicken. Schließlich wäre, wenn man die Fahrzeuge intelligent machte – so intelligent wie Genghis –, keine ständige Kontrolle nötig, und man könnte die Roboter selbstständig laufen lassen. Deswegen »außer Kontrolle«. Und auch dies würde sich kostensenkend im Sinne der Missionen auswirken.

Als Anita und ich diese Ideen zuerst bei einem Workshop des Jet Propulsion Laboratory im Sommer 1988 präsentierten, inmitten der Bauzeit von Genghis, wurden wir nicht sehr warmherzig empfangen. Ein Ingenieur stand auf und machte die Idee nieder. Wissenschaftler würden 15 Jahre darauf warten, ein Instrument in den Weltraum schicken zu können, und dann »wollen sie ein großes Instrument, nicht so ein Fitzelgerät«. Wir waren ziemlich entmutigt, und vielleicht trug unsere Enttäuschung dazu bei, dass wir unserem Aufsatz einen so trotzigen Titel gaben. Zugegeben, »Schnell, billig und außer Kontrolle« klang recht reißerisch, aber viele Leute wurden dadurch erst aufmerksam auf unseren Artikel.[17] Wir waren sehr begeistert von unserer Idee und mussten nur noch jemanden mit einer Rakete finden, der uns auf einen anderen Planeten brachte.

David Miller und Rajiv Desai, zwei junge Wissenschaftler vom Jet Propulsion Laboratory, gefiel unsere Idee sehr gut. Sie luden Colin Angle im Sommer 1989 ein, mit ihnen zu arbeiten. Während dieser Zusammenarbeit baute Colin heimlich Tooth, ein Mikrofahrzeug von einem halben Kilo, für das er die Software benutzte, die wir für Genghis entwickelt hatten. Der Bau von Tooth musste heimlich geschehen, weil Colin im Jet Propulsion Laboratory in einer Software-Gruppe arbeitete. Lötkolben galten als zu gefährlich, um Programmierer damit hantieren zu lassen, und waren deshalb verboten. Es war auch schwierig für David und Rajiv, die nötigen Teile für Tooth zu besorgen. In einer seltsamen Wendung für eine Forschungsuniversität wie das MIT kam es schließlich so weit, dass ich die für den Bau erforderlichen Teile (sehr inoffiziell) der NASA – selbst einer unserer traditionellen Sponsoren – spendete, sodass Tooth gebaut werden konnte. Tooth hatte vier Räder und war in der Lage, sich auf einer Fläche zu bewegen und kleine Steine mit seinem Greifarm aufzuheben. Seine Leistung reichte aus, um Donna Shirley, die Managerin der Marsmission am Jet Propulsion Laboratory, zu überzeugen, dass

---

[17] »Schnell, billig und außer Kontrolle« wurde so etwas wie ein Untergrundslogan im Internet, der das explosive Graswurzelwachstum des Mediums auf den Punkt brachte, und Kevin Kelly benutze einen Teil davon als Titel seines Buches von 1994 über neue Denkweisen in der künstlichen Intelligenz. Errol Morris verwendete 1997 den Titel für einen Film über mich und drei andere komische Käuze (einen Löwenbändiger, einen Formbaumgärtner und einen Halter nackter Maulwurfsratten).

kleine Fahrzeuge möglicherweise eine Zukunft hatten. Sie legte ein kleines Programm für Miller und Desai auf, um die Arbeit weiterzuführen,
nachdem Colin zum MIT zurückgekehrt war.

Rajiv Desai und David Miller hatten bald ihr eigenes Mikrofahrzeug
gebaut. Es benutzte die gleiche Softwarearchitektur wie Tooth und
anfänglich sogar etwas von seinem Code, aber es verwandte eine weitaus
bessere mechanische Grundlage. Das am Jet Propulsion Laboratory entworfene sechsrädrige Fahrzeug wurde bekannt unter dem Namen
»Rocker-Bogey« und konnte sehr gut über relativ große Felsbrocken fahren. Der erste Roboter wurde zu Ehren dieses Mechanismus Rocky
genannt und nachfolgende Generationen erhielten konsequenterweise
den Namen Rocky 2, Rocky 3 und so weiter. Aber die Projekte waren am
Jet Propulsion Laboratory nicht hoch angesehen und stießen mitunter
sogar auf offene Feindseligkeit. Kleine Roboter mit einem winzigen Bud-
get zu bauen war kein guter Weg, um große Geldsummen aus dem
NASA-Hauptquartier locker zu machen und die große Infrastruktur des
Instituts über Wasser zu halten. Tatsächlich bestand die Gefahr, dass dies
zu Budgetkürzungen führen würde.

Colin Angle und ich waren deprimiert. Wir sahen keine Möglichkeit,
wie die Verbindung zum Jet Propulsion Laboratory unsere Roboter zu
anderen Planeten bringen konnte. Bald taten wir uns mit Bruce Bullock
zusammen, dem Chef von ISX in der Nähe von Los Angeles, einer Firma,
die im Bereich künstliche Intelligenz staatliche Aufträge ausführte. Wir
gründeten eine neue, privatwirtschaftliche Firma namens IS Robotics[18],
deren ausdrückliches Ziel es war, sich in der kommerziellen Erkundung
des Mondes und anderer Planeten zu engagieren. Wir erstellten ein etwas
optimistisches Geschäftskonzept mit dem Ziel, Instrumentenzeit an
Wissenschaftler zu verkaufen, die über Mittel von der National Science
Foundation verfügten – kaum eine sichere Dollarquelle. Wir gingen zu
vielen privaten Firmen, die Weltraumflüge anboten, aber noch nie einen
erfolgreichen Start geschafft hatten, um zunächst einmal günstig auf
den Mond zu kommen. Wir gewannen ein paar Insider aus Hollywood,
die hofften, vorab die Filmrechte verkaufen zu können, und die tatsächlich gleichzeitig den Film über unser Weltraumabenteuer produzieren
wollten. Wir sprachen mit Comicautoren über einen Cartoon, der auf

---

[18] Daraus ist mittlerweile die iRobot Corporation geworden.

den Charakteren der Roboter basieren würde, die zum Mond fliegen sollten. Wir zogen den sechsbeinigen Robotern kleine Schuhe an und gingen
mit der Idee von Fußabdrücken auf dem Mond als Kernstück einer
Anzeigenkampagne hausieren. Wir brauchten lausige 22 Millionen US-
Dollar und einen Haufen Glück, und alles würde klappen.

Wir hatten schwer zu kämpfen und waren auf dem Tiefpunkt, als
Bruce David Scott kennen lernte. David Scott war bereits auf dem Mond
gewesen, mochte unseren technischen Ansatz und wollte etwas Neues,
Denkwürdiges im Weltraum tun. Er wollte zu den Ersten gehören, die die
Raumfahrt kommerzialisierten. Meine Fahrt nach Los Angeles im Mai
1992 galt dem Ziel, Dave Scott zu überzeugen, dass ihm unser Konzept
helfen würde, seine Ziele zu verwirklichen.

Dave erkannte, dass uns am besten die Leute von der Ballistic Missile
Defence Organization aushelfen konnten. BMDO war zu jener Zeit der
offizielle Name für das, was in der Presse als »Krieg der Sterne« bekannt
war, das Schutzschild gegen ballistische Raketen, das sich Edward Teller
und Lowell Wood ausgedacht hatten und das Ronald Reagan förderte.
Mit dem Zusammenbruch des bösen Sowjetreichs war die BMDO ins
politische Abseits geraten. Ihr Existenzgrund stand infrage. Ihre inoffizi-
elle Strategie bestand nun darin, gegen die NASA zu konkurrieren und
zu zeigen, dass sie die bessere Weltraumorganisation war.

1992 liefen an der BMDO zwei Projekte, die zwar nichts miteinander zu tun hatten, die aber in Kombination für unsere Zwecke ideal
waren.

Das Erste war eine technologische Entwicklung. Die BMDO verfügte
über kinetische Killersatelliten. Das waren kleine, 23 Kilo schwere und
mit einem eigenen Antrieb versehene Weltraumsonden. Die Absicht war,
Hunderttausende von diesen »glänzenden Kieseln« ins All zu schießen.
Dort sollten sie bleiben und mit einer Reihe von Sensoren auf die Schweife
unangekündigter ballistischer Raketen warten. Auf Kommando der Bodenkontrolle sollten sie dann auf die durch die Atmosphäre stoßenden
Raketen zusteuern und sie kinetisch vernichten (das heißt nicht mit
Sprengstoff, sondern durch ihre eigene Masse). Diese Killersonden waren unglaublich manövrierfähig und bereits auf dem Boden erprobt worden, indem man sie über einem Netz schweben ließ. Mit ihrem Antrieb
waren sie auch in der Lage, den Orbit des Mondes zu verlassen und auf
dessen Oberfläche weich zu landen. Ohne die Sensoren zum Aufspüren

ballistischer Raketen konnten sie aber auch reichlich Nutzlast tragen, zum Beispiel einen unserer kleinen Roboter. Das zweite Projekt der BMDO bestand in dem Vorhaben, einen Satelliten in den Mondorbit zu schießen. Offiziell ging es darum, die eigenen Fähigkeiten bei der Beherrschung der Weltraumtechnik zu testen, aber unausgesprochen wollte die BMDO damit auch unter Beweis stellen, dass sie etwas in die Umlaufbahn eines anderen Planeten schießen konnte – etwas, das die NASA schon seit zehn Jahren nicht mehr getan hatte. Dave Scott erkannte, dass die Antriebsrakete und der Satellit eine 23-Kilo-Last an Bord nehmen konnten, eine kinetische Killersonde, die einen unserer Roboter trug.

Er überzeugte einige Mitarbeiter der BMDO, dass sie einen wirklichen Coup landen konnten, wenn sie einen Roboter zielgenau neben den Überresten der Mondlandefähre von Apollo 15 herunterbrächten. Wir konnten der Sache einen wissenschaftlichen Anstrich geben, indem wir metallurgische Untersuchungen an den Beinen der Mondlandefähre planten, die aus einem bekannten Metall bestanden, das 20 Jahre lang der Mondumwelt ausgesetzt war.

Sobald wir das O. K. erhielten, bauten wir in nur sechs Wochen sechs sehr unterschiedliche Prototypen sechsbeiniger Geher. Die Losung »Schnell und billig« funktionierte! Die Roboter durften nur ein halbes Kilogramm wiegen und benötigten eine neue Architektur für ihre Bordcomputer. Am Ende des Sommers 1992 konnten wir drei gute Testroboter vorweisen. Colin Angle und ich hatten in unserer Firma mittlerweile durch Helen Greiner Verstärkung erhalten, auch sie eine ehemalige Studentin des Artificial Intelligence Laboratory des MIT. Helen übernahm das mechanische Design, Colin die Elektronik und ich schrieb die Software. Es war harte Arbeit, aber sie war unglaublich befriedigend. Wir bereiteten uns auf einen Test auf der Erde vor. Aber dann schaltete sich die Bürokratie der BMDO ein, und wir konnten erst im Oktober 1993 den ersten Test durchführen.

Der Test fand auf der Edwards Air Force Base statt, in dem gleichen Gebäude, in dem die Triebwerke der Saturn V für die bemannte Mondmission erprobt worden waren. Unser Roboter Grendel wurde in die Ladebucht der kinetischen Killersonde gepackt und dort einige Tage ohne Kommunikation gelassen, um die Zeit zu simulieren, die bis zur Ankunft im Mondorbit verstreichen würde. Die Killersonde selbst war mit einem Landegestell versehen worden. Das Testgelände wurde evaku-iert für den Fall, dass die Raketenmotoren explodierten. Dann lief der Countdown, genau wie bei einem richtigen Start. Die Killersonde hob ab und schwebte in der Schwerkraft der Erde, sechsmal so groß wie die des Mondes. Sie flog automatisch zu einem der Mondoberfläche nachempfundenen Gelände, ging nieder und landete mit nur einem leichten Ruck. Die erste große Hürde der Mission war problemlos genommen.

Unser Roboter steckte in einer Aufhängung, aus der er sich unabhängig von seiner Landesituation von selbst in die richtige Position hieven konnte. Wir hatten die Aufhängungskapsel Hunderte Male von einem Meter Höhe auf Beton fallen lassen, um den Vorgang zu testen. Die kinetische Killersonde stellte ihre Antriebsaggregate ab und beförderte die Kapsel mit einem Stoß nach draußen, wo sie von einer Höhe von 50 Zentimeter auf die harte Erdoberfläche prallte. Sie kam direkt mit der richtigen Seite auf. Die zweite Hürde war genommen. Im Kontrollraum brach Jubel aus. Nun musste nur noch der Roboter funktionieren.

Grendels Beine waren zusammengefaltet, um sein Volumen so zu minimieren, dass er in den Kokon passte. Um herauszukommen, musste er mit einem seiner Beine eine Halterung lösen, welche die Kapsel zusammenhielt. Der Roboter erkannte selbstständig, dass seine Mission begonnen hatte – wieder ohne ausdrückliche Befehle der Bodenkontrolle. Die Losung »außer Kontrolle« funktionierte. Die Kapsel öffnete sich unter tosendem Beifall der Zuschauer im Kontrollraum. Die dritte Hürde war genommen.

Grendel entfaltete seine Beine und stand auf. Dann begann er, sich von der Landefähre fortzubewegen, auf der Suche nach einem Ort, an dem er mit seiner unter dem Bauch angebrachten Schaufel Bodenproben aufnehmen konnte. Der Kontrollraum geriet außer Rand und Band. Unser Vorhaben funktionierte tatsächlich!

Der Flug zum Mars

Wir waren begeistert. Jetzt brauchten wir nur noch eine weltraumtaugliche Version unseres Roboters zu bauen, und er konnte zum Mond fliegen. Das war der Moment, in dem die reale Welt der Politik in das Geschehen eingriff.

Es gab eine große Debatte darüber, ob die BMDO wirklich Roboter auf die Mondoberfläche schicken sollte. Die Clementine-Mission, die einen Satelliten in die Mondumlaufbahn bringen sollte, war damit gerechtfertigt worden, dass sie ein guter Test für Navigationsfähigkeit, Autonomie, Sensoren und Verlässlichkeit der BMDO-Systeme war, die eigenständig im Weltraum operieren sollten. Es war schwerer, eine tatsächliche Landung auf dem Mond zu rechtfertigen. Das war zweifellos die Domäne der NASA – ungeachtet der Tatsache, dass es 20 Jahre her war, dass die NASA zuletzt eine Nutzlast auf der Oberfläche irgendeines Körpers außer der Erde selbst gelandet hatte.

Ich war nicht in die politischen Manöver eingeweiht, die hinter den Kulissen vor sich gingen. Die NASA hatte bereits bekannt gegeben, dass sie eine Landesonde besaß, die Ende 1996 zum Mars geschickt werden sollte. Zu dem Zeitpunkt von Grendels Flug auf der Edwards Air Base im Oktober 1993 war für die Nutzlast noch kein Fahrzeug vorgesehen.

Etwa drei Monate nach unserem erfolgreichen Test gab die BMDO bekannt, dass sie nicht zum Mond fliegen würde. Gleichzeitig teilte die NASA mit, dass sie in weniger als drei Jahren ein Landefahrzeug zum Mars schicken wolle! Es gab dafür am Jet Propulsion Laboratory ein kleines Projekt zur Entwicklung eines neuen, preisgünstigen Fahrzeugs. Was in ihrer Serie Rocky 6 gewesen wäre, sollte nun zum Mars fliegen. Und so geschah es, unter dem neuen Namen Sojourner und unter dem neuen NASA-Motto »Schneller, billiger, besser«. Rocky 6 alias Sojourner war ein sechsrädriger, sehr geländetauglicher Roboter, Nachkomme des kleinen Fahrzeugprojektes, das Colin Angle und ich am JPL begründet hatten.

Zum Zeitpunkt der Marslandung des Roboters am 4. Juli 1997 befand ich mich im Jet Propulsion Laboratory. Der unwahrscheinliche Landemechanismus auf aufgeblasenen Ballons funktionierte zur Überraschung vieler gut. Sojourner schaltete sich erfolgreich ein und fuhr auf seiner Rampe auf die Marsoberfläche hinunter. Zunächst wurde er sehr direkt und an der kurzen Leine vom Boden aus per Funk gesteuert. Nach der ersten Mission von sieben Marstagen und der zweiten von 21 weiteren wurde ihm schließlich erlaubt, autonom zu operieren – auf der Grundlage der verhaltensorientierten Steuerungsmethode, die wir für unsere künstlichen Wesen am MIT entwickelt hatten. Anders als jede vorangehende Roboterraumsonde ging Sojourner nun seine eigenen Wege und operierte autonom – ohne menschliche Kontrolle.

Der erste Botschafter der Erde auf einem anderen Planeten, ein Wesen aus Silizium und Stahl[19], erkundete eifrig den Mars. Zum ersten Mal hatte die Menschheit eine Roboterkreatur, ein autonomes mechanisches statt biologisches Wesen, als ihre Vorhut und ihren Repräsentanten ins Weltall entsandt.

[19] Tatsächlich bestand es überwiegend aus Aluminium.

4
2001 war gestern

Am 12. Januar 1992 gab ich in meinem Haus eine Party für alle meine Studenten. Wir tranken Champagner, aßen Kuchen und sahen einen Film: *2001: Odyssee im Weltraum*. Die meisten meiner Studenten fanden ihn langweilig – viel zu wenig Spezialeffekte. Aber in mir kamen nostalgische Gefühle auf. Dieser Film hatte mehr als alles andere mein Leben verändert. Besonders die zentrale Figur, der Computer namens HAL 9000, hatte mich als Teenager in meiner Heimat, dem südaustralischen Adelaide, dazu inspiriert, mein Leben dem Bau intelligenter Maschinen zu widmen. Noch heute, wenn ich den Film sehe, schlägt mein Herz schneller und meine Augen werden feucht.

In dem Film heißt es, dass HAL 9000 zum ersten Mal am 12. Januar 1992 eingeschaltet wurde – in der Buchfassung ist es das Jahr 1997. Aber 1992 reichte mir, und ich wollte ein Fest geben zu Ehren des wichtigsten fiktionalen Ereignisses in meinem Leben, dem Tag, an dem HAL 9000 auf dem Urbana-Campus der Universität von Illinois unter Leitung von Dr. Chandra geboren wurde[20]. HAL erweist sich letztendlich als mordender Psychopath, aber ich finde das nicht weiter tragisch. Viel wichtiger ist, dass es sich bei ihm um eine künstliche Intelligenz handelt, die mit Menschen interagieren konnte in der gleichen Weise, wie Menschen es untereinander taten. HAL war ein Wesen. HAL war lebendig.

Im Film war HAL ein körperloses Wesen mit übermenschlicher Intelligenz. Er war in das Raumschiff Discovery eingebaut und sprach mit der Crew Englisch. HAL hatte zahlreiche Bildschirme im ganzen Schiff, aber den meisten Input bekam er durch die gesprochene Sprache und seine glühend roten Kameras, die über das ganze Schiff verteilt waren. Sprache

---

[20] Dr. Chandra war in *2001* eine unbedeutende Figur, hatte aber in *2010* eine weit bedeutsamere Rolle.

und Sicht als Eingangssignale, Sprache, Bildschirme und Kontrolle des Raumschiffs als Output. Während wir aßen, tranken und plauderten, fiel uns auf, dass die Realität mit der Fiktion von 1968 nicht Schritt gehalten hatte. Abgesehen von der grafischen Oberfläche des Macintosh benutzten die meisten Menschen eine zeilenorientierte DOS- oder UNIX-Schnittstelle, um mit ihren Computern zu sprechen. Spracherkennung und -synthese waren noch sehr unvollkommen. Die computergestützte Erfassung und Interpretation von Bildinformationen erreichte nicht annähernd Echtzeit und funktionierte lediglich in sehr eingeschränkten Bereichen. Die meisten unserer Computer hatten Grafiken, aber nur in Schwarz-weiß, nicht einmal in Farbe. Aber kein Computer war in der Lage, eine Unterhaltung mit Menschen zu führen. Kein Computer lernte von und entwickelte sich in Interaktion mit menschlichen Lehrern, wie es bei HAL der Fall war. Tatsächlich gab es damals keine Chance, dass jemand einen HAL-ähnlichen Computer anschaltete, der wachsen und sich zu einem künstlichen Wesen entwickeln würde.

Anders als viele andere Science-Fiction-Werke war *2001: Odyssee im Weltraum* von der Realität nicht überholt worden. Der Film war immer noch visionär. Er war immer noch weit von uns entfernt – reine Fantasie.

Unter den Studentinnen auf meiner Party befand sich auch Cynthia Breazeal, die damals daran arbeitete, Attila und Hannibal wie Insekten gehen zu lassen. Am 9. Mai 2000 kam Cynthia dem Versprechen von HAL näher. Sie schrieb ihre Doktorarbeit über einen Roboter namens Kismet, der seine wesentlichen Eingangssignale aus Bilderkennung und Sprachwahrnehmung bezieht, Unterhaltungen mit Menschen führt und nach dem Vorbild eines sich entwickelnden Kindes gestaltet ist. Obgleich er nicht ganz über die zentrierte und definierte Persönlichkeit verfügt, die HAL kennzeichnete, ist Kismet der erste Roboter der Welt, der wirklich gesellig ist, mit Menschen von Gleich zu Gleich interagiert und von diesen als menschenähnliches Wesen anerkannt wird. Die Menschen stellen Augenkontakt mit ihm her und er mit ihnen; sie erkennen seine Stimmung am Tonfall und er ihre. Kismet und jeder Mensch, der in seine Nähe kommt, fallen in eine natürliche soziale Interaktion, sie reden und gestikulieren zusammen, sind gesellig. Zumindest eine Zeit lang behandeln die Menschen den Roboter wie ein gleichwertiges, lebendiges Wesen – auf jeden Fall könnte er eines sein.

HAL und seine Folgen

Ein paar Monate nach meiner HAL-Party nahm ich das akademische Jahr 1992/93 als Forschungssemester. Ich wollte künstliche Evolution und künstliches Leben besser verstehen. Die vorangehenden Jahre hatte ich damit verbracht, insektenähnliche Roboter zu bauen. Obwohl sie mit zu den besten gehörten, die es gab, handelte es sich nicht um »menschenähnliche« Roboter wie HAL. Mir war der Gedanke gekommen, dass wir nach dem Bau von Insektenrobotern vielleicht zu reptilienähnlichen Robotern übergehen sollten. Im Anschluss daran konnten wir es mit solchen versuchen, die kleinen Säugetieren ähnelten, dann größeren Säugetieren und schließlich Primaten. Die Idee hatte jedoch einen Haken: Wir hatten bereits zehn Jahre für die Insektenroboter benötigt. Da meine Zeit wie die eines jeden anderen Menschen irgendwann abläuft, war bei der Geschwindigkeit unserer Entwicklungen zu erwarten, dass ich als der Kerl in Erinnerung bleiben würde, der die beste künstliche Katze gebaut hat. Irgendwie entsprach diese Aussicht nicht ganz meinen Vorstellungen.

Als ich darüber und über HAL nachdachte, kam ich zu dem Entschluss, den ersten ernsthaften Versuch zu unternehmen, einen Roboter mit menschlichen Fähigkeiten zu bauen – ein Geschöpf der HAL-Klasse.

Ich wollte weg von mobilen und möglichst Lebewesen ähnelnden Robotern und stattdessen hin zu solchen, die mit alltäglichen Objekten interagieren konnten. Meine erste Idee war ein Roboterarm – verbunden mit einer Kamera an der Decke darüber – der mit Objekten hantierte, die vor den Arm gestellt wurden. Die Deckenkamera würde die Objekte innerhalb des Sichtbereichs interpretieren, und der Arm würde sie manipulieren, vielleicht auch näher an die Kamera halten, um sie besser sehen zu können.

Aber mir wurde bald klar, dass ich denselben Denkfehler machte, der den KI-Forschern immer und immer wieder unterlaufen ist: Der wichtigste Aspekt meiner künstlichen Insektenwesen war die Interaktion ihrer Körper mit der Umwelt. Ein Roboter brauchte nicht die Fähigkeit, Hindernisse zu vermeiden; er konnte, wenn er seine sichtbare Umgebung wahrnahm, wesentlich leichter darauf programmiert werden, sich einen gangbaren Weg zu suchen. Die physische Einbettung in die Welt lieferte eine reichhaltige Interaktionsdynamik. Um ihn intelligent agieren zu las-

sen, brauchten wir diese Dynamik nur in die richtige Richtung zu stoßen – wir mussten nicht jede Bewegung jedes Einzelelements und jedes
Aktuators im Voraus berechnen.

Einen Körper zu haben lieferte eine natürliche Grundlage. Alle Berechnungen, die der Roboter intern ausführen konnte, dienten der Orientierung in seinem Umfeld. Forscher, die über abstraktes Denken arbeiteten, bekamen als Ergebnis abstraktes Denken. Es gab keinen Weg, es
nachträglich in einen körperlichen Roboter einzupflanzen. Ich habe häufig versucht, mir dieses Scheitern zu erklären, und bin zu dem Schluss
gekommen, dass Forschungen über abstraktes Denken keine andere
Schnittstelle zur Welt haben als die Vorträge der Wissenschaftler auf
Konferenzen. Sie arbeiten in einer Umgebung mit zu geringen Beschränkungen und erliegen regelmäßig der Versuchung, ihre abstrakte Welt für
ihre Forschungsideen interessanter zu machen, statt der Realität der
physischen Welt treu zu bleiben.

Meine Deckenkamera mit Greifarm musste also Teil eines verkörper-
ten Roboters sein, nicht einfach körperlose, auf einen Tisch oder an eine
passende Decke montierte Komponenten. Ich musste ein vollständiges
künstliches Wesen bauen, einen Roboter mit Armen und einem Kopf,
eine Einheit innerhalb der Welt.

Aber welche Form sollte der Roboter erhalten? Die fast automatische
Antwort war, dass ein Roboter mit menschenähnlichen Fähigkeiten auch
eine menschliche Form besitzen sollte. Aber war das nicht zu schlicht
gedacht? War es wirklich ein gültiger Grund?

Es kristallisierten sich zwei Hauptargumente dafür heraus, einen
Roboter mit menschlicher Form zu bauen: Erstens gibt uns unsere
menschliche Gestalt die Erfahrungen, auf denen unsere Wahrnehmung
der Welt beruht. Zweitens würde die Gestalt des Roboters bestimmen,
wie Menschen auf ihn reagieren würden.

Wir Menschen sind nicht nur Produkte unserer Gene. Wir sind auch
das Ergebnis unserer Sozialisation und unserer Interaktionen mit der
Welt der Objekte. Auch unsere Kultur ist ein Produkt unserer Verkörperung in der Welt.

Die Philosophen George Lakoff und Mark Johnson haben argumentiert, dass alle höheren Repräsentationen der Sprache und des Denkens
auf Metaphern für unsere körperliche Interaktion mit der Welt basieren.
Sie haben ihre Ideen in einer ganzen Reihe von Büchern dargelegt, des-

halb brauche ich hier nur ein paar Beispiele zu den Metaphern zu zitieren, von denen sie sprechen, um einen Eindruck zu vermitteln.

Lakoff und Johnson beginnen mit primären Metaphern, die ihrer Ansicht nach während der Kindheit aus physischen und sozialen Erfahrungen entwickelt werden. Sie argumentieren zum Beispiel, dass »Wärme« als Metapher für Zuneigung benutzt wird, weil ein Kind die Körperwärme seiner Eltern spürt, wenn es Zuneigung erfährt. Das spiegelt sich auch in der Sprache wider, beispielsweise in dem Satz: »Sie empfingen mich warmherzig.« Das Gleiche gilt für »groß« als Metapher, wie in: »Morgen ist ein großer Tag.« Die Eltern sind groß – sie dominieren die visuelle Erfahrung des Kindes – und sie sind wichtig. Schwierigkeiten sind »Lasten«, wie in »Meine Verantwortung drückt mich nieder«, weil es für Kinder unangenehm und schwierig ist, schwere Objekte zu tragen.

Höhere Konzepte finden in Metaphern Ausdruck, die nicht so direkt und offensichtlich wie primäre sind, aber dennoch auf der körperlichen Welterfahrung beruhen. Für die Zeit benutzen wir zum Beispiel Metaphern der Vorwärtsbewegung, wie »rennen« und »laufen«. So liegt die Zukunft »vor uns«, die Gegenwart »ist, wo wir sind«, und die Vergangenheit »liegt hinter uns«. Wären wir rein Daten verarbeitende Wesen ohne Körper und zu jedweder Bewegung unfähig, so argumentieren Lakoff und Johnson, hätten wir keine solchen Metaphern für die Zeit entwickelt. Es sind natürlich nicht unsere einzigen Metaphern für diesen Bereich. Manchmal vergleichen wir die Zeit mit einer Flüssigkeit, die fließt oder vorbeifließt, sodass die Zukunft sich »auf uns zu bewegt«, das, was wir jetzt erleben, »verfließt gerade«, und die Vergangenheit ist »verflossen«. Diese und andere Zeitmetaphern wurzeln in unserem Verständnis von der Körperhaftigkeit der Welt und wie wir uns in ihr bewegen. Daraus entwickeln wir dann Metaphern, mit denen wir abstrakte Zusammenhänge ausdrücken. Unsere Sprache spiegelt metaphorisch die Körperhaftigkeit, die wir in der Welt erfahren.

Wenn wir dies also ernsthaft bedenken, muss ein Wesen, das ein ähnliches konzeptionelles Verständnis der Welt entwickeln soll wie wir Menschen, auch die gleiche Art körperzentrierter Metaphern bilden. Aus diesem Grund lohnt es sich, den Bau eines Roboters mit menschlicher Gestalt zu erkunden und zu sehen, welche Arten von Metaphern wir ihn aus seiner körperlichen Welterfahrung entwickeln lassen können.

Aber vielleicht muss ich mir wegen des ersten Arguments vorhalten lassen, eine Art magische Wissenschaft zu betreiben, ähnlich der während des Zweiten Weltkriegs unter den Ureinwohnern Papua-Neuguineas entstandenen Cargo-Kulte. Nachdem sie beobachtet hatten, wie Silbervögel vom Himmel stießen und wertvolle Güter brachten, bauten manche Ureinwohner Nachbildungen von Landebahnen mit hölzernen Funktürmen und warteten geduldig, dass dort ihre eigenen Silbervögel landen würden. Gefährlicher noch, einige, wie die Menschen von der Insel Biak, schnitzten hölzerne Gewehre und griffen damit japanische Truppen an. Die Gewehre der Japaner bestanden allerdings nicht aus Holz, und die ähnlich geformten hölzernen Totems der Biaks waren keine Hilfe gegen das Massaker, das folgte.

Die Roboter, die wir bauen, sind keine Menschen. Es besteht die reale Gefahr, dass sie nur eine oberflächliche Ähnlichkeit zu realen Menschen haben, so wie die hölzernen Gewehre der Biaks nur eine äußerliche, aber keine funktionale Ähnlichkeit zu den Metallgewehren der japanischen Soldaten hatten. Vielleicht haben wir zu viele Details bei der Form der Roboter ausgelassen, als dass sie ähnliche Erfahrungen machen könnten wie Menschen. Vielleicht wird sich auch herausstellen, dass es wirklich wichtig ist, Roboter aus Fleisch und Blut zu schaffen, statt aus Silizium und Metall. Wir werden auf diese Fragen in den Kapiteln 8 und 10 zurückkommen.

Das zweite Argument für Roboter mit menschlicher Gestalt besteht darin, dass Menschen in natürlicher Weise wissen werden, wie sie mit solchen Robotern interagieren sollen. Die Evolution hat uns unabhängig von der jeweiligen Kultur mit bestimmten universellen Umgangsformen ausgestattet. Wir stellen Augenkontakt her und wenden den Blick ab, um zu signalisieren, wer mit dem Sprechen an der Reihe ist. Wir geben durch Nicken und vorsprachliche Laute wie Murmeln zu erkennen, dass wir verstehen, was ein anderer sagt. Wir wissen, dass wir anderen zu nahe gekommen sind, wenn sie vor uns zurückweichen. Wir wissen aus der Art, wie jemand seinen Kopf hebt und darauf wartet, von uns ein Signal durch Augenkontakt zu bekommen, wann er oder sie eine Unterhaltung mit uns beginnen möchte. All dies tun wir automatisch auch bei der Begegnung mit wildfremden Menschen. Dieses instinktive Verhalten ist jedoch bei den unbeweglichen Objektiven von HAL nicht vorhanden – und würde auch bei einer an der Decke montierten Kamera fehlen. Ich glaubte, dass uns der Bau eines Roboters mit menschlicher Gestalt erlauben würde, dieser unterbewussten Kommunikation näher zu kommen. Im Juni 1993 begannen wir, einen *humanoiden* Roboter zu bauen. Cynthia Breazeal kam auf den Namen Cog, eine Abkürzung für »cognitive« und das englische Wort für den Zahn eines Zahnrades. Cog war also ein passendes Wortspiel, das auf die mechanische Natur unseres menschenähnlichen Roboters anspielte und zugleich ausdrückte, dass wir ihn mit einem Modell kognitiver Fähigkeiten ausstatten wollten.

Die humanoide Explosion

Als wir mit dem Cog-Projekt begannen, gab es Roboter mit humanoiden Formen eigentlich nur in der Science-Fiction. Die einzige Ausnahme war ein Roboter der Waseda-Universität in Japan. Heute tummeln sich humanoide Roboter in zahlreichen Labors überall auf der Welt, und viele von ihnen schulden ihre Anfänge den Humanoiden der Waseda-Universität in Tokio.

Während die Forschung über künstliche Intelligenz in den USA und Europa eher an den Fakultäten für Computerwissenschaft stattfindet, wird sie in Japan gewöhnlich zusammen mit dem Bau physischer Roboter an den Fachbereichen für Mechanik und Elektrotechnik betrieben. Die Waseda-Universität bildet hier keine Ausnahme.

In den frühen siebziger Jahren begann Professor Hirokazu Kato von der Waseda-Universität damit, einen humanoiden Roboter zu bauen. Diese Arbeit führte zur Gründung eines Forschungsinstituts mit etwa 100 Wissenschaftlern. Der erste humanoide Roboter, den man 1973 dort konstruierte, war Wabot-1, der ein paar Schritte auf zwei Beinen gehen, mit beiden Händen einfache Objekte greifen und ein paar primitive Wortwechsel mit Menschen führen konnte. Wabot-1 war jedoch kein künstliches Wesen. Er existierte nicht in einer Umgebung, auf die er reagierte. Er war vielmehr eine Demonstrationsmaschine, die, wenn richtig konfiguriert, Aufgaben ohne viel Rücksicht auf das ausführen konnte, was um sie herum geschah. Wabot-1 war kein situiertes Wesen.

Professor Katos nächster Roboter, Wabot-2, wurde 1984 zum Leben erweckt. Dieser war ein situierter Roboter, aber in einem sehr beschränkten Bereich. Wie Wabot-1 hatte er zwei Beine und zwei Arme, konnte jedoch nicht stehen, sondern nur auf einer Klavierbank sitzen. Seine Füße dienten dazu, die Pedale einer Orgel zu treten, und seine Arme und Hände waren darauf beschränkt, die Tastatur der Orgel zu spielen. Er hatte fünf Finger an jeder Hand und konnte seine Arme von einer Seite zur anderen bewegen. Was aus Wabot-2 mehr als nur den Mechanismus eines automatischen Klaviers machte, war seine Fähigkeit, via Bilderkennung Noten zu lesen. Sein Kopf war eine große TV-Kamera. Wabot 2 las von einem Notenbogen ab und spielte das entsprechende Stück. Trotz seiner Beschränkung war Wabot-2 eine situierte Kreatur. Er existierte in seinem Bereich und interagierte dort.

Auf Wabot-2 folgte in Bezug auf den Bau humanoider Roboter nicht viel. Das Waseda-Team fuhr fort, Roboter mit menschlicher Gestalt zu konstruieren, konzentrierte sich aber vor allem darauf, sie gehfähig zu machen. Sie legten keinen besonderen Wert darauf, die Roboter zu situieren und in die Lage zu setzen, in der realen Welt zu operieren. Professor Atsuo Takanishi machte große Fortschritte beim Verständnis der Dynamik des zweibeinigen Gehens, aber die Roboter, die er sich leisten konnte, waren recht groß und ungelenk und nie in der Lage, sich elegant zu bewegen. Wegen Geldmangels konnte Takanishi nie Roboter mit hinreichend starken Motoren und ausreichend leichten Beinen bauen.

Doch dann kam Bewegung in die Welt humanoider Roboter. Honda, der Autokonzern, hatte ein zehnjähriges Projekt für den Bau eines humanoiden Roboters aufgelegt, das man vor den japanischen Akademikern und allen anderen bis 1997 vollkommen geheim hielt. Anfang der neunziger Jahre wurde ich eingeladen, einen Vortrag im Waco-Forschungszentrum des Automobilkonzerns vor den Toren Tokios zu halten. Normalerweise führt man mich bei solchen Anlässen zunächst durch das entsprechende Forschungszentrum und zeigt mir zumindest die bereits veröffentlichten Arbeiten. In diesem Fall kam ich jedoch nicht am Sicherheitsposten vorbei, sondern wurde stattdessen in einen leeren Raum geführt, in dem ich vor einer anonymen Gruppe von Ingenieuren einen Vortrag über sechsbeinige Roboter halten sollte. Ich fragte sie, woran sie arbeiteten, an Robotern oder Katalysatoren, aber sie erklärten mir, dass sie mir darüber keine Auskunft geben dürften. Es gefiel mir nicht, so unkollegial behandelt zu werden, daher versuchte ich, ihnen vor meinem Vortrag doch noch ein paar Informationen zu entlocken. Das Äußerste, was ich herausholte, war dann, dass mir jeder Ingenieur sagte, was er im Hauptfach studiert hatte.

Als Honda 1997 seinen P2-Humanoiden enthüllte, bald gefolgt von ihrem P3 1998, war klar, dass die Firma sehr viele Ressourcen in ihr Forschungsprogramm gesteckt hatte – mehr als 100 Mannjahre Ingenieurarbeit waren bereits in das Projekt geflossen. Die Roboter sahen wie Menschen in Raumanzügen aus. Zumindest in den Videos gingen sie auch so ähnlich wie Menschen. Die Honda-Ingenieure hatten sich auf das Gehen konzentriert – ihr erster Roboter, der P1, hatte nur aus ein paar Beinen mit Hüften und einem schweren Gewicht darauf bestanden. Die humanoiden Roboter hatten auch einen Oberkörper, einen Batterie-Rucksack, zwei Arme und einen Kopf. Nur die Beine wurden autonom betrieben und folgten dem ZMP-Geh-Algorithmus, den Takanishi an der Waseda-Universität entwickelt hatte. Die Arme und der Kopf wurden von einem Menschen gesteuert, der in einem Daten-Anzug steckte, (sodass seine Bewegungen auf die Maschine übertragen wurden). Der Roboter konnte sehr gut gehen, auch Treppen steigen. Er konnte jedoch nicht selbst navigieren und Hindernisse vermeiden – das übernahm alles ein Mensch mit einer Joystick-Fernbedienung. Die Honda-Roboter sind keine echten künstlichen Wesen im Sinne der frühen Waseda-Roboter. Es sind komplexe elektromechanische Geräte, die ein geringes Maß an Verhalten zeigen können, das aber keine wirkliche Reaktion auf die Situation darstellt, in der sie sich in der Welt befinden – das Problem ist, dass sie sich tatsächlich gar nicht in der Welt befinden, da sie von einem Menschen gesteuert werden und in keiner Weise autonom sind.

Anfang 2001 trat Honda mit einer weiteren kleineren Version dieses Roboters an die Öffentlichkeit, welche die Bezeichnung Asimo[21] trägt. Es ist ein Humanoide von der Größe eines zehnjährigen Kindes, der als ferngesteuertes Gerät für Vergnügungsparks vermarktet wird. Asimo geht, streckt seine Arme aus und greift etwas. Über ein geschlossenes TV-System kann der Bediener mit Menschen reden und ihren Gesichtsausdruck sehen. Asimo operiert also nicht als autonomer Roboter, aber er soll beim Publikum diesen Eindruck erwecken.

In den letzten Jahren nahmen die Arbeiten über menschenähnliche Roboter explosionsartig zu. Das Waseda-Team brachte eine Vielzahl

---

[21] Zweifellos ein Tribut an den Science-Fiction-Schriftsteller Isaac Asimov.

neuer Humanoider heraus. Die Universität von Tokio, die Elektrotechnischen Labors in Tsukuba und das Advanced Telecommunications Research Lab in der Nähe von Kioto starteten groß angelegte Projekte. Sony demonstrierte nach seinem erfolgreichen Roboterhund AIBO[22] einen 50 Zentimeter großen Humanoiden, der sich ebenfalls mit Takanishis ZMP-Algorithmus fortbewegt. Die Forschungslabors von Fujitsu und der Tokioter Universität haben beide ähnliche Gehroboter konstruiert. In den KI-Laboratorien am MIT bauten Gill Pratt und seine Studenten neue Zweibeiner. Der eine war ein Dinosaurier, der andere ein humanoides Beinpaar, genannt M2, und mit weit wirkungsvolleren Geh-Algorithmen im Vergleich zu anderen Konstruktionen. Viele Forscherteams in England, Deutschland und den USA bauten nun menschenähnliche Körper, Arme und Köpfe. Die meisten versuchten, anders als Honda, mehr als nur eine teure Puppe zu bauen, die lediglich externen Befehlen folgte. Alle bemühten sich, Sensorsysteme zu konstruieren, die den Robotern ihre Umgebung bewusst machen und ihnen erlauben, in angemessener Weise auf sie zu reagieren. Viele dieser humanoiden Roboter sind in der Lage wahrzunehmen, wenn Menschen in der Nähe sind, und verschiedene Verhaltensweisen einzusetzen, um mit ihnen angemessen zu interagieren. Einige der Gehroboter sind fähig, selbstständig Hindernisse zu umgehen. Pratts Roboter können über unebenes Terrain laufen, einige mit ausgeklügelten Augenbewegungen ihr gesamtes Umfeld wahrnehmen und wieder andere den Arm ausstrecken und Gegenstände greifen, die sie mit ihren Bilderkennungssystemen erkennen.

Keiner dieser Roboter besitzt jedoch gegenwärtig die Intelligenz von HAL. Aber sie haben gezeigt, dass die Konstruktion humanoider Roboter kein gänzlich verrücktes Vorhaben ist. Die Technologie, die wir heute haben, kann uns dem Endziel näher bringen. Wir haben keinen Mangel an Rechnerkapazität oder Ideen. Der einzige limitierende Faktor ist die Zeit, und je mehr wir davon auf unsere Schöpfungen verwenden, desto besser werden sie.

[22] Mehr darüber in Kapitel 5.

Asimovs Gesetze und die Realität

In den fünfziger Jahren schrieb Isaac Asimov eine Reihe von Büchern über humanoide Roboter, angefangen mit *Ich, der Robot*. Die Hauptcharaktere waren Roboter, von denen einige von Menschen fast nicht zu unterscheiden waren. Die Roboter waren so konstruiert, dass sie drei Gesetze beachteten, die als Asimovs Gesetze bekannt wurden:

1. Ein Roboter darf keinen Menschen verletzen oder durch Untätigkeit erlauben, dass ein Mensch zu Schaden kommt.

2. Ein Roboter muss die Befehle befolgen, die Menschen ihm geben, außer wenn diese Befehle mit dem ersten Gesetz in Konflikt stehen würden.

3. Ein Roboter muss seine eigene Existenz schützen, solange dieser Schutz nicht mit dem ersten und zweiten Gesetz in Konflikt steht.

Die Spannung in vielen von Asimovs Büchern und Kurzgeschichten beruhte darauf, dass die Roboter in Situationen gerieten, in denen Widersprüche bei der Anwendung der Gesetze auftraten. Das führte immer zu unerwartetem Verhalten der Roboter, die versuchten, den drei Gesetzen zu gehorchen.

Diese Gesetze sind in den Medien sehr bekannt geworden. Auch im Kino tauchen sie auf, wenn etwa der von Robin Williams gespielte Roboter in *The Bicentennial Man* von 1999 die drei Gesetze holografisch darstellt, als er seinem neuen Besitzer übergeben wird.

Journalisten fragen häufig, ob die Roboter, die heute gebaut werden, sich an diese Gesetze halten. Die einfache Antwort ist Nein. Der Grund dafür ist nicht, dass sie gebaut werden, um bösartig zu sein, sondern weil wir nicht wissen, wie wir Roboter schaffen sollen, die einsichtsvoll und klug genug sind, um diese drei Gesetze zu befolgen. Auf den ersten Blick erscheinen die Gesetze harmlos und dem gesunden Menschenverstand zu entsprechen. Bei genauerer Betrachtung erweisen sie sich jedoch als sehr vertrackt. Natürlich wusste Asimov das, denn gerade daraus zog er die Spannung seiner Geschichten. Vielleicht war ihm aber doch nicht ganz bewusst, welche große Wahrnehmungsleistung diese Gesetze den Robotern abverlangten.

Bis 1998 oder vielleicht sogar noch bis 1999 hatte kein Roboter auch nur eine Chance, das erste Gesetz von Asimov zu befolgen, da keiner von ihnen in der Lage war, einen Menschen überhaupt zu erkennen. Außer Polly behandeln alle in Kapitel 3 erwähnten Roboter Menschen bestenfalls als Hindernisse und versuchen, sie zu umgehen. Selbst Polly fährt um sie herum, es sei denn, sie erscheinen als vertikales statisches Objekt in einem Korridor und geben sich mit einer Fußbewegung zu erkennen. Warum ist Wahrnehmung so schwierig? Wir Menschen brauchen doch nur – scheinbar mühelos – unsere Augen zu öffnen und erkennen sofort, was in der Welt ist. Wir sehen Menschen, Objekte, Innenräume, Außenräume, unsere Hände. Auch die meisten anderen Säugetiere haben offenbar einen recht guten Gesichtssinn. Unsere Hunde und Katzen verhalten sich so, als ob sie viele Dinge in der Welt sehen können. Auch Vögel verlassen sich anscheinend stark auf ihren Gesichtssinn. Experimente haben diese Annahmen bestätigt. Wespen, Bienen und viele Reptilien haben ebenfalls scharfe Augen. Roboter dagegen verfügen, verglichen mit Tieren und Menschen, immer noch über eine ausgesprochen schlechte Sehfähigkeit, auch wenn sie sich in den letzten zwei bis drei Jahren stark verbessert hat.

Die Tatsache, dass Bilderkennung schwierig ist, war für die Künstliche-Intelligenz-Forschung eine große Überraschung. 1963 schloss Larry Roberts[23] die weltweit erste Doktorarbeit über Bilderkennung am MIT ab. Mithilfe eines frühen MIT-Computers namens TX-0 konnte Roberts einfache weiße Polyeder vor schwarzem Hintergrund unterscheiden.

Diesem frühen Erfolg folgten einige Jahre lang nur geringe Fortschritte. Marvin Minsky, Mitbegründer des Artificial Intelligence Laboratory des MIT, der 1967 und 1968 Stanley Kubrick bei seinem Film beriet und Ideen für HAL beisteuerte, beschloss bereits 1966, das vertrackte Problem der Bilderkennung ein für alle Mal zu lösen. Obwohl alle wussten, dass ein Schachcomputer auf Weltklasseniveau noch in weiter Ferne lag, konnte die Sehfähigkeit doch nicht so kompliziert sein. Selbst weniger intelligente Menschen konnten gut sehen. Marvin beauftragte einen Studenten namens Gerry Sussman, den Sommer über an diesem Problem zu arbeiten.

[23] Danach wurde Larry Roberts einer der Pioniere des ARPAnet, das sich zum heutigen Internet entwickelte. Er ist noch heute auf dem Feld der Netzwerktechnologie aktiv.

Mit diesem Sommerprojekt sind wir im Jahre 2001 immer noch nicht viel weitergekommen. Wir haben Computer, die Schachweltmeister schlagen, aber keine, die gut sehen. Marvin verfehlte sein Ziel, und das hatte großen Einfluss darauf, wie er sich HAL im Jahr 2001 vorstellte. Leider zog Marvin aus seinem Scheitern, das Problem der Sehfähigkeit in einem Sommer zu lösen, keine Lehre und spielte weiter herunter, was ich für die wirklich schweren Probleme der nächsten 30 Jahre halte. Darunter fallen einfache visuelle Aufgaben wie das verlässliche Erkennen einer Tasse als Tasse, eines Stifts als Stift und eines Autos als Auto sowie die Fähigkeit, beim Gehen durch einen Raum eine kohärente Weltsicht zusammenzusetzen, oder auch ein Objekt zu sehen, aufzuheben und es in der Hand zu rollen. Ungelöst sind ebenfalls die akustischen Wahrnehmungsprobleme, zum Beispiel den Klang einer zuschlagenden Tür, eines singenden Vogels oder den schweren Akzent eines vor kurzem eingewanderten Menschen zu erkennen. Einmal beklagte sich Marvin auf einer Konferenz Mitte der achtziger Jahre darüber, dass zu viele Forscher an der Sehfähigkeit und Robotertechnik arbeiteten, und tat so, als ob diese fehlgeleiteten Menschen sich mit Typenraddruckern befassten. (Typenraddrucker waren ein besondere Technologie für den Druck auf Papier, kurz bevor sich Laserdrucker verbreiteten.) Marvin glaubte also, dass es bei Bilderkennung und Robotertechnik einfach um Input und Output ging. Die realen Probleme der künstlichen Intelligenz bestanden für ihn in Dingen wie dem Denken.

Es scheint eine unkomplizierte Erklärung für die menschliche Sehfähigkeit zu geben. Menschen öffnen ihre Augen, erhalten wie eine Videokamera oder ein Scanner, der eine Fotografie abtastet, einen Input und sehen dann, was draußen in der Welt ist. Wenn wir unsere Augen schließen, können wir uns daran erinnern, was wir gesehen haben, und sogar Fragen über Dinge beantworten, die wir gar nicht »bewusst« wahrgenommen haben – das ist ja schließlich die Grundlage für die Beweiskraft von Augenzeugen bei Gericht.

Wie sich herausgestellt hat, ist dieses Verständnis von unserer Sehfähigkeit eigentlich falsch. Unsere menschliche Sehfähigkeit ist zugleich viel schlechter und viel besser, als diese Darstellung nahe legt. Außerdem dienen die Mechanismen, die unsere Augenbewegungen steuern, damit wir die Welt wahrnehmen können, gleichzeitig für viele entscheidende Aspekte sozialer Interaktion. Die Funktion des Sehens ist nicht zu verste-

hen ohne ein Begreifen der sozialen Interaktionen, und umgekehrt können soziale Interaktionen nicht verstanden werden ohne das Wissen um
unsere Sehfähigkeit. Wie in so vieler anderer Hinsicht sind Menschen die
Produkte ihrer Verkörperung in der Welt.

Die Grundlage des Sehens und Verhaltens

Sehen ist kein passiver Prozess, sondern vielmehr eine aktive,
kontinuierliche Tätigkeit. Unsere Augen bewegen sich schnell von Ort zu
Ort und erhaschen Bruchstücke der Information, die draußen in der
Welt ist. Unser Gehirn ergänzt zahllose Details, die vielleicht im Sehpro-
zess, der noch nicht vollständig verstanden wird, gar nicht wahrgenommen werden. Ergebnis ist der Eindruck einer stabilen Sicht, die uns eine
statische Welt im vollen Panorama zeigt, deren Details wir durch bewusste Aufmerksamkeit zum Vorschein bringen könnten.

Unsere Augen sind nicht zu vergleichen mit Digitalkameras. Diese
haben eine einheitliche Auflösung in ihrem Gesichtsfeld von etwa 35
Grad. Moderne Digitalkameras verfügen über einige Millionen Bildele-
mente oder Pixel, von denen jedes einzelne gleichermaßen gut in Rot,
Grün und Blau sehen kann. Allerdings wurde diese schöne technische
Leistung für TV-Übertragungen durch ein paar Kompromisse wieder
zunichte gemacht. Obwohl die Kameras selbst sehr gut bei der Farbunter-
scheidung auf der Ebene eines jeden Pixels sind, wird bei der standardmä-
ßigen Übertragung von Videobildern viel von dieser Farbinformation
unterdrückt. Das hat zwei Gründe: Erstens waren die ursprünglichen
Fernseher nur für Schwarz-weiß ausgelegt. Als das Farbfernsehen eingeführt wurde, musste die Kompatibilität mit den vorhandenen Empfängern und Sendern gewährleistet werden – auch Menschen mit alten
Schwarz-Weiß-Fernsehern mussten in der Lage sein, Sendungen in Farbe
zu sehen, während die Besitzer neuerer Farbfernseher auch noch Sendungen von alten TV-Kanälen empfangen sollten, die noch nicht auf die Farbsignale umgestellt hatten. Der Farbanteil des Signals musste also in einem
ungenutzten Bereich des ursprünglichen Schwarz-Weiß-Protokolls versteckt werden, und da gab es nicht viel Platz. Zweitens sind Menschen bei
der Farberkennung nicht sehr gut, deshalb vermisste niemand Farbsignale

mit großer Bandbreite auf dem Bildschirm – alles sah gut aus mit der reduzierten Farbe, die sich im Signal unterbringen ließ. Obwohl das damals eine clevere technische Lösung war, plagt sie noch heute viele Bilderkennungsforscher, weil zahlreiche Kameras zwar gute Farbsignale aufnehmen, sie aber dann bei der Übertragung in Standardformate nicht nutzen. Das menschliche Auge hat im Gegensatz zu einer Videokamera ein Gesichtsfeld, das sich horizontal über etwa 160 Grad erstreckt (vertikal sind es etwas mehr). Die Netzhaut besitzt etwa 100 Millionen Helligkeitsrezeptoren, so genannte Stäbchen, und etwa fünf Millionen Farbrezeptoren, so genannte Zapfen. Diese sind jedoch nicht überall gleichmäßig verteilt. Es gibt eine deutlich unterschiedene Region im Zentrum des Gesichtsfeldes jedes Auges, die so genannte Sehgrube *(Fovea centralis)* im Zentrum des gelben Flecks. Die Sehgrube, die fünf Grad des Gesichtsfelds ausmacht, hat eine weit höhere Rezeptorendichte als das übrige Auge und ist viel farbempfindlicher. Tatsächlich gibt es im Zentrum der Sehgrube überhaupt keine Stäbchen, sondern nur Zapfen, und keine Blutgefäße über den Photorezeptoren wie in der übrigen Netzhaut. Die Außenbereiche dieses Gesichtsfeldes werden Peripherie genannt.

Es ist leicht, ein paar Experimente mit den eigenen Augen zu machen. Schließen Sie ein Auge, strecken Sie beide Arme vor sich aus und bewegen Sie die Zeigefinger hin und her. Blicken Sie geradeaus und bewegen Sie Ihre Arme nach außen, bis jeder an den Rand ihres Gesichtsfeldes gerät – genau bis zu dem Punkt, an dem Sie Ihre wackelnden Zeigefinger aus dem Blick verlieren. Ihre Arme sollten nun einen Winkel von etwa 160 Grad bilden.

Sie sollten deshalb mit den Zeigefingern wackeln, weil Sie außer Bewegung in der extremen Peripherie überhaupt nicht viel sehen können. Sie haben dort beinahe keine Farbsicht und können keine Objekte erkennen. Es gibt zu wenige Rezeptoren dafür, und die Details werden zu Signalen zusammengeballt und an das Gehirn weitergeleitet. Es gibt etwa eineinhalb Millionen Nervenfasern, die von der Netzhaut zum Gehirn in eine Region namens V1 zurückführen. Im Bereich der Sehgrube sind es etwa drei Fasern pro Rezeptor, aber an der Peripherie nur eine Faser pro 125 Rezeptoren. Die Hälfte der V1-Region im Gehirn ist den zentralen zehn Grad des horizontalen und vertikalen Gesichtsfelds gewidmet – die Hälfte von V1 verarbeitet somit nur zwei Prozent des Gesichtsfelds, die Eingangssignale des gelben Flecks mit der Sehgrube.

So viel zur Netzhaut, über die nur noch angemerkt sei, dass sie unglaublich schlecht konstruiert ist. Nicht nur läuft die Blutzufuhr über die Oberfläche der lichtsensitiven Elemente, auch die Nerven, welche die Information zum Gehirn weiterleiten, liegen zwischen Linse und Rezeptoren. Im viel besser aufgebauten Tintenfischauge führt der Nervenstrang aus dem Gehirn hinter die Netzhaut und nimmt dort die Bildinformation von der Rückseite der Lichtrezeptoren auf. Bei Säugetieren kommt der Nervenstrang von hinten und stößt ein Loch in die Netzhaut, nur 15 Grad vom Zentrum der Sehgrube entfernt, und verteilt sich dann über die Oberfläche der Netzhaut. Das führt zu dem »blinden Fleck« in jedem unserer Augen. Wenn wir mit nur einem Auge in eine bestimmte Richtung blicken, sind wir an einer Stelle vollkommen blind.

Normalerweise nehmen wir die blinden Flecke in unseren Augen nicht zur Kenntnis, aber ein einfaches Experiment zeigt sie uns. Nehmen Sie ein weißes Blatt Papier und malen Sie ein dickes X an eine Stelle und einen runden Fleck von der Größe Ihres kleinen Fingernagels etwa 15 Zentimeter links davon. Jetzt halten Sie das Papier mit ausgestrecktem Arm in Ihrer linken Hand vor sich. Schließen Sie das rechte Auge, und starren Sie mit Ihrem linken direkt auf das gezeichnete Kreuz. Sie sollten nun in der Lage sein, den Punkt zur Linken zu sehen. Blicken Sie weiter auf das Kreuz und bewegen Sie das Blatt näher an sich heran. An einer Stelle wird der Punkt verschwinden und dann, während Sie das Blatt noch näher an sich heranziehen, wieder auftauchen. Genau an dem Punkt, an dem er verschwindet, fällt er auf Ihren blinden Fleck. Drehen Sie das Blatt auf den Kopf und wiederholen Sie das Experiment, indem Sie nun das linke Auge schließen und mit dem rechten das Kreuz fixieren. Dann finden Sie Ihren anderen blinden Fleck.

Wenn wir darüber nachdenken, sehen wir (schauen Sie nur, wie metaphorisch unsere Sprache ist: »sehen wir«, »schauen Sie«!), wie bemerkenswert unsere normale Interpretation unserer visuellen Eindrücke von der Welt ist. Wir selbst haben den Eindruck, dass wir die Dinge genau im Blickpunkt in hoher Auflösung sehen, wenn wir die Welt mit starrem Blick in eine Richtung betrachten. Die Auflösung aller anderen Dinge in unserem Gesichtsfeld sinkt zur Peripherie hin ab. Dabei fällt uns gar nicht auf, dass gleichzeitig unsere Farbwahrnehmung drastisch abnimmt. Und die meisten von uns haben ihr ganzes Leben lang die blinden Flecke nicht einmal bemerkt. Stellen Sie sich vor, unsere Fernsehbildschirme hätten alle einen schwarzen Fleck von ähnlicher Größe, der irgendwo abseits der Bildschirmmitte läge. Wir würde ihn sofort bemerken und uns seiner immer bewusst sein, wenn wir fernsehen. Unsere bewusste Wahrnehmung und unser sensorisches System sind nicht ganz identisch.

Es ist nicht schwer zu bemerken, sobald uns jemand darauf aufmerksam gemacht hat, wie regsam unser Auge ist. Das visuelle System des Menschen ist so aktiv, damit der hoch auflösende, farbsensitive Teil des Auges immer auf das blickt, was gegenwärtig für das Verhalten relevant ist. Umgekehrt hat die Evolution unsere Augenbewegungen genutzt, um die Grundlage vieler unserer sozialen Interaktionen zu bilden. Aber bevor wir das etwas näher untersuchen, befassen wir uns noch ein wenig mit den Augenbewegungen.

Unsere Augen sind drei oder vier Mal in der Sekunde zu raschen Punkt-zu-Punkt-Bewegungen fähig, zum Beispiel wenn man von einem Buch aufblickt und die Augen wieder senkt. Solche Bewegungen werden Saccaden genannt. Während einer Saccade schaltet sich unser Bewegungssichtsystem aus, damit wir nicht den Eindruck haben, als gerate die Welt außer Kontrolle, und es gibt auch kein visuelles Feedback an unser Gehirn. Eine Neuronenschicht in der primären Sehrinde entspricht einem zweidimensionalen Panorama vor unseren Augen. Wenn eine Reihe von Neuronen in einer bestimmten Region erregt wird, richten sich die Augen mit einer Saccade auf den entsprechenden Ort. Ist ihr Ziel ein zuvor entdecktes visuelles Merkmal, kann es nach der großen Saccade eine sekundäre kleine Korrekturbewegung geben. Würden Sie Prismengläser tragen, die alles auf die Hälfte der normalen Winkel komprimieren, wären Ihre Saccaden sehr ungenau. Nach ein paar Tagen jedoch hätte sich Ihre Sehrinde daran angepasst und wäre in der Lage, Ihre Saccaden genauso gut wie zuvor zu steuern – bis Sie die Brille wieder abnehmen. Saccaden dauern etwa 60 Millisekunden. Während dieser Zeit sind wir vollkommen blind. Beachten Sie, dass wir auch dies nicht bemerken. Wieder sind unsere bewusste Wahrnehmung und die Funktionsweise unseres sensorischen Apparats nicht ganz das Gleiche. Zu beachten ist auch, dass wir unsere Saccaden willentlich kontrollieren können: Man kann nach oben, nach links, nach rechts und wieder auf das Blatt schauen. Aber die meiste Zeit finden diese Augenbewegungen statt, ohne dass wir sie bemerken. Tatsächlich haben die meisten Menschen nie über ihre Saccaden nachgedacht – aber wie sich herausgestellt hat, ist dieses Verhalten entscheidend für unseren Umgang miteinander von Angesicht zu Angesicht.

Nun ist es Zeit für ein weiteres Experiment. Blicken Sie von der Seite auf, und bewegen Sie Ihre Augen langsam und gleichmäßig von links nach rechts. Sie können es nicht. Stattdessen haben Ihre Augen eine Reihe von Sprüngen, Saccaden, von Ort zu Ort gemacht. Aber wenn das nächste Mal jemand vorbeigeht oder Sie Autos auf der Straße sehen, werden Ihre Augen in der Lage sein, ihnen zu folgen. Ihre Augen werden ohne Sprünge vollkommen gleichmäßig von links nach rechts wandern. Das wird als »gleitende Augenbewegung« bezeichnet und kann von uns nicht willentlich gesteuert werden! Sie können wählen, welches Objekt Sie verfolgen wollen und Ihre Augen dazu bringen, sich gleichmäßig zu bewegen, wenn Sie sie darauf fixieren, aber Sie können Ihre Augen nicht dazu bringen, sich ohne ein solches Ziel von selbst gleichmäßig zu bewegen.

Unsere Augen verfügen in ihren Bewegungen über noch mehr Tricks. Da ist zum Beispiel der »vestibuläre Augenreflex«. Wenn sich Ihr Kopf bewegt, misst Ihr Innenohr, welche Ausgleichsbewegungen ihre Augen vollführen müssen, um konstant in dieselbe Richtung zu blicken. Auch dies funktioniert wieder ohne visuelles Feedback. Selbst wenn Sie Ihren Körper plötzlich und unerwartet im Dunkeln um ein paar Grad drehen und dabei Ihre Augen geöffnet haben, werden diese die Bewegung kompensieren und auf denselben Ort blicken, ohne etwas zu sehen. Und auch der Trick mit den Prismengläsern funktioniert hier: Nachdem Sie die Gläser etwa eine Woche getragen haben, werden Ihre Augen eine Körperbewegung im Dunkeln kompensieren, als ob Sie durch diesen eines Salvador Dalí würdigen Verzerrer etwas sehen könnten. Der vestibuläre Augenreflex tritt nicht ein, wenn Sie einen Film auf einer großen Leinwand sehen und die Kamera eine rasche Bewegung vollzieht. Sitzen Sie vorn in einem Bus und dieser fährt schnell um eine scharfe Kurve, erscheint die Welt stabil, weil der Reflex die Bewegung kompensiert. Wenn Sie dagegen einen Film mit einem um eine scharfe Kurve rasenden Bus aus der Perspektive einer vorn im Bus montierten Kamera sehen, haben Sie den Eindruck, dass die ganze Welt außer Kontrolle gerät, da Ihr Gehirn nicht das vestibuläre Signal über die Busbewegung erhält.

Ihre Augen führen bei der Fixierung auf Gegenstände auch Vergenzbewegungen aus. Wenn Sie beispielsweise auf einen Stift in Ihrer Hand blicken, schauen Ihr linkes und Ihr rechtes Auge nicht in parallele Richtungen. Stattdessen schaut jedes genau auf den Stift. Für einen Erwachsenen bedeutet das, dass die Augen etwa sechs Grad zueinander gewandt sind. Der Stift ist im Zentrum des Bildes eines jeden Auges. Durch den Vergleich des Bildes um das Zentrum kann unser Gehirn leicht erkennen, welche Teile sich eher vorn befinden – wenn die beiden Bilder näher beieinander liegen – und welche etwas weiter hinten – wenn die Bilder etwas weiter voneinander entfernt sind. Das ist als Stereosicht bekannt. Etwa 90 Prozent der Erwachsenen sind dazu spielend und unmittelbar in der Lage. Einige Menschen entwickeln diese Fähigkeit nicht natürlich, aber sie sind trotzdem in der Lage, durch die bei leichter Bewegung hervorgerufene Konvergenz oder Divergenz der von jedem Auge aufgenommenen Bilder die Bildtiefe zu rekonstruieren. Während wir unsere Saccaden durch die sichtbare Welt machen, erschließt unser Gehirn durch die Vergenz der Augen eine grobe Information über die Bildtiefe, indem es die Winkel zwischen unseren Augen misst. Es hat sich herausgestellt, dass wir auch die Winkel zwischen den Pupillen anderer Menschen messen, wenn wir ihnen ins Gesicht blicken, und dadurch ungefähr einschätzen können, wohin sie und wie weit sie blicken. Zu beachten ist, dass diese beiden Fähigkeiten – die Tiefe durch die Vergenz unserer eigenen Augen zu bestimmen sowie die Entfernung abzuschätzen, auf die ein anderer Mensch seine Aufmerksamkeit richtet – vollkommen unabhängig voneinander sind. Aber zweifellos hat die Evolution die erste Fähigkeit genutzt, um die zweite auszubilden.

Jeder dieser Aspekte des menschlichen Gesichtssinns ist in seiner Funktionsweise sehr maschinenartig. Gewöhnlich benutzen wir alle Aspekte ohne bewusste Kontrolle, und während wir auf manche bewusst Einfluss nehmen können (zum Beispiel in welche Richtung wir Saccaden machen), können wir das bei anderen nicht. In den letzten Jahren ist es vielen Forschungsgruppen gelungen, diese mechanischen Aspekte der menschlichen Sehfähigkeit bei Robotern nachzubauen. Jedes Subsystem ist recht einfach zu verstehen, und wenn wir sie alle zusammen in einen Roboter einbauen, arbeiten sie recht ähnlich wie bei einem Menschen.

Es ist in der gegenwärtigen Phase der technologischen Entwicklung weit schwieriger, die nächsten Stadien des menschlichen Gesichtssinns nachzubilden. Wenn wir all die mechanischen Aspekte des Gesichtssinns von Menschen betrachten, lohnt es sich, erneut unser subjektives Empfinden zu studieren. Die Welt um uns herum ist ein stabiler Ort. Wir gehen umher, sitzen, blicken uns um. Unser Umfeld bewegt sich nicht, es bleibt ortsfest. Wir wissen von dem Gemälde hinter uns an der Wand und haben keine Schwierigkeiten, es über unsere Schulter hinweg anzuschauen. Wir wissen genau, wo es ist. Unsere Augen sagen uns exakt, wo und wie sich alles in der Welt befindet. Aber auf einer bestimmten Ebene ist das eine Illusion. Unser visuelles System springt beständig über die gesamte Szenerie und lenkt nach und nach die sensitiven Bereiche unserer Augen auf bestimmte Dinge. Wir haben große Löcher in unserem Blickfeld, aber wir scheinen sie nicht zu bemerken. Aus alldem konstruiert unser Gehirn eine stabile, dreidimensionale Sicht der Welt. Es scheint, als würden wir, während unsere Augen umherspringen, ein schönes Modell der Welt in unseren Köpfen abbilden, und dieses Modell ist es, zu dem unser Gehirn einen bewussten Zugang hat. Das ist der Grund, warum wir alle gute Augenzeugen bei Gericht sind und getreu erzählen können, was wir an jenem verhängnisvollen Tag gesehen haben. Es sitzt alles in unserem Gedächtnis: eine solide Rekonstruktion der externen Welt, wie sie war.

Aber wie sich herausgestellt hat, ist auch dies nicht ganz richtig.

Wir wissen das aus Experimenten, die der russische Psychologe Alfred Yarbus in den fünfziger und sechziger Jahren durchführte. Er entwickelte den ersten Apparat, der verfolgen konnte, wohin genau Menschen ihre Augen richteten, wenn sie ein Bild betrachteten. Wenn Yarbus einer Person eine Fotografie eines menschlichen Gesichts gab, sprang der Blick der Testperson unfehlbar zwischen den Augen hin und her, die Nase hinunter, über die Lippen und dann entlang der Gesichtskonturen. Menschen neigen nicht dazu, die Wangenknochen zu fixieren, trotz ihrer Bedeutung für die Schönheit eines Gesichts. Verblüffend waren jedoch jene Experimente, bei denen er dieselbe Fotografie vielen verschiedenen Testpersonen zeigte, nachdem er ihnen zuvor bestimmte Fragen über die Fotografie gestellt hatte, die sie sehen würden. Verschiedene Menschen hatten qualitativ ähnliche Muster der Augenbewegungen bei derselben Frage, aber jede Frage rief verlässlich andere, wesentlich unterschiedlichere Muster hervor als die übrigen.

In dem am besten bekannten Beispiel wurde den Testpersonen eine Kopie des Bildes »Unerwartet« des russischen Malers Ilja Repin von 1884 gezeigt. Darauf sind zwei Frauen und zwei Kinder in einem Raum zu sehen. Vor der Tür steht offenkundig ein Diener, der einen unerwarteten Besucher hereinlässt. Wurden die Testpersonen gebeten, das Alter der Menschen zu schätzen, schauten sie von einer Person zur anderen und konzentrierten ihren Blick intensiv auf das Gesicht jeder Person, wobei sie nur selten woanders hinsahen. Wenn sie gebeten wurden, sich an die Kleider der Personen zu erinnern, betrachteten sie wieder eine nach der anderen und ließen ihren Blick dann wiederholt über die Körper der Personen gleiten. Bat man sie zu schätzen, wie lange der Besucher fort gewesen sein könnte, blickten sie abwechselnd von Gesicht zu Gesicht, fixierten dabei jedes einzelne nur kurz, wanderten mit dem Blick zum nächsten und kehrten für einen Moment immer wieder zu dem vorhergehenden Gesicht zurück. All diese Muster unterschieden sich sehr voneinander sowie von dem umherschweifenden Blick der Testpersonen, wenn sie das Bild ohne Fragen präsentiert bekamen.

Es scheint, dass Menschen aktiv nur nach solchen Informationen suchen und sie speichern, die für eine bestimmte Aufgabe relevant sind, statt die Bilder zu »fotografieren«, wie die Verfechter des fotografischen Gedächtnisses behaupten würden. Dana Ballard, Mary Hayhoe und ihre Studenten an der Universität von Rochester beschlossen, diese Hypothese weiter zu untersuchen.

In Ballards und Hayhoes Experiment sollten Testpersonen Abbildungen von Legosteinarrangements nachbauen. Man gab ihnen eine Vorlage, die sie zu ihrer Linken betrachten konnten, eine »Baustelle« zu ihrer Rechten, auf der sie eine Kopie des Musters anfertigen sollten, und einen Stapel von Steinen dazwischen. Sie wurden angehalten, die Steine einen nach dem anderen aufzunehmen und damit die Vorlage nachzubauen.

Nehmen wir nun an, die Hypothese des fotografischen Gedächtnisses, mit der ein Großteil der Künstliche-Intelligenz-Forschung 40 Jahre lang gearbeitet hat, sei korrekt. In diesem Fall würde man erwarten, dass die Testperson die Vorlage betrachtet und sie im Gedächtnis speichert. Dann würde sie auf den Stapel Bausteine blicken, einen Stein aufnehmen, den Blick zur Baustelle springen lassen, den Stein platzieren, sich für den nächsten Stein dann wieder dem Haufen zuwenden und so weiter, bis die Aufgabe erfüllt wäre. Doch das war überhaupt nicht der Fall. Die Testpersonen blickten auf das Muster, dann auf den Haufen Steine, nahmen einen Stein, betrachteten wieder die Vorlage, sahen zu ihrer Baustelle, setzten den Stein, blickten wieder auf das Muster und dann zum Haufen zurück. Das war eine große Überraschung. Selbst wenn man gedacht hätte, das nicht das ganze Muster gespeichert wurde, hätte man vielleicht erwartet, dass sie erst zur Vorlage, dann zum Haufen, dann zur Baustelle, dann wieder zur Vorlage, zum Haufen, zur Baustelle und so weiter blicken würden. Stattdessen aber war die Abfolge Vorlage, Haufen, Vorlage, Baustelle, Vorlage, Haufen, Vorlage, Baustelle und so weiter. Möglicherweise konnten die Testpersonen sich nicht gleichzeitig an die Farbe des Steins erinnern, den sie verwenden wollten, und an dessen Position. Stattdessen schien die Strategie ihrer Blicksprünge darauf hinzuweisen, dass sie sich jeweils nur an ein Merkmal erinnerten.

Der nächste Schritt von Ballard und Hayhoe zeigt das ganze Raffinement der Versuchsanordnung. Wenn es wirklich stimmte, dass Menschen nur jeweils eine Information im Gedächtnis behalten konnten, wäre es dann möglich, etwas zu verändern, ohne dass sie es bemerkten? Man wusste bereits, dass es möglich war, wirbellose Tiere so zu täuschen. Bestimmte Grabwespen legen einen Tunnel als Nest an und fliegen dann weg, um eine Raupe zu betäuben, die als lebende Nahrungsquelle für ihren Nachwuchs dient. Die Wespe bringt die Raupe zum Nest, lässt sie in etwa fünf Zentimeter Entfernung davor liegen und kriecht in den Tunnel, um zu sehen, ob während ihrer Abwesenheit jemand anderes dort eingezogen ist. Das macht Sinn, weil die Jagd nach der Raupe eine ganze Zeit in Anspruch genommen haben könnte. Es scheint jedoch, dass sich die Wespe das überhaupt nicht überlegt. Vielmehr hat sie die Evolution darauf programmiert, immer etwa fünf Zentimeter vor dem Nest Halt zu machen und immer erst die Kammer zu untersuchen, ganz gleich, wie lange sie fort war. Das lässt sich recht einfach demonstrieren. Während die Wespe das Nest untersucht, muss man nur die Raupe ein paar Zentimeter vom Nest fortziehen. Die Wespe kehrt zurück und findet ihre Beute rasch durch den Geruch. Sie zieht sie zum Nest, aber wenn sie zur magischen Fünf-Zentimeter-Schwelle gelangt, macht sie wieder Halt und kontrolliert erneut das Nest. Das lässt sich beliebig oft wiederholen, bis entweder der Experimentator oder die Wespe vor Erschöpfung umfallen. Wenn die Raupe nicht bewegt wird, kommt die Wespe zurück, zieht sie ins Loch und beginnt, ihre Eier zu legen. Sind Menschen, die Legohäuser bauen, eventuell ebenso schwer von Begriff?

Ballard und Hayhoe bauten eine neue Version ihres Experiments – diesmal als Computersimulation. Nun wurde alles am Bildschirm mit einer Maus und farbigen Rechtecken statt mit echten Legobausteinen erledigt. Wie zuvor überwachten die Forscher genau, wohin sich der Blick ihrer Testpersonen richtete. Aber jetzt fügten sie einen teuflischen Trick hinzu. Während die Testpersonen in eine Blickrichtung abgelenkt waren, veränderten sie die Farbe eines Steins im Muster, sorgsam darauf bedacht, dass sie nicht aus dem farblichen Rahmen der virtuellen Welt fiel. Die Testpersonen bemerkten es nicht, selbst wenn sie bereits viele Male das Muster betrachtet hatten. Wenn sie bereits einen Stein aufgehoben hatten, dessen Farbe unterdessen verändert worden war, hielten sie beim erneuten Betrachten der Vorlage nur kurz inne. Dann wählten sie einen passenden anderen Platz für den bereits aufgehobenen Stein. Die Testpersonen benutzten also in Wirklichkeit die Welt, nicht ihr Gedächtnis, um diese einfachen Aufgaben auszuführen. Sie bemerkten nicht, wenn sich die Welt unter ihren Händen veränderte. Vielleicht glauben Sie, dass Sie selbst nicht so eine schwache Leistung bringen würden. Es scheint seltsam, dass wir so schwer von Begriff sein sollten.

Es hat sich jedoch gezeigt, dass dies nur eins von vielen Beispielen ist, die demonstrieren, wie viel es gibt, das völlig gegen unsere Welterfahrung zu verstoßen scheint. Und in mancher Hinsicht verstoßen sie alle dagegen. Die reale Welt verändert sich nicht in dieser Weise. Daher musste uns die Evolution auch keinen Mechanismus einbauen, um solche Veränderungen zu bemerken. Es besteht also keine Notwendigkeit, sich die Mühe zu machen, etwas zu überprüfen, das nicht passiert. Ron Rensink, Kevin O'Regan und Jim Clark haben eine Reihe noch einfacherer Experimente durchgeführt, die meine Studenten regelmäßig überraschen, wenn ich sie ihnen zeige. Sie haben Videos von Bildern gemacht, in denen sich regelmäßig etwas drastisch verändert. Das »Spiel« besteht darin, das Video anzusehen und festzustellen, was sich genau verändert. Eine Testperson braucht durchschnittlich 24 Sekunden, um zu bemerken, dass im Bild einer Boing 747 eins der vier Triebwerke verschwindet und dann wieder auftaucht. Die Testpersonen starren das Bild an und können einfach nicht sehen, was sich verändert, oder dass sich überhaupt etwas verändert. Nur wenn sie direkt auf das Triebwerk blicken, wenn es verschwindet oder wieder auftaucht, bemerken sie es - in dem Fall können sie es unmöglich ignorieren. Die Testpersonen brauchen durchschnittlich

32,5 Sekunden, um zu bemerken, dass sich im Bild einer Küche die Farbe eines Geschirrspülers von Braun zu Weiß und wieder zu Braun verändert. So viel zur Verlässlichkeit von Augenzeugenberichten bei Gericht.

Der menschliche Gesichtssinn erweist sich als komplexes Arrangement von Teillösungen schwieriger Probleme. Er ist das Produkt der Evolution, nicht eines sorgfältigen technischen Entwurfs, und das zeigt sich an nahezu jedem Aspekt. Der Gesichtssinn ist weit mehr als nur eine Kamera. Er ist ein hervorragend ausbalanciertes System interagierender Regelkreise von Sensorik und Motorik und verhält sich sehr aktiv gegenüber seiner Umgebung. Die Ziele und das jeweilige Verhalten eines Menschen haben großen Einfluss darauf, wie sein Gesichtssinn zu einem gegebenen Zeitpunkt operiert. Unser Gesichtssinn ist nicht so leistungsfähig, wie wir subjektiv vielleicht glauben. Irgendwie kompensiert unser Gehirn jedoch all diese Schwierigkeiten und vermittelt uns den Eindruck, dass wir in einer stabilen Welt leben, wo wir fast alles sehen und verstehen.

HAL 9000 besaß keine der motorischen Fähigkeiten, auf die sich der menschliche Gesichtssinn stützt. HAL hatte fixierte Kameras mit Linsen, die in die Welt blickten. Bei hinreichend fortgeschrittener Technologie könnte man sich vorstellen, dass diese Kameras wie sehr große Fischaugenobjektive fungierten. Vielleicht hätten sie viele Tausende von Pixeln pro Bildseite, statt ein paar Hundert wie die gewöhnlichen Kameras des Jahres 2001. Dann gäbe es keine Notwendigkeit, die Kameras zu schwenken, wie wir es mit unseren Augäpfeln machen müssen. Vielmehr könnte dann ein interner Aufmerksamkeitsfokus die für HAL jeweils für eine gegebene Aufgabe interessanten Bildteile aussuchen. Aber auch dann würde HAL noch das fehlen, an dem es ihm im Film am offensichtlichsten mangelte: die Fähigkeit, einen natürlichen soziale Austausch mit Menschen zu haben, soziale Interaktionen, die auf der evolutionär erworbenen Sekundärnutzung unseres visuellen Mechanismus zur Sammlung von Information über die Welt beruhen.

Visuelles Verhalten und soziale Interaktion

Wenn wir einen anderen Menschen anblicken, bekommen wir durch die Art, wie er seine Augen bewegt und worauf er blickt, viele Hinweise darauf, was in seinem Kopf vorgeht.

Da alle Wirbeltiere über steuerbare Augen mit einer Sehgrube verfügen (so wie viele andere Tierarten, einschließlich Spinnen), machte es für die Evolution Sinn, das Erkennen der Blickrichtung zu nutzen. Ein sehr offensichtlicher Grund dafür ist, dass uns ein Lebewesen, das uns anblickt, fressen könnte. Sehr viele Tiere haben eine ausgezeichnete Fähigkeit entwickelt zu erkennen, wann sie von anderen Tieren angeblickt werden, unabhängig davon, ob sie sich in ihrer ökologischen Nische zusammen mit einer anderen Spezies entwickelt haben.

Hakennattern zum Beispiel stellen sich tot, wenn Menschen in der Nähe sind, und stellen sich noch länger tot, wenn sie direkt angeblickt werden. Kiebitze, die auf dem Boden brüten, tun so, als hätten sie einen gebrochenen Flügel, um Raubtiere von ihren Nestern und den Jungen wegzulocken. Sie fahren mit der Täuschung länger fort, wenn ein Mensch sie direkt anschaut, statt einfach in der Nähe zu sein. Keine dieser Verhaltensweisen ist ein Beleg für bewusstes Verhalten oder Täuschung durch die Schlange oder den Vogel. Das Interessante ist, dass sich ihr Verhalten abhängig von der Blickrichtung anwesender Menschen ändert.

Bei Menschen sind die eigene Blickrichtung und die Bestimmung der Blickrichtung des Gegenübers grundlegend für den sozialen Austausch. Die Blickrichtung anderer Menschen sagt uns, worauf sich ihre Aufmerksamkeit richtet. Wenn wir mit jemandem sprechen, der seinen Blick nicht von der Zeitung vor ihm abwendet, wissen wir, dass er uns keine Aufmerksamkeit schenkt, selbst wenn er gelegentlich »Hmhm« sagt und nickt, während wir sprechen.

Säuglinge lernen nach und nach die Blickrichtung anderer Menschen zu verstehen. Bei anderen Tieren ist es ähnlich, auch wenn bei den meisten diese Fähigkeit nicht so hoch entwickelt ist wie bei uns.

In einem sehr frühen Alter kann ein Säugling erkennen, wenn seine Eltern ihn ansehen, und blickt zurück. Etwas später sucht das Kind nach etwas Interessantem in der Nähe, wenn die Eltern ihren Blick abwenden, kann aber nicht bestimmen, ob ihr Blick nach rechts oder links geht, sondern nur, dass sie ihm nicht mehr direkt in die Augen sehen. Mit etwa neun Monaten kann das Kleinkind der Blickrichtung der Eltern folgen, um zu sehen, worauf sich die Aufmerksamkeit der Eltern richtet. Mit zwölf Monaten ist das Kind in der Lage, die Entfernung zu schätzen, auf die die Eltern blicken, und mit einer Saccade direkt zum Objekt des Interesses springen. In einem weiter fortgeschrittenen Alter kann das Kind erkennen, ob die Eltern etwas Interessantes außerhalb seines Blickfeldes betrachten, und wird seine Körperhaltung dementsprechend verändern, um das besondere Objekt mit den Augen zu suchen.

Die Augenbewegungen eines Menschen sind entscheidend, damit sein Gegenüber erkennt, worauf sich seine Aufmerksamkeit richtet. Wir können die Blickrichtung und die Augenbewegungen anderer ausgezeichnet abschätzen. Viele fühlen sich unwohl, wenn die Person neben ihnen im Flugzeug über ihre Schulter blickt und ihre Zeitung liest oder auf ihren Computerbildschirm schaut. Während wir nach vorn blicken, können wir das Gesicht oder die Augen des anderen nicht bewusst sehen, aber irgendwie sendet uns unsere periphere Sicht eine Botschaft, wohin der andere genau schaut. Wieder muss es evolutionärer Druck gewesen sein, der uns dazu befähigte. Vielleicht wollen uns die anderen gerade das Essen stehlen – zumindest in der menschlichen Frühgeschichte, denn angesichts des heutigen Flugzeugessens macht das keinen großen Sinn mehr.

Neben diese primäre Funktion der Blickrichtung trat im Lauf der Zeit eine sekundäre. Sie wurde zu einem Teil unserer täglichen sozialen Interaktionen. Wenn wir uns einer Bankangestellten nähern (sofern wir das überhaupt noch tun), hält sie vielleicht den Blick leicht gesenkt, ordnet Papiere oder tippt noch die letzte Transaktion ein. Das sagt uns, dass sie noch nicht bereit ist, uns zu bedienen. Wir warten, schließlich blickt sie auf und wir stellen Augenkontakt her. Das ist unser Signal, dass unsere Transaktion beginnen kann. Wir durchlaufen dieses Ritual routinemäßig mehrere Male am Tag, wenn wir uns Menschen in Büros, Geschäften, öffentlichen Verkehrsmitteln, Kartenverkaufsstellen oder Cafés nähern. Wir denken nicht bewusst darüber nach, es ist einfach die Art, wie sich Menschen in den meisten Kulturen verhalten.

Wenn wir mit jemandem eine Unterhaltung führen, benutzen wir unsere Augen auch, um zu signalisieren, wer an der Reihe ist. Wir können uns auch mit Menschen ohne Blickkontakt unterhalten, zum Beispiel am Telefon. Hier erkennen wir durch Sprechpausen, wer an der Reihe ist. Aber häufig machen wir Fehler und unterbrechen einander, besonders bei Gesprächen über kontinentale Entfernungen, bei denen es zu wahrnehmbaren Zeitverzögerungen bei der Tonübertragung kommt. Von Angesicht zu Angesicht machen wir dagegen weniger Fehler und benutzen die Herstellung und das Abbrechen des Blickkontakts, um zu signalisieren, wer in einem Gespräch an der Reihe ist. Wenn die andere Person beim Sprechen ihren Blick abgewendet hat, kann sie ihre Augen wieder auf unser Gesicht richten, um uns wissen zu lassen, dass wir jetzt eine Gelegenheit haben, den Dialog aufzunehmen. Unser Gegenüber kann uns beim Sprechen auch in die Augen schauen und uns mit einem kurzen Abwenden des Blickes das Gegenteil zu verstehen zu geben.

Häufig sagen wir Dinge, die für sich genommen keinen Sinn machen, sondern nur dann, wenn wir wissen, wohin der Sprecher blickt, zum Beispiel wenn er »Nein, das da rechts« sagt. Wir bemerken aufgrund des suchenden Blickes unseres Gegenübers auch, dass sein Wissensstand über die Welt möglicherweise nicht akkurat ist und wir ihm mit einer verbalen Information aushelfen müssen: »Nein, ich habe es gerade aufs Regal gelegt« oder »Ich habe es gerade in den Papierkorb geworfen.« Wieder sind wir uns über derartige zwischenmenschliche Vorgänge nicht bewusst. Sie sind zu einem Teil des Geflechts unserer sozialen Interaktionen geworden, aber es hängt häufig sehr stark von unserer visuellen Fähigkeit ab, die visuelle Aufmerksamkeit anderer wahrzunehmen und nachzuvollziehen.

Eine Möglichkeit, einen Roboter zu bauen, der in völlig natürlicher Weise mit Menschen sozial interagiert, besteht darin, ihn mit einem Sichtsystem auszustatten, das ähnlich dem menschlichen arbeitet – mit Augen, die zu Saccaden und Vergenz fähig sind und die wie menschliche Augen aussehen. Dann werden Menschen verstehen können, wie sie mit dem Roboter interagieren sollen. Das war eine der Einsichten, die mir 1993 gekommen waren und die Entscheidung beeinflussten, unseren ersten humanoiden Roboter Cog zu bauen.

Eine unserer ersten Sorgen war somit, Cog mit einem adäquaten Sichtsystem auszustatten. 1993 waren handelsübliche Computer immer noch zu langsam für eine Echtzeit-Bilderkennung, aber Ende der Neunziger war das nicht länger der Fall. Wir haben nun gewöhnlich genug

Rechnerleistung für alle beliebigen Algorithmen. Die Schwierigkeit besteht darin, die Richtigen zu finden.

Es gelang uns, die mechanischen Aspekte des menschlichen Gesichtssinns nachzuahmen. Statt jedes von Cogs Augen mit einer sehr weitwinkligen Kamera, einer Sehgrube und sich nach außen hin langsam verändernder Auflösung auszustatten – wie beim Menschen –, benutzen wir eine Annäherung. Jedes von Cogs Augen besteht in Wirklichkeit aus zwei Kameras. Eine hat eine sehr weitwinklige Linse, um Cog eine periphere Sicht zu geben, die andere hat eine sehr engwinklige, die als Cogs Sehgrube fungiert. Anders als die Menschen hat er keinen blinden Fleck, dafür aber ein neues Problem: Er muss in jedem Auge mögliche Fehlzuordnungen kompensieren, die es zwischen Sehgrube und peripherer Sicht geben könnte.

Jedes der beiden Kameraaugen von Cog ist an kardanischen Aufhängungen befestigt, mit denen sie sich schwenken und kippen lassen, sodass sich der Roboter umblicken kann. Sein Kopf und Nacken verschaffen ihm noch größeren Spielraum für seine visuelle Welterkundung. Wenn sein Blick in eine Richtung geht, wendet sich Cogs Kopf genau wie beim Menschen mit geringer Verzögerung ebenfalls in diese Richtung, sodass Blickrichtung und Vorderseite des Kopfes zumeist übereinstimmen.

Cog ist in der Lage, Saccaden von einem Ort zum anderen auszuführen. Er aktualisiert beständig den Kontrollplan seiner Motoren in seiner eigenen Sehrinde, sodass sein Blick genau dorthin springt, wo er hin möchte, trotz Verschleiß der Motoren und mechanischer Anpassungen durch die Studenten. Er kann mit gleichmäßigem Blick jemandem folgen, der vor ihm vorbeigeht. Da sich sein Kopf in jedem möglichen Winkel relativ zur Bahn der Person befinden kann, muss er dazu nicht nur die Augen von einer zur anderen Seite schwenken können. Stattdessen müssen sich die unabhängigen Motoren für Schwenks und Neigung so koordinieren, dass sie die richtige Bahn nachvollziehen. Cogs Kopf besitzt auch ein Gyroskop (zum Nachweis der Drehbewegung), das die Rolle des Innenohres beim Menschen spielt, um seine eigenen Kopfbewegung zu erkennen. Cogs Version des vestibulären Augenreflexes erlaubt seinen Augenbewegungen, erfolgreich zu springen, gleitend ein Ziel zu verfolgen oder einfach ein entferntes Objekt zu fixieren, ganz gleich wie sich sein Kopf unabhängig davon bewegt.

Die eigentliche Schwierigkeit liegt in der Verarbeitungsweise der Bilder. In meiner Beschreibung des menschlichen Gesichtssinns habe ich diese Details ausgelassen, weil wir nicht genau wissen, wie das menschliche Gehirn das anstellt. Wir haben einen ungefähren Begriff davon, wie die ersten Phasen der Verarbeitung funktionieren. Wir wissen, dass die Zapfen farbsensitiv sind und wie die Netzhaut Helligkeitsränder erkennt – Orte, an denen die Bildintensität wechselt, wie zum Beispiel eine Schattengrenze oder eine Hausecke, hinter der Pflanzen sichtbar werden. Wir wissen auch, dass die Netzhaut für Bewegungen empfindlich ist. Aber sobald die Signale an die primäre Sehrinde geschickt werden, wissen wir nicht, wie sie verarbeitet werden.

Die Forscher, die in den letzten 40 Jahren über Bilderkennung gearbeitet haben, mussten Theorien entwickeln, wie sich Algorithmen schaffen ließen, die ein Intensitätsmuster erkennen und in eine reichhaltige Beschreibung dessen verwandeln können, was in der Welt vor der Kamera vorhanden ist. Das hat sich als viel schwieriger erwiesen, als irgendjemand gedacht hatte. Was unseren Augen und unserem Sehsystem wie eine scharfe Grenze erscheint, muss sich nicht notwendigerweise deutlich in den Daten zeigen, die von einer Digitalkamera kommen. Wenn wir einen Stift sehen, der auf einem Schreibtisch liegt, können wir ein scharfe Grenze zwischen dem Stift und dem Schreibtisch erkennen. Aber wenn wir die Lichtintensität von jedem der kleinen quadratischen Pixel in einem digitalen Bild des Stifts betrachten, gibt es dort häufig keine klare Grenze. Pixel, die Teilen des Stifts und Teilen des Schreibtisches entsprechen und nur zwei oder drei Pixel auseinander liegen, können genau die gleichen Intensitätswerte haben. Irgendwie erhält unser Gehirn ein sehr allgemeines Bild von dem, was vor sich geht, und nimmt erst dann die Grenze wahr.

In den frühen Tagen, als die Computer noch langsam waren, versuchten Forscher es mit äußerst raffinierten Algorithmen. In den letzten Jahren sind jedoch eine Menge Algorithmen sehr erfolgreich geworden, die sich auf schiere Rechenleistung verlassen. Diese grobschlächtigen Algorithmen führen eine Menge einfacher Berechnungen überall im Bild aus, ohne besonders ausgefeilte Modelle davon, wie das Bild von der Beschaffenheit der Welt geformt worden sein könnte. Algorithmen, die man in den siebziger und achtziger Jahren abschätzig als plump bezeichnet hätte, sind populär geworden. Der Grund dafür ist, dass sie funktionieren. Manchmal leisten sie bei einem einzelnen Bild nicht das, was ein ausgefeilterer Algorithmus könnte, aber wenn Algorithmen auf einem Sichtkopf wie dem von Cog mit sich aktiv bewegenden Kameras laufen, gibt es immer die Möglichkeit, eine Dreizehntelsekunde später einen etwas anderen Satz Bilder zu verarbeiten. Fehler in einem Bildsatz können also sehr rasch durch einen besseren Satz behoben werden. Indem man die Ergebnisse in dieser Weise im Zeitablauf glättete, konnte man mit der Zeit sehr verlässliche Sichtsysteme bauen, die in Echtzeit mit einem beständigen Bildfluss operierten.

Trotzdem sind Sichtsysteme bis heute nicht sehr leistungsstark. Bislang wissen wir lediglich, wie man bestimmte Unterklassen von Sichtalgorithmen programmiert.

Zu den Dingen, die Bilderkennungssysteme heute gut können, gehören:

1. Menschliche Gesichter in einem Szenario zu entdecken.
2. Menschliche Gesichter aus einem relativ kleinen Katalog von Gesichtern zu erkennen, vorausgesetzt, sie bekommen sie frontal zu sehen.
3. Die Augen in Gesichtern zu finden.
4. Bewegliche Objekte mit einer stationären Kamera zu verfolgen.
5. Die grobe dreidimensionale Struktur eines Szenarios über eine Entfernung von zwei bis drei Metern zu bestimmen.
6. Ein detailliertes geometrisches Modell, selbst von flexiblen variablen Strukturen wie menschlichen Organen, in dreidimensionalen Daten zu speichern.
7. Kräftige Farben und Hautfarben zu erkennen (die zugrunde liegende Pigmentierung aller menschlichen Hautfarben ist gleich und lässt sich leicht extrahieren).

Was Bilderkennung bislang noch nicht gut kann, ist unter anderem:

1. Die Kamerabewegung beim Verfolgen von Objekten zu kompensieren.
2. Zu erkennen, ob ein Gesicht männlich oder weiblich, jung oder alt ist, oder ob irgendwelche anderen Unterscheidungsmerkmale vorliegen.
3. Die Blickrichtung eines Menschen mit großer Genauigkeit zu bestimmen.
4. Menschen aus nicht-frontaler Sicht zu erkennen.

5. Menschen zu erkennen, wenn sie altern, einen Hut tragen, sich rasiert haben oder sich einen Bart haben wachen lassen.
6. Zu erkennen, was Menschen tragen.
7. Die Materialeigenschaften von etwas Gesehenem zu bestimmen.
8. Ein allgemeines Objekt vor seinem Hintergrund zu erkennen.
9. Allgemeine Objekte zu erkennen.

Die Wahrheit ist, dass wir über kein Bilderkennungssystem verfügen, das auch nur annähernd so etwas wie eine Tasse, einen Kamm oder einen Computerbildschirm erkennen kann. Unsere Bilderkennungssysteme sind in mancher Hinsicht sehr gut, aber noch nach 40 Jahren Anstrengung gelingt ihnen nicht, was Menschen und viele Tiere mühelos können.

Aufgrund des Anstiegs der Rechnerkapazität in den letzten 30 Jahren können wir uns nicht länger damit entschuldigen, dass uns für unsere Computeralgorithmen die nötige Rechnerleistung fehlt. Es ist offensichtlich, dass uns etwas Fundamentales in der Organisation des menschlichen Gesichtssinns entgeht, obwohl das fast niemand zugibt. Jeder Forscher glaubt, sich selbst mit den wichtigsten Problemen der Bilderkennung zu beschäftigen und kurz vor einem großen Durchbruch zu stehen.

Solange diese Schwierigkeiten in der Bilderkennung fortbestehen, müssen diejenigen unter uns, die intelligente Roboter bauen, sie umgehen. Unsere Roboter schweben im Vergleich zu uns in einem seltsamen Wahrnehmungsraum. Es gibt nur wenig Beständigkeit, und nur Bewegung und besondere Klassen von Objekten (zum Beispiel Gesichter) können überhaupt erkannt werden. Wenn wir selbst eine solche Wahrnehmung wie unsere Roboter hätten, wäre das eine seltsame, entkörperte, halluzinatorische Erfahrung.

Kismet

Cynthia Breazeal hatte Cogs Mechanik entworfen und sein erstes und zweites Gehirn gebaut. Sie konstruierte seine Sehrinde so, dass er Saccaden zu Bewegungen ausführen konnte, die er in seiner Peripherie wahrnahm. Gemeinsam mit einem anderen Studenten, Robert

Irie, erweiterte sie außerdem Cogs Hörfähigkeit, damit der Roboter seine Augen dahin springen lassen konnte, wo immer er ein Geräusch hörte.

Eines Tages machten wir ein Video von Cynthia beim Umgang mit Cog. Auf ihm liefen Programme, die sie und eine Reihe anderer Studenten geschrieben hatten. Das Video sollte zeigen, dass der enge Umgang mit Cog sicher war. Cynthia hielt einen Tafelschwamm hoch und schüttelte ihn. Cogs Blick sprang darauf, er streckte seine Hand aus und berührte ihn. Dann schüttelte Cynthia den Schwamm erneut und wieder streckte Cog seine Hand danach aus. Als wir uns das Video ansahen, schien es, als ob sich Cog und Cynthia abwechselten. Aber nach unserem Entwicklungsplan waren wir noch Jahre davon entfernt, Cog so zu programmieren, dass er zu abwechselnder Interaktion fähig war. In Wirklichkeit ging die Initiative allein von Cynthia aus, aber für einen außenstehenden Beobachter war es nicht erkennbar, dass es nur einen Akteur gab.

Obwohl Cynthia keine naive Beobachterin des Roboters war – schließlich hatte sie große Teile von ihm entworfen und gebaut –, verhielt sie sich so, als stecke mehr in Cog. Das ist durchaus nicht ungewöhnlich, wie wir in Kapitel 5 noch sehen werden. Cynthia hatte den Roboter auf einer Ebene angesprochen, auf der er nicht selbstständig operieren konnte. Sie hatte die notwendigen Auslöser benutzt, damit das Spiel funktionierte und Cog sich wie in einer richtigen Interaktion verhielt. Aber sie hatte es unbewusst getan. Sie hatte die Dynamik von Cogs Fähigkeiten genutzt, um einen Austausch auf einem höheren Niveau zu führen, und Cog war in der Lage gewesen, auf diesem höheren Niveau zu funktionieren, das seine Konstruktion bis dahin nicht erforderte.

Das brachte Cynthia dazu, über soziale Interaktion nachzudenken. Wie viel von dem, was wir miteinander tun, kann unbewusst sein? Leiteten Mütter ihre Kinder nicht genauso an, wie Cynthia Cog angeleitet hatte? Die dynamische Interaktion mit einer anderen Person sieht häufig so aus, dass die Initiative manchmal bei uns, manchmal beim anderen liegt. Cynthia entschloss sich, für ihre Doktorarbeit einen Roboter zu bauen, der zu sozialen Interaktionen fähig war.

Und so schuf Cynthia Breazeal mithilfe von Cog Kismet.

Viele Studenten halfen, aber insgesamt war Cynthia die Chefarchitektin des ganzen Prozesses. Das Endsystem hatte, wie in Abbildung 3 zu sehen, ein nicht ganz menschliches Gesicht. Seine Augen waren größer, als sie hätten sein sollen – wir fanden, dass Menschen auf ihn wie auf ein Kind reagierten und mit ihm in einem übertriebenen Tonfall sprachen. Er hatte Ohren, die sich bewegten wie die eines Hundes, aber auch Augenbrauen und Lippen. Kismet war nur ein Kopf, aber er hatte einen Nacken, sodass er seinen Hals nach vorn recken und ihn von einer zur anderen Seite neigen konnte. Seine Augen machten genau wie menschliche Augen Saccaden, und so konnten Menschen erkennen, worauf sich seine Aufmerksamkeit richtete, so wie sie es bei anderen Menschen, Hunden und Katzen können.

Kismet wurde von einem Satz von 15 Computern kontrolliert. Zusammen bildeten sie ein gleichberechtigtes Netzwerk. Auf einigen lief ein Echtzeit-Betriebssystem namens QNX, auf einigen Linux, auf einem Windows NT und auf einigen wenigen ein Betriebssystem, das ich geschrieben hatte. Das Netzwerk wuchs mit der Zeit, während Cynthia an Kismet arbeitete, und war in der Art, wie die Computer miteinander kommunizierten, sehr heterogen. Das wirklich Schöne daran war, dass eindeutig keiner der Computer die Oberhand hatte. Verschiedene Computer bewegten unterschiedliche Teile des Gesichtes und der Augen, auch visuelle und akustische Eingangssignale wurden von verschiedenen Rechnern verarbeitet. Es gab keine Stelle, an der alles zusammenkam, und keine, von der alle Aktivität ausging; Kismet besaß ein verteiltes Steuerungssystem ohne zentrale Lenkung. Diese Beschränkung hatte sich ergeben, weil ihm nach und nach weitere Computer hinzugefügt wurden, aber das machte Cynthia keine Sorgen. Sie hatte zuvor an Attila gearbeitet (siehe Kapitel 3) und war darin geübt, völlig dezentrale, asynchrone und elementare Rechnerprozesse dazu zu bewegen, ein insgesamt konsistentes Verhalten zu zeigen.

Um aus Kismet einen zu sozialer Interaktion fähigen Roboter zu machen, mussten viele unabhängige Systeme installiert werden. Ein sehr wichtiger Teil von Kismet ist sein System visueller Aufmerksamkeit. Cynthia entwickelte es gemeinsam mit Brian Scassellati, einem weiteren Studenten, der an Cog arbeitete. Kismets Blick springt auf alles, dem er seine Aufmerksamkeit schenkt. Er achtet auf drei verschiedene Dinge: bewegliche Objekte, Gegenstände mit tiefen Farben und menschliche Hautfarbe, gewichtet sie in seinem Blickfeld und blickt dann in die entsprechende Richtung. Wie viel Gewicht er jedem einzelnen gibt, hängt von den anderen Elementen des Systems ab. Wenn er einsam ist, gibt sein Sys-

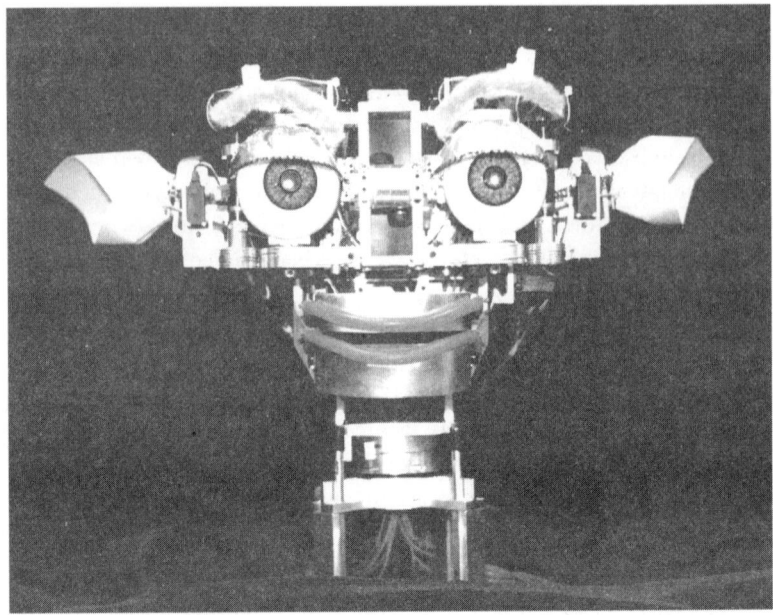

Abbildung 3: Der Roboter Kismet. Er hat zwei Kameras mit Sehgruben-Charakteristik hinter den menschenähnlichen Augäpfeln. Zwei weitwinklige Kameras für die periphere Sicht sind an der Stelle versteckt, wo sich die Nase befinden würde. In seinen Ohren sind Mikrofone untergebracht. Im Innern des Kopfes ist ein Gyroskop installiert. Das sind Kismets Sensoren. Seine Aktuatoren bewegen seinen Hals um drei verschiedene Achsen sowie seine Augen, die unabhängig voneinander nach links und rechts sowie gemeinsam nach oben und unten blicken können. Kismet hat außerdem die Fähigkeit zu Gesichtsausdrücken: Sein Kiefer kann sich öffnen und schließen, und vier separate Motoren kontrollieren die Lippen. Jede Augenbraue und jedes Ohr werden von weiteren zwei getrennten Motoren angetrieben.

tem visueller Aufmerksamkeit den hautfarbenen Bereichen des Bildes eine viel größere Aufmerksamkeit. Ist er gelangweilt, beachtet er stärker die kräftigeren Farben. Blickt er etwas zu lange an, gewöhnt er sich daran, und es wird wahrscheinlicher, dass ihm etwas anderes ins Auge springt.

Andere Verhaltensweisen können das reine Aufmerksamkeitssystem überlagern und die Steuerung von Kismets Augen übernehmen. Wenn Kismet einem Objekt seine Aufmerksamkeit geschenkt hat und es sich bewegt, folgen ihm seine Augen stetig. Er benutzt sein Gyroskop, um Kopfbewegungen zu kompensieren, besitzt also genau wie ein Mensch einen vestibulären Augenreflex. Kismet findet die Augen von Menschen und stellt in einem Dialog an den passendenen Stellen Augenkontakt her beziehungsweise wendet seine Augen ab, je nachdem wer bei dem Gespräch an der Reihe ist.

Aber was bedeutet es für Kismet, einsam oder gelangweilt zu sein? Kismet hat eine Reihe interner Antriebe, die mit der Zeit stärker werden, wenn sie nicht befriedigt werden. Verstärken sich diese Antriebe, lösen sie ein bestimmtes Verhalten aus. Betrifft es Kismets Langeweile-Antrieb, beginnt er, sich umzublicken und mit Saccaden systematisch von Ort zu Ort zu springen. Gleichzeitig erhöht sich die Empfänglichkeit des Aufmerksamkeitssystems für tiefe Farben. Wenn Kismet also beim Suchen in seiner Peripherie auf helle Farben stößt, wird sein Aufmerksamkeitssystem ihn veranlassen, mit dem Blick direkt dorthin zu springen. Für einen außenstehenden Beobachter sieht es so aus, als ob Kismet nach einem Spielzeug gesucht und eins gefunden hat. In einem gewissen Sinne ist das auch wirklich geschehen, aber zu beachten ist, dass es nicht das Suchverhalten selbst ist, welches das Spielzeug findet. Es versorgt lediglich das Aufmerksamkeitssystem mit sehr unterschiedlichen Bildern, und dieses System stößt dann zufällig auf das Spielzeug. Kismet hat ein Suchverhalten, das nie weiß, wann es gefunden hat, was es sucht. Das Gesamtverhalten ergibt sich aus den Interaktionen einfacherer Verhaltens, vermittelt durch die Umgebung. Wenn Kismets Antriebe befriedigt sind, zum Beispiel, weil er ein Spielzeug gefunden hat, werden sie erheblich reduziert und beginnen dann mit der Zeit, wieder zu wachsen.

Kismet verfügt über ein Hörsystem, das nicht nur hört, wenn etwas gesagt wird, sondern das auch auf verschiedene Merkmale der menschlichen Sprachmelodie achtet. In fast allen Kulturen vermitteln die Mütter ihren Kindern vier Grundsignale durch den Klang ihrer Stimme, weniger durch die Bedeutung der Wörter. Kinder können Zustimmung, Verbot, das Erlangen von Aufmerksamkeit und Besänftigung durch solche sprachmelodischen Muster erkennen. Auch Kismet erkennt die emotionalen Botschaften in der menschlichen Rede. Die Mitglieder meiner Forschergruppe stammen aus einer Vielzahl von Ländern, und wir haben Kismet mit Englisch, Französisch, Deutsch, Russisch und Indonesisch getestet.

Diese sprachmelodischen Signale können Kismets »Stimmung« beeinflussen. Sie – beziehungsweise sein emotionaler Zustand – ist eine
Kombination von drei Variablen: seiner »Laune«, seiner »Aufmerksamkeit« und seiner »Einstellung«. Kismets Laune ist ein Maß für seine
Zufriedenheit, seine Aufmerksamkeit drückt aus, wie stimuliert beziehungsweise müde er ist, und seine Einstellung bestimmt, wie offen er auf
neue Stimuli reagiert. Abhängig von seinem gegebenen Zustand können
Sprachmelodie, Bewegungen oder sonstige Wahrnehmungen ihn innerhalb seines dreidimensionalen emotionalen Raumes in verschiedene
Richtungen beeinflussen.

Im Deutschen, wie in jeder anderen Sprache auch, haben wir geläufige
Bezeichnungen für viele Befindlichkeiten in diesem emotionalen Raum.
Wenn Kismet hochgradig aufmerksam ist, seine Laune und Einstellung
aber neutral sind, dann würden wir sagen, er ist überrascht. Wenn etwas
dicht an Kismets Gesicht herankommt, wird das seine Aufmerksamkeit
erregen, und wenn vorher alle drei Parameter neutral waren, wird er überrascht sein. Wenn er jedoch schon etwas unglücklich war, also »schlechte
Laune« hatte, dann könnte eine solche Erregung zu Angst oder Zorn führen, ganz abhängig davon, ob seine Einstellung zu dieser Zeit offen oder
verschlossen war.

Kismets interne Emotionen haben Einfluss darauf, welche seiner Verhaltensweisen aktiviert wird. Aber sie finden auch in seinem Gesicht und
seiner Stimme Ausdruck. Er zeigt seinen emotionalen Zustand durch
seine Augenbrauen, seine Lippen und seine Ohren. Außerdem verfügt er
über ebenso unterschiedliche Intonationen in seiner Stimme wie seine
menschlichen Gesprächspartner.

Was Kismet aber nicht kann, ist, wirklich zu verstehen, was gesagt
wird. Er ist auch nicht in der Lage, selbst etwas Sinnvolles zu sagen. Wie
sich herausgestellt hat, ist jedoch keine dieser Beschränkungen ein großes Hindernis für eine gute Konversation. Kismet registriert, dass Menschen sprechen und in welchem Tonfall. Er äußert englische Phoneme,
aber er versteht selbst nicht, was er sagt, und ist nicht fähig, die Phoneme
oder Silben in sinnvoller Weise zusammenzusetzen. Dafür hat er die
grundlegenden Mechanismen für alternierende Kommunikation mit
Pausen, Blickwechseln und der Überbrückung peinlichen Schweigens,
wenn sein Partner nicht spricht.

Während des Frühlings 2000 schleppte Cynthia Breazeal wochenlang naive Testpersonen mit in das Kismet-Labor im neunten Stock des KI-Gebäudes des MIT. Das Naive an ihnen war, dass sie nichts über Roboter wussten, besonders nicht über Kismet. Einige dieser Personen waren Freunde von Cynthias Zimmergenossin oder anderer Studenten und Teenager aus örtlichen Schulen, deren Lehrer um eine Führung durch unser Labor gebeten hatten. Cynthia setzte diese Personen vor den Roboter und bat sie, »mit Kismet zu sprechen«.

Mehr Hilfestellung gab es nicht. Die Betroffenen mussten selbst herausfinden, was das bedeutete und wie man sich mit einem körperlosen Kopf unterhält (siehe Abbildung 3).

Die meisten waren bald in der Lage, eine Unterhaltung mit Kismet zu führen, obwohl er nur Nonsens-Silben[24] von sich gibt und nichts von dem Gesagten versteht.

Cynthia hat alle diese Unterhaltungen mit dem Roboter auf Video aufgezeichnet und vielfältig ausgewertet. Dabei hat sich gezeigt, dass die Testpersonen Kismets visuelle Aufmerksamkeit lenken konnten und dass er wiederum in der Lage ist, Ermunterung durch Menschen zu erkennen, seinen inneren Zustand Menschen mitzuteilen und sich an der sozialen Interaktion zu beteiligen.

Aber es ist auch faszinierend, einfach nur die Bänder anzuschauen. Die meisten Personen wussten, wann sie an der Reihe waren zu sprechen – sie begriffen wirklich, dass sie an einer Unterhaltung mit einem Roboter teilnahmen, auch wenn diese recht inhaltslos ausfiel. Allerdings waren einige Testpersonen über diesen Mangel an Inhalt beunruhigt und wussten nicht, was sie Kismet mitteilen sollten. Zuweilen animierte er sie mehrfach, aber sie sagten nicht sehr viel. Andere dagegen fanden gleich die richtige Einstellung und unterhielten sich minutenlang mit ihm. Sie gaben ihm emotionale Hinweise und verstanden seine emotionalen Reaktionen.

Zu den fesselndsten Videos gehört für mich die Unterhaltung zwischen einem Jungen namens Ritchie und Kismet. Ritchie war ein geistig Behinderter, der mit Kismet 25 Minuten plauderte, ohne dass es ihm langweilig wurde. An einem Punkt sagt er: »Ich möchte dir etwas zeigen. Ich möchte dir diese Uhr zeigen, die mir meine Freundin gegeben hat.«

---

[24] Jüngere Arbeiten haben sich auf Kismets Spracherwerb konzentriert, und er ist nun in der Lage, ein paar Wörter zu sagen, die er gelernt hat.

Kismet blickt pflichtbewusst auf die Uhr an Ritchies linkem Handgelenk. Für naive Beobachter scheint es, als würde Kismet die Worte verstehen, die Ritchie sagt. Nach allem, was wir wissen, mag Ritchie gedacht haben, dass Kismet ihn verstand. Aber natürlich war das nicht der Fall. Er reagierte vielmehr auf andere soziale Hinweise, die ihm Ritchie unbewusst gab. Er brachte sein linkes Handgelenk in das Zentrum von Kismets Gesichtsfeld, vor dessen Sehgrube. Während er das tat, hob er seine reche Hand, streckte seinen Zeigefinger aus und tippte auf das Glas seiner Uhr. Dieser visuelle Hinweis war sehr stark und brachte Kismets visuelles Aufmerksamkeitssystem dazu, mit dem Blick dorthin zu springen. Kismet blickte auf die Uhr, während Ritchie sprach. Dieser besaß nun die Aufmerksamkeit des Roboters, daher hörte er auf, seinen Finger zu bewegen. Bald entschloss sich Kismets Aufmerksamkeitssystem, dass Richies Gesicht interessanter war als ein kleiner Fleck bewegungsloser Hautfarbe. Kismet blickte wieder in Ritchies Augen, gerade als dieser aufhörte zu sprechen, und sprach selbst. Ein scheinbar völlig natürlicher Kommunikationsvorgang.

Es gibt an Kismet nichts, was sich qualitativ von den Mechanismen unterscheidet, die auch schon Genghis aufwies. In Kapitel 3 sind wir alle Details von Genghis' Kontrollsystem durchgegangen. Kismets Programm ist viel zu umfassend, um in dieses Buch zu passen, aber es ist von der gleichen Art. Kleine Mechanismen, die zusammen ein wundersames künstliches Wesen bilden. Genghis konnte durch die Welt gehen wie ein Insekt. Kismet kann mit Menschen interagieren wie ein Mensch. Kismet agiert, als wäre er lebendig.

Kismet ist nicht HAL, aber HAL war auch nicht wie Kismet. Kismet nähert sich dem Wesen des Menschseins in einer Weise, dass normale Menschen mit ihm interagieren können. Er verfügt über die Grundlagen verstehbaren intelligenten Verhaltens, das auf dem sozialfähigen Substrat aufbaut. HAL war reiner Geist, ein kalter, harter, kalkulierender Intellekt. Er hätte nie in irgendeiner bedeutsamen Weise ein Freund sein können, und es war sein Geist – so unwahrscheinlich und unmöglich das in seiner entkörperten Form sein mag –, der aus HAL einen Fremden machte. HAL konnte nicht verstanden werden. Kismet kann man nicht missverstehen.

5
Maschinen
für den Alltag

Um das Jahr 1000 gab es in Europa nur wenige gelehrte Menschen, die meisten in Irland, die während des dunklen Mittelalters die Traditionen der Gelehrsamkeit aufrechterhielten. Die Mönche in den Klöstern waren damit beschäftigt, altes Wissen zu bewahren, neue Kommentare zu schreiben und vielleicht sogar hier und da die eine oder andere neue Idee beizusteuern. Sie verwandten ihre Ressourcen jedoch hauptsächlich darauf, ältere Texte zu kopieren, und standen damit an führender Stelle der damaligen Informationstechnologie. Stellen Sie sich vor, einer von ihnen wäre im Jahr 1000 über die Zukunft der Informationstechnologie im Jahr 2000 befragt worden. Ich gebe zu, dass dieses Gedankenspiel ein bisschen weit hergeholt ist, da unser gelehrter Mönch wohl überhaupt keine große Vorstellung von Technologie gehabt haben dürfte oder auch nur eine Ahnung, dass sich Technologien mit der Zeit verändern. Aber lassen wir das einmal außer Acht. Was hätte der Mönch über die Technologie seines Gewerbes in 1 000 Jahren sagen können?

Wenn unser Mönch besonders weise gewesen wäre, hätte er vorhersagen können, dass wir im Jahr 2000 weit mehr wohl gespitzte Federn haben würden, außerdem eine größere Auswahl an Tintenfarben und vielleicht, nur vielleicht, schnellere Methoden zur Präparation von Lammhäuten als Schreibmaterial. Da er nicht über die Gabe der Hellsicht verfügte, (und wer hätte, bei Licht besehen, eher darüber verfügen sollen), hätte unser glückloser Mönch nicht vorhersehen können, dass das Pergament durch Papier ersetzt würde – nachdem dieses 1 200 Jahre für seine Reise von China über die muslimische Welt bis zu uns gebraucht hatte. Diese technische Innovation war es natürlich, die letztlich das Monopol der Klöster über Manuskripte und die geschriebene Kommunikation brach. Unser Mönch hätte sicherlich nicht die Druckerpresse, die Schreibmaschine, den Text verarbeitenden Computer, das Internet und das

World Wide Web vorhergesagt; nicht den leisesten Hauch einer Ahnung von irgendeiner dieser Innovationen hätte er haben können. Natürlich braucht man nur bis 1985 zurückzugehen, wo kaum jemand außer Ted Nelson und seine Gefolgsleute die Existenz des World Wide Web im Jahr 2000 vorausgesagt hätte, und nicht einmal sie waren so kühn zu glauben, dass daraus eine so bedeutende Wachstumsmaschine würde – keine 15 Jahre später!

Diese Anekdote soll hervorheben, dass Spekulationen über die Zukunft grundsätzlich gefährlich und zum Scheitern verurteilt sind. Diese Beobachtung hält natürlich nur wenige Autoren davon ab, vorhandene Ansätze hochzurechnen und sich vorzustellen, was daraus in 100 Jahren werden wird. In späteren Kapitel werde ich besonders auf die Argumente einiger der besser bekannten Auguren der Roboter-Cyber-Zukunft wie Hans Moravec und Ray Kurzweil eingehen.

Unser Mönch in Irland im Jahr 1000 hätte eine ziemlich sichere Vorhersage treffen können, dass sich technisch bis zum Jahr 1010 oder sogar 1050 nicht viel verändern würde. Und er hätte Recht gehabt. Wir leben heute in einer Zeit des sehr schnellen technologischen Wandels, wenn auch vielleicht aus keinem anderen Grund, als dass mehr als die Hälfte aller Wissenschaftler und Ingenieure der gesamten Weltgeschichte in der Gegenwart leben und arbeiten. Neue, umwälzende Technologien kommen in immer schnellerem Tempo auf uns zu.

Umwälzende Technologien sind solche, die einige der Regeln unseres sozialen Spiels grundlegend verändern. Napster, die Internet-Tauschbörse für Musik, ist ein gutes Beispiel. Sie stellt den gesamten Musikvertrieb auf den Kopf. Und erinnern wir uns daran, dass unser Musikvertrieb ein altehrwürdiges Modell war, das nun schon seit über einem halben Jahrhundert Bestand hat. Umwälzende Technologien haben keinen Respekt vor alten Traditionen und Praktiken. Und wir können erwarten, dass sie immer häufiger über unser Leben hereinbrechen.

Daher glaube ich, dass es dumm, arrogant und unklug wäre, die Zukunft sehr weit vorhersagen zu wollen. Jeder, der es versucht, ist zum Scheitern verurteilt. Daher werde ich nicht versuchen, die Zukunft unseres Lebens mit Robotern über eine bloße Hand voll von Jahren hinaus vorherzusagen – zumindest nicht in diesem Kapitel. Später werde ich über einige Trends spekulieren und Vermutungen anstellen, in welchen Bereichen es neue umwälzende Technologien geben könnte. Aber in diesem Kapitel möchte ich mir die neuen Technologien vornehmen, die ich bereits in diesem Buch vorgestellt habe, und darüber nachdenken, wie sie in den nächsten Jahren unser Leben verändern könnten. Tatsächlich schleichen sich diese Technologien bereits schon jetzt heimlich in unser tägliches Leben ein, sodass wir uns durchaus ausmalen können, wohin sie uns zumindest in der nahen Zukunft führen werden.

Intelligente Wesen

Technologien künstlicher Intelligenz haben sich in unser Leben geschlichen, ohne dass wir es bemerkt haben.

Die automatische Übersetzung von einer Sprache in die andere war ein frühes Ziel der KI-Forschung. Es war ein schönes Feld, um zu zeigen, dass ein Computerprogramm Sprache wirklich verstehen kann, weil es eine Aufgabe war, die nicht erforderte, dass die Maschine irgendetwas Physisches tat oder Zugriff auf eine große Datenbank hatte. Beides war in den frühen Tagen der Computer schwer zu erreichen. Ein Programm, das einen Eingabesatz auf einer Lochkarte in einer Sprache annahm und einen Ausgabesatz auf einem Drucker in einer anderen Sprache produzierte, war verlockend. Außerdem verhieß dieses Arbeitsfeld staatliche Mittel, da der Staat daran interessiert war, ausländische Geheimdienstinformationen automatisch zu entschlüsseln oder, wie im Fall Kanadas, einen leichten Weg zu finden, um Übersetzungen von Dokumenten in mehreren Amtssprachen anzufertigen. Die Übersetzung von Sprachen erwies sich als schwerer, als ursprünglich angenommen. Es reichte nicht aus, einfach ein Wort durch ein anderes zu ersetzen, wie das französische »main« durch das englische »hand«, und dann den Grammatikregeln der beiden Sprachen zu folgen, um die richtige Satzstellung zu erreichen. Das englische »Give me a hand« zum Beispiel ist ein idiomatischer Ausdruck, mit dem man um die Hilfe eines anderen bittet. Wort für Wort ins Französische oder Deutsche übertragen, ließe sich der Satz wohl nur in einer schwierigen Situation beim Bergsteigen oder in einer Prothesenfabrik verwenden. Selbst wo der Kontext klarer ist, muss man für eine genaue Übersetzung häufig die Kultur und Sitten eines Landes verstehen.

An diesem Problem wird nun schon seit 40 Jahren gearbeitet, und es gibt tatsächlich einige Fortschritte. Bei mir zu Hause benutzen wir eine Internetseite, um Anweisungen an unsere Haushälterin zu übersetzen. Wir sprechen kein Portugiesisch und sie kein Englisch. Wir müssen unsere Sätze einfach und verständlich halten. Wir lassen sie dann ins Portugiesische übersetzen und wieder zurück ins Englische, um sicherzustellen, dass im Portugiesischen die richtige Bedeutung getroffen wurde. Es ist jedoch ein funktionsfähiges System, und die KI-Programme, die dies leisten, verwenden eine große Menge Wissen, um in beeindruckend großen Feldern akkurate Übertragungen sicherzustellen.

Die gleichen Technologien setzen sich langsam bei Web-Suchmaschinen durch. In den frühen Tagen des World Wide Web, also vor vier bis fünf Jahren, beruhte die Suche weitgehend auf Schlüsselwörtern. Man bekam meist Tausende von Treffern, von denen die meisten völlig irrelevant waren. In der modernen Welt des Web tippt man die Fragen nun schon häufig in Satzform ein, die Suchmaschinen leiten daraus semantische Bedeutungen ab und finden eine limitiertere, aber zumeist hilfreichere Anzahl von Treffern. Es gibt zwar immer noch viele falsche Treffer, aber nach meiner Erfahrung findet man mit diesen Systemen wenigstens ein Dokument, das die richtige Antwort enthält.

Aber Sprachübersetzung und -verständnis sind nur ein Teil der künstlichen Intelligenz. Flugreisen werden immer unangenehmer. Die Flughäfen platzen aus allen Nähten, auf den Zufahrtsstraßen bilden sich ständig Staus. Dieser Trend wird sich fortsetzen. Mit den steigenden Fluggastzahlen gibt es mehr Flüge, und häufig werden wir von der Bodenkontrolle unseres Bestimmungsortes aufgehalten, noch bevor wir überhaupt abgehoben haben. Sobald wir jedoch den Bestimmungsflughafen erreicht haben, muss unser Flugzeug nur relativ selten auf einen freien Flugsteig warten. Die meisten Flugsteige werden heute mithilfe von KI-Systemen belegt, die ständig die Zuweisungen auf den neuesten Stand bringen, basierend auf der Information, wo alle anderen Flüge sind, welche Passagiere welchen Anschlussflug erreichen müssen, welche Ausstattung verfügbar ist und ob die neue Besatzung für den fraglichen Flug einsatzbereit ist.

Wenn wir eine Hypothek aufnehmen wollen, besonders über das Internet oder Telefon, werden wir sehr wahrscheinlich mithilfe eines KI-Programms, einem neuronalen Netzwerk, auf unsere Eignung überprüft. Solche neuronalen Netzwerke werden an Tausenden von Fällen von guten und faulen Hypotheken geschult. Aus dieser Erfahrung entwickeln sie eine mathematische Zerlegungsfunktion, die nach allen Parametern des neuen Antragstellers (zum Beispiel Gehalt, Dauer der Anstellung, Familienstand, Zahl der Kinder und so weiter) den Bewerber als gut oder schlecht klassifiziert. Obwohl sie nicht alle vorangehenden Fälle gespeichert haben, versuchen diese Programme aus der zusammengefassten Erfahrung der Vergangenheit zu erkennen, ob der neue Antragsteller wahrscheinlich ein guter oder ein riskanter Hypothekennehmer ist.

All dies sind Beispiele für KI-Technologie, aber es handelt sich dabei nicht um intelligente Wesen. Sie haben keine kontinuierliche Existenz, die in den Fluss der Zeit eingebettet ist. Sie sind nicht situiert. Es handelt sich vielmehr um Verfahrensweisen, die auf eine gegebene Datenmenge angewandt werden und ein Ergebnis erbringen – so wie ein Verfahren zur Ziehung der Quadratwurzel, das die Eingabe 9 oder 700 569 erhält und 3 beziehungsweise 837 als Ergebnis liefert.

Seit kurzem treten jedoch die ersten realen Wesen mit einer langfristigeren, wenn auch noch zarten Existenz in unser alltägliches Leben. Es sind nur sehr schwache Kreaturen, aber es sind die Vorläufer von Wesen, die bald in unser aller Lebensraum entlassen werden.

Die Büroklammer, die als Hilfsfunktion von Microsoft Word auf dem Schirm auftaucht, ist eine KI-Anwendung, die Eric Horovitz und andere auf der Grundlage ihrer Doktorarbeit an der Universität Stanford entwickelten. Die Büroklammer errät häufig überraschend intelligent, was wir zu tun versuchen, wenn unser afrikanisches Savannengehirn unsere Finger dazu bewegen will, schöne und von Herzen kommende Manuskripte abzufassen.

Das Herz der Videospiele, die wir oder unsere Kinder spielen, ist fast immer eine KI-Maschine, welche die internen Agenten ihrer virtuellen Welt in würdige Gegner für uns verwandelt. Diese Agenten müssen nicht »sehen«, wie wir sehen, da die Programmierer ihnen auf direktem Weg Zugang zum Zustand der gesamten virtuellen Welt geben, die wir Menschen uns nur durch die visuelle Darstellung auf dem Bildschirm erschließen können. Aber selbst wenn man ihre Leistungsfähigkeit aufgrund dieser unfairen Ausgangsbedingungen bewusst vermindert, sind diese Agenten häufig viel besser als wir. Wenn sie ihre volle Leistung bringen, können sie uns gewöhnlich schlagen. Nicht nur im Schach sind Maschinen besser als wir, sondern in allen Videospielen, die aus den Software-Schmieden der Welt ständig auf den Markt kommen.

Wenn wir uns jüngere Kinofilme mit animierten Massenszenen anschauen, finden sich darin häufig intelligente Agenten, jeder mit einem grafischen Atavar, die alle mit ihren Nachbarn interagieren. Manchmal sind die Atavare Tiere in der afrikanischen Savanne, manchmal ein Gewimmel von Ameisen oder ein Vogelschwarm. Die Agenten haben eine sehr kurze Lebensspanne während der Animationsphase des Films, jeder von ihnen wurde individuell simuliert und mit einer simulierten Uhr ausgestattet, die ablief, während die Agenten das Verhalten ihrer Nachbarn erkannten und ihr eigenes darauf abstimmten.

Mitte bis Ende der neunziger Jahre gab es besonders unter Mädchen einen Hype um kleine Spielzeuge mit drei Knöpfen und einem zentimetergroßen LCD-Display. Die Originale hießen Tamagotchis, aber es gab viele andere Versionen aus Fernost, die Kapital aus diesem Hype schlugen. Ein Tamagotchi begann auf diesem kleinen Bildschirm als Baby. Er brauchte Fürsorge und Nahrung, wofür man über die Knöpfe sorgen konnte, mit denen man aus Bildmenüs angemessene virtuelle Handlungen auswählte. Die Tamagotchis hatten verschiedene Bedürfnisse, um im Gleichgewicht zu bleiben. Wenn der Eigentümer aufmerksam genug war und sie befriedigt wurden, wuchsen und entwickelten sie sich wochenlang weiter. Aber wehe, der Besitzer trug sein Haustier nicht die ganze Zeit mit sich herum. Wenn man den Bedürfnissen des Wesens nicht entsprechend nachkam, konnte die Sache schief gehen und es starb. In Japan war es damit um das Spielzeug geschehen. War es einmal tot, konnte es nicht wieder belebt werden. In westlichen Ländern dagegen hatten die Tamagotchis eine Resetmöglichkeit – und man konnte von neuem beginnen. »Du hast dein Haustier sterben lassen? Oh – na gut, hier hast du ein neues.«

Ende 1998 gab es ein brandneues Spielzeug, das zuerst die USA, dann den übrigen Westen und Asien eroberte. Es hieß »Furby« und war von Tiger Electronics entwickelt worden. Nachdem der zweitgrößte Spielzeughersteller der Welt, Hasbro, es im Februar 1998 auf der Spielzeugmesse in New York gesehen hatte, entschloss er sich, Tiger zu kaufen. Wie sich herausstellte, eine gute Investition. Furby wurde zu einem der größten Erfolge auf dem Spielzeugmarkt in den letzten Jahren.

Furby ist das erste körperhafte Wesen mit einem dauerhaften Eigenleben, das in unsere Haushalte kam. Er ist ein Roboter – allerdings nur mit minimaler Aktionsfähigkeit – in Gestalt eines kleinen Kobolds von Puppengröße, jeder einzigartig. Er kann Augen und Mund öffnen und schließen und hin- und herwippen. Er verfügt über eine große Bandbreite von Lauten, die nach dem Zufallsprinzip abgespielt werden, sodass er immer wieder in einer anderen Stimmung zu sein scheint. Er hat eine Hand voll Sensoren, die um seinen Körper verteilt sind. Durch sie erhält das innen ablaufende Programm eine vage Idee, wie mit ihm gespielt wird. Er hat zudem eine Infrarot-Kommunikationsverbindung in der Stirn. Wenn zwei Furbys einander gegenübergestellt werden, beginnen sie mit einer sich abwechselnden Unterhaltung und anderen synchronisierten Aktivitäten.

Ein Furby reagiert häufig, aber nicht immer auf die Art, wie mit ihm gespielt wird. Er fällt in bestimmte Modi oder spielt »Spiele«. Er scheint ohne Zweifel eine eigene Persönlichkeit zu haben. Genau wie die Farbgebung fällt nämlich auch die Persönlichkeit von Furby zu Furby unterschiedlich aus. Erreicht wurde das, indem man in der Steuerung jedes Exemplars ein paar Bits willkürlich setzte. Äußerlich drücken sich die unterschiedlichen Charaktertypen durch größere Schlafneigung oder Erregbarkeit aus, wenn jemand mit dem Spielzeug spielt. Außerdem verändert sich jeder Furby mit der Zeit merklich, sowohl im Verhalten wie bei den geäußerten Wörtern. Mit der Zeit kann er immer mehr Wörter. Die Werbung vermittelte den Eindruck, dass Furby die Sprache lernt, indem er seinem Besitzer zuhört. Tatsächlich geschieht aber etwas anderes: Es gibt eine interne Uhr, die misst, wie lange das Spielzeug schon in Betrieb ist. Dieses Verhalten und die Werbung reichen aus, um viele Besitzer davon zu überzeugen, dass Furby tatsächlich lernt. Es reichte außerdem, um in den US-Geheimdiensten das Verbot zu erwirken, das Spielzeug mit zur Arbeit zu bringen. Es wurde befürchtet, dass Furbys sensible Gespräche belauschen und die Information zu einem späteren Zeitpunkt wie ein Papagei wieder ausplappern könnten. Diese Befürchtung war völlig unbegründet.

Vor ein paar Jahren gründete Dr. Doi für die Sony Corporation das D21-Labor (heute das Digital Creature Laboratory). Als Erstes gab er seinen Ingenieuren die Aufgabe, die Fähigkeiten des Roboters Genghis nachzubauen, den wir in Kapitel 3 kennen gelernt haben. Dr. Doi heuerte meinen Studenten Juan Velásquez an, um an einem emotionalen System für einen neuen hundeartigen Roboter zu arbeiten. Dieser Roboter ist ein Nachfahre von Genghis, aber er hat nun vier Beine statt sechs, und jedes dieser Beine ist in sich beweglich, nicht steif wie die von Genghis. Es sind sehr beeindruckende elektromechanische Geräte, und den Sony-Ingenieuren ist es gelungen, sie lebensähnlich gehen zu lassen. Juan fiel es zu, ein emotionales Modell für ihr Innenleben zu entwickeln.

1999 brachte Sony schließlich diesen AIBO genannten neuen Roboterhund auf den Markt. Durch kluges Marketing und begrenzte Stückzahlen konnte die Firma innerhalb von 20 Minuten ein paar Tausend in Japan verkaufen, in den USA brauchten sie ein paar Minuten länger dafür. Sehr beeindruckend für ein »Spielzeug« für 2 500 Euro, das nicht viel macht. AIBO ist ein vierbeiniger Hund mit einem beweglichen Kopf und einem wackelnden Schwanz. Er verfügt über Bilderkennung und einen leistungsstarken Prozessor. Der Hund zeigt einige Grundstimmungen, sitzt, geht und jagt Bällen hinterher. Er ist wie ein mechanisches Haustier, wenn auch nicht wirklich lieb. Ich glaube, dass er wesentlich besser geworden wäre, wenn Juan bei Sony geblieben wäre.

Die AIBOs von Sony wurden hauptsächlich von solchen Leuten gekauft, die immer das neueste technologische Spielzeug vor allen anderen haben wollen. Häufig waren es die Eltern, weniger die Kinder, die hinter dem Kauf standen. Es gibt für die Besitzer die Möglichkeit, ihre Hunde zu programmieren, was sie bei einigen Hobbyfreunden sehr beliebt gemacht hat. Aber interessanter ist sicher, wie der Roboterhund von vielen jener Besitzer gesehen wird, die ihre AIBOs nicht selbst programmieren.

Hier ist ein Auszug aus einer der wichtigsten Internetseiten für AIBO-Besitzer zur Frage, ob »ihr Hund« Gesichtserkennungs-Software hat:

> Sony gibt an, dass AIBO keine Gesichter erkennen kann, aber sie denken für die Zukunft darüber nach. AIBO scheint Menschen, besonders seinen Besitzer, zu erkennen. Die meisten Besitzer werden Ihnen sagen, dass ihr Hund sie erkennt, wenn er sie anschaut. Es stimmt wahrscheinlich, dass Sony keine Software zur Gesichtserkennung eingebaut hat, aber trotzdem ist sein visuelles System und seine KI irgendwie in der Lage, neue Formen zu erkennen und zu lernen. Es scheint logisch, dass dazu auch eine Form gehört, die er häufig sieht, wie das Gesicht seines Besitzers.

Natürlich kann AIBO keine Gesichter erkennen, und Sony hat dies auch erklärt, aber den Besitzern gefällt die Idee, dass ihr Hund sie erkennt. Daher haben sie eine eigene Erklärung dafür gefunden, wie AIBO wahrscheinlich doch in der Lage ist, Gesichter zu erkennen – besonders das ihres Besitzers. Das Gleiche gilt für die Spracherkennung.

Sony erklärt, dass AIBO keine Spracherkennung hat, aber wie bei der Gesichtserkennung wird dieses Merkmal für die Zukunft erwogen. AIBO ähnelt realen Hunden stark darin, dass er kein Englisch, Japanisch oder andere menschliche Sprachen verstehen kann. Aber wie bei der Gesichts- und Formerkennung ist er auch hier in der Lage, grundlegende Laute mit gewünschten Aktionen zu verbinden, wenn er richtig trainiert wird. Mehrere Besitzer haben berichtet, dass sie ihren Hund darauf trainiert haben, auf bestimmte Befehle zu reagieren, auch auf Befehle von einer oder der anderen Seite (rechts oder links), da er ein Stereogehör hat.

Wieder wünschen sich die Besitzer sehnlichst, dass ihr Hund sie versteht. Obwohl Sony das Gegenteil behauptet, glauben sie, dass die AIBOs doch so viel verstehen können, um Befehle zu lernen. Sowohl die Gesichts- als auch die Stimmerkennung werden von den Besitzern in die Roboterhunde hineinprojiziert, und das sollte uns überhaupt nicht überraschen. Wir alle projizieren wahrscheinlich auch ein bisschen zu viel Intelligenz in unsere Hunde aus Fleisch und Blut. Das erklärt teilweise unsere große Zuneigung zu ihnen. Manchmal projizieren wir auch zu viel Intelligenz in unsere Kinder. Es ist daher nur natürlich, dass wir das Gleiche mit unseren Roboter-Gefährten tun. Wir überbetonen das Menschliche an ihnen, damit sie uns ähnlicher werden. Zumindest in unserem Geist – und das ist schließlich alles, worauf es ankommt.

Spielzeuge wie die AIBOs sind Vorläufer intelligenter Wesen, die unsere Welt immer mehr bevölkern werden. Aber welche wirklichen Probleme treiben den Bau solcher Spielzeuge voran?

Das Leben eines Spielzeugs

Zu Weihnachten 2000 waren interaktive Puppen das Spielzeug der Saison. Sie wurden von manchen als »gedopte Furbies« bezeichnet, da sie die Fähigkeiten der Furbys auf eine neue Stufe hoben. Ich war maßgeblich an der Entwicklung eines dieser Spielzeuge, »My Real Baby«, beteiligt, das Hasbro vermarktete.

Um 1995 hatten Colin Angle, Chuck Rosenberg und ich in unserer Firma iRobot einen Roboter mit einem Gesicht gebaut. Wir nannten ihn IT, eine Abkürzung vielleicht für »Interaktive Technologie«. In mancher Hinsicht war IT der Vorläufer von Kismet, obwohl das Entwicklungsziel hier nicht so sehr darin bestand, ein psychologisch glaubwürdiges Wesen zu bauen. IT hatte Augenbrauen, bewegliche »Augen« mit eingebauten Infrarotsensoren, bewegliche Lippen und einen drehbaren Nacken. Ich programmierte ein einfaches emotionales System für den Roboter und ein paar Gesichtsausdrücke, die sich kombinieren ließen, um IT die Fähigkeit zu geben, seinen inneren Zustand auszudrücken. Chuck schrieb schnell für ihn ein paar einfache Verhaltensweisen, zum Beispiel »in die Kamera lächeln« (nachdem das Foto geschossen war und er den Blitz wahrgenommen hatte) sowie eine Rückzugsreaktion, wenn Menschen ihm zu nahe kamen.

Dieses Testgerät überzeugte Colin und mich, dass emotional ausdrucksfähige Spielzeuge zu einem bezahlbaren Preis möglich waren. Wie sich aber dann herausstellte, wussten wir noch nicht genug über Spielzeug.

Wir wurden eine Zeit lang von ein paar Investoren abgelenkt, die noch weniger von Spielzeug verstanden als wir, aber schließlich beschlossen wir, eine emotionale ausdrucksfähige Babypuppe zu bauen. Wir verpflichteten Chi Won, einen meisterhaften mechanischen Ingenieur unserer Firma, und von Ende 1996 bis Anfang 1997 konstruierten wir zu dritt »Bit« oder »Baby IT«.

Bit hatte einen passiven Körper wie eine konventionelle Stoffpuppe. Aber ihr Kopf war etwas Besonderes. Chi entwickelte eine bemerkenswerte Vorrichtung aus Plastiknocken und -hebeln, die von fünf billigen Motoren angetrieben wurde. Dieser Mechanismus wurde mit einem Gummigesicht verkleidet. Chi verbrachte Wochen damit, eine künstliche Haut mit den richtigen mechanischen Eigenschaften zu finden, damit sich, wenn sich die Hebel bewegten, dass Gesicht lebensähnlich verformte. Bit konnte lächeln, die Stirn runzeln, sein Gesicht wie zum Weinen verziehen, mit hoch gezogenen Augenbrauen überrascht, verängstigt und wütend aussehen. All dies mit nur fünf billigen Motoren. Wir waren sehr stolz auf uns. Chi verwendete auch einige Plastikteile aus anderem Spielzeug, nicht, weil er sie nicht selbst hätte entwerfen und bauen können, sondern weil wir sichergehen wollten, dass unser Spielzeug mit Spielzeugteilen von Standardqualität funktionierte. Da waren wir noch stolzer auf uns.

Colin und ich arbeiteten an der Elektronik und der Software. Wir benutzten einen Mikroprozessor, von dem wir wussten, dass er in großen Mengen weniger als zehn Euro kosten würde, und programmierten ihn in einer Sprache, die ich für verhaltensbasierte Roboter in den Tagen von Genghis entwickelt hatte. Wir programmierten ein emotionales Modell, damit die Puppe die vielen verschiedenen Gefühle haben konnte, die sich in ihrem Gesicht ausdrückten. Einer der Ingenieure bei iRobot nahm Geräusche seines Babys auf, die wir auf einen Nur-Lese-Speicher (ROM) im Prozessor brannten, damit wir jederzeit Schnipsel davon abspielen konnten. Wir wählten einige sehr billige Sensoren, die wir in Bits Körper und unter ihrer Kleidung anbrachten. Dann schrieben Colin und ich einen ausgefeilten Code, der interpretieren sollte, was die unterschiedlichen Signale über die Art aussagten, wie mit Bit gespielt wurde. Ein kleines Kästchen mit einer beweglichen Kugel gab der Software Hinweise darüber, ob Bit sanft gewiegt, heftig geschüttelt oder sogar mit dem Kopf nach unten gehalten wurde. Magnetische Sensoren in Bits Mund sagten uns, ob ihre Flasche mit dem magnetisierten Schnuller in ihrem Mund war. Lichtsensoren unter den Oberkleidern erlaubten uns zu entscheiden, ob die Puppe geherzt oder gekitzelt wurde, und mit einem Mikrofon konnten wir die hohen Stimmen kleiner Kinder und die tiefen der Erwachsenen unterscheiden.

Schließlich hatten wir eine Puppe, die sehr lebensecht war, viel mehr als jede, die damals auf dem Markt war. Wir versuchten, das Verhalten eines wirklichen Babys so gut wie möglich nachzuahmen. Wenn unser Baby weinte, tat es dies so lange, bis jemand es beruhigte oder es schließlich nach minutenlangem herzerweichendem Schreien einschlief. Wenn Bit in irgendeiner Weise schlecht behandelt wurde, zum Beispiel, indem man sie auf den Kopf drehte, weinte sie sehr. Wenn sie dann jemand auf dem Knie hüpfen ließ, weinte sie noch mehr, aber wenn das Gleiche in glücklichem Zustand geschah, wurde sie noch aufgeregter, kicherte und lachte, bis sie schließlich übermüde wurde und zu weinen begann. Wenn Bit hungrig war, blieb sie hungrig, bis man ihr etwas zu essen gab. Sie verhielt sich ganz ähnlich wie ein wirkliches Baby.

Da wir Bit entwickelten, bevor die Furbys auf den Markt kamen, dachten wir, etwas wirklich Neues zu haben, und tatsächlich war Bit viel fortschrittlicher als ein Furby.

Colin und ich wussten nicht genug über Spielzeug, um zu erkennen, dass wir nicht in der Lage wären, ein solches Spielzeug selbst zu produzieren, zu vermarkten und zu verkaufen. In den Jahren zuvor hatte ich mit einem kanadischen Freund, Takashi Gomi, bei japanischen Spielzeugfirmen die Runde gemacht. Wir hatten versucht, ihnen die Idee von verhaltensbasiertem Roboterspielzeug schmackhaft zu machen, konnten aber keinen Prototyp vorweisen.

Jetzt hatten Colin und ich einen Prototyp, den wir präsentieren konnten. Tatsächlich hatten wir zwei – der Zweite war ein sprechender, sich selbst lenkender Ball, der viel von der Technologie enthielt, die wir für die Puppe entwickelt hatten. Also machten wir uns auf den Weg, um unsere Entwicklung US-Spielzeugfirmen zu verkaufen. Jetzt bekamen wir eine Lehre erteilt.

Als Erstes entdeckten wir, dass es für eine Puppe einen erwarteten Höchstpreis gibt, der weit unter den Kosten allein für die Teile unserer Puppe lag, ganz zu schweigen von Herstellung, Verpackung, Versand, Vertrieb, Marketing und den Gewinnen aller Beteiligten, einschließlich unserer eigenen. Der Prozentsatz, der in all dies floss, überraschte uns, und als uns klar wurde, dass die Kosten der Teile nur etwa sechs Prozent des Verkaufspreises ausmachen sollten, wussten wir, dass wir ein Problem hatten. Trotz all unseres Stolzes auf die kostengünstigen Mechanismen, Sensoren und den Prozessor waren wir immer noch um einen Faktor 20 vom Sollwert entfernt. Wie würden wir diese Hürde jemals überwinden können? Eine Kosteneinsparung um den Faktor 20 ist keine Kleinigkeit.

Zweitens entdeckten wir, dass es nicht unbedingt ein Vorzug war, eine Menge neuer Eigenschaften anbieten zu können Als wir den Prototyp den Spielzeugfirmen zeigten, bekamen wir häufig enthusiastische Reaktionen. Dann fingen sie an zu zählen, wie viele neue Merkmale die Puppe hatte: fünf, sechs, zehn, je nachdem was sie als interessant betrachteten. Und dann überraschte uns die Botschaft: »Wir können es unmöglich mit mehr als einem dieser neuen Merkmale machen. Das ist alles, was man braucht, um eine neue Puppe zu verkaufen. Außerdem hat man nur 30 Sekunden in einer Werbesendung. In 30 Sekunden kann man nicht mehr als eine neue Idee vermitteln, deshalb ist alles andere Verschwendung.«

Mitte 1997 flog ich nach Taipeh, um mich mit ein paar Vertretern sehr kleiner Spielzeugfirmen zu treffen und mir ein paar Tipps für die preisgünstige Herstellung von Spielzeug zu holen. Einer der Vertreter, die ich besuchte, war ein Engländer Anfang 60, der seit vielen Jahren einfaches Spielzeug, einiges davon mit eingebauten Sprachchips, herstellte. Ich begleitete ihn ein paar Tage, während er seine Geschäfte machte. Ich sah ihn nie an einem Schreibtisch: Er hielt an einem Tisch in einem Konferenzraum Hof, umgeben von dem Spielzeug, das er gegenwärtig auf der ganzen Welt verkaufte. Kein Papier, kein Taschenrechner, keine Kalkulationstabellen, nur er und sein Kopf. Die Leute kamen in sein Büro, plauderten ein paar Minuten mit ihm und gingen wieder. Einige brachten Prototypteile seiner eigenen Tamagotchi-Version mit. Er hatte jemanden in Hongkong angeheuert, der für ein paar Tausend Dollar die Software dafür schrieb. Wir plauderten ab und zu über die Erfolgsaussichten der Tamagotchis. Ich hatte keine Ahnung, äußerte mich aber optimistisch. Am dritten Tag kamen wir wieder ins Plaudern und er sagte mir, dass er seine Entscheidung getroffen habe. Er wollte acht Millionen Tamagotchis bauen. Acht Millionen!

Ich war verblüfft und fragte mich, wie viel Geld ihn mein Enthusiasmus kosten würde, als er begann, die Zulieferer anzurufen. Zuerst rief er den Zulieferer für die eigens angefertigten LCD-Schirme an. Sie waren am schwierigsten zu bekommen und daher musste er als Erstes prüfen, welche Zuliefermöglichkeiten bestanden. Ich hörte nur den einen Teil der Unterhaltung, aber nach dem, was ich verstand, sagte man ihm, wie viel er zu welchen Terminen erhalten konnte. Keine Notizen, keine Aufzeichnungen. Er plauderte einfach eine Weile. Der Nächste, den er anrief, sollte die Plastikgehäuse bauen. »Was soll das heißen, vier Cent pro Stück? Ich kann mir nicht mehr als dreieinhalb Cent pro Stück leisten!« Es wurde ein bisschen hin- und hergeschrien, dann war das Geschäft perfekt und ein Zulieferungsplan für acht Millionen Plastikgehäuse zu je dreieinhalb Cents unter Dach und Fach. Und so ging es weiter: Er hakte die ganze Liste der benötigten Komponenten ab (alles im Kopf). Dann rief er die Leute an, die er auf der ganzen Welt belieferte. Frankreich: »Ich liefere 200 000 Einheiten am 8. Oktober, weitere 200 000 einen Monat später.« Keine Kalkulationstabelle in Sicht. Ich konnte mir lebhaft die hysterischen Anfälle vorstellen, die ein Absolvent der Harvard Business School an diesem Punkt gehabt hätte. Das war schon eine etwas andere Welt, als ich sie gewöhnt war.

Vor meinem Ausflug in die Produktionswelt Ostasiens war unser Mut nach unseren Sondierungsgesprächen mit US-Spielzeugfirmen etwas gesunken. Aber jetzt hatten wir in Taiwan einige gute Kontakte gemacht und erfahren, wer billige Chips baute. Wir wussten, nach welcher Art billigster Mikroprozessoren wir Ausschau halten mussten. Wir hatten herausbekommen, wie wir an 20-Cent-Prozessoren kamen, die ohne Gehäuse auf ihrem Silizium-Substrat saßen – sie wurden dann im Industriepark Hsin-Chu ein paar Stunden südlich von Taipeh für uns hergestellt. Wir hatten erfahren, dass diese Chips niemals regulär versandt wurden, sondern mit Boten über Hongkong nach Südchina gebracht werden mussten, wo sie direkt auf die Leiterplatten gelötet wurden – keine ordentlichen kleinen Chips, die aussehen wie mehrfüßige Insekten, denn das hätte die Herstellungskosten um Pfennige erhöht. Und wir hatten erfahren, wie wir den »Plüsch«, die weichen Teile des Spielzeugs, woanders herstellen lassen konnten, um sie dann in den relativ hoch entwickelten Teilen Chinas mit der Elektronik zusammenbauen zu lassen.

So stellt man heute auf der Welt Elektronikspielzeug her. Alles andere wäre nicht konkurrenzfähig. Wir mussten uns mit der Herstellungslogistik im Fernen Osten abfinden oder unsere Träume von einem verhaltensbasierten Roboterspielzeug als Massenprodukt aufgeben.

Ende 1998 hatten wir mit Hasbro eine Übereinkunft erzielt. Unsere Firma iRobot würde Spielzeugideen und Prototypen dazu entwickeln, während Hasbro Herstellung und Vertrieb übernahm. Wir begannen mit Dutzenden von Vorschlägen, aber bald einigten wir uns darauf, eine Version von Bit zu bauen, die den richtigen Preis hatte. Die Einhaltung des Preisrahmens erforderte viele Anpassungen und technische Innovationen. Hasbro musste ebenfalls seine Vorstellungen nicht unwesentlich ändern, da »My Real Baby«, wie der Roboter jetzt hieß, selbst mit radikalen Preissenkungsmaßnahmen teurer werden würde, als der Markt aller Erfahrung nach hergibt. Glücklicherweise ging Colin und mir diese Erfahrung völlig ab.

Wir begannen mit der Arbeit an der Babypuppe Anfang 1999. Wir mussten unser Softwaresystem auf den winzigen Prozessoren lauffähig machen, die im Industriepark Hsin-Chu hergestellt werden sollten, und ein Team von Entwicklern für eine Software finden, die auf diesen billigen Chips mit nur ein paar hundert Bytes RAM laufen sollte, während sie sonst gewohnt waren, große Programme für Maschinen mit Dutzenden von Megabyte RAM zu schreiben. Wir mussten einen Weg finden, um die Funktionalität von Bits Gesicht zu bewahren, während wir die fünf Motoren auf einen reduzierten, und neue Sensoren entwickeln, die jeder weniger als einen Cent kosteten. Und wir mussten all dies in ein Produkt verwandeln, dass die Öffentlichkeit verstehen und schätzen würde. Zum ersten Mal würden wir einen Roboter für den Massenmarkt haben, statt einen, der nur in einem Forschungslabor lebte. Zum ersten Mal würden unsere Roboter mit Tausenden von realen Menschen in einem normalen Heim interagieren müssen, nicht mit Studenten, die sich für die Feinheiten der menschlichen Psychologie interessierten.

Das Verhalten von »My Real Baby« unterschied sich schließlich recht stark von Bit. Wir versuchten, aus der Puppe ein möglichst interessantes Spielzeug für Kinder zu machen. Sie musste deshalb weniger anspruchsvoll und pflegebedürftig sein, um sich für die Kinder nicht in eine Last zu verwandeln. Die Puppe hat ein internes emotionales Modell und weint manchmal, ist glücklich, hungrig oder sogar »virtuell feucht«. Aber anders als Bit besteht sie nicht darauf, dass sie zum Beispiel gefüttert wird, wenn sie hungrig ist. Gibt man ihrem Verlangen nach, ist sie schnell zufrieden und bittet vielleicht um mehr, wenn sie nicht genug bekommen hat. Nimmt man sie danach auf den Arm und streichelt ihren Rücken, macht sie vielleicht ein Bäuerchen. Füttert man sie dagegen nicht, kommt sie bald über ihren Hunger hinweg und ist bereit, jedes Spiel zu spielen, das die Kinder möchten.

Obwohl also »My Real Baby« ein Wesen in der Welt mit Wünschen und Bedürfnissen ist und eine fortdauernde Existenz hat, kann man die Puppe nicht mit einem realen Tier vergleichen. Das war eine bewusste Entscheidung, um den Kindern die Initiative beim Spielen zu überlassen, sodass sie ihren eignen Vorstellungen freien Lauf lassen können.

Das Gute an einer »virtuell feuchten« Windel ist übrigens, dass man sie auch nur virtuell, nicht tatsächlich wechseln muss. Die Puppe ist vollauf zufrieden, wenn man die Windel nur kurz abstreift und ihr dann erneut anzieht.

Als »My Real Baby« in der Vorweihnachtszeit 2000 in die Geschäfte kam, stellte sich heraus, dass an den Erfahrungswerten der Spielzeugin-

dustrie doch etwas dran war. Den Werbesendungen im Fernsehen gelang
es nicht, etwas von der Aufregung zu vermitteln, von der alle berichteten,
die eine dieser Puppen gekauft hatten. Es gab zu viele neue Eigenschaften, die Spots hielten sich zu sehr mit Details auf und wurden von einfacheren Puppen mit nur einem Trick im Ärmel geschlagen. Von den Roboterpuppen wurden mehr verkauft als von jedem anderen Roboter, den es
je gab, aber es war nicht ganz der Megahit, auf den wir gehofft hatten. Bis
Anfang 2001 waren jedoch alle großen Spielzeugfabriken zu der Überzeugung gelangt, dass Roboterpuppen in den kommenden Jahren der
große Verkaufsschlager sein werden. Wir haben einen neuen gehenden
Dinosaurier, ein ziemlich eigensinniges Gerät, der Mitte 2002 auf den
Markt kommen kann. Weitere Roboter sind auf dem Weg.

Computer in unserem Leben

Roboter folgen dem gleichen Weg, den die Computer gegan-
gen sind, nur 20 bis 25 Jahre später. Zuerst standen ein paar Computer in
den Forschungslaboratorien und wurden dann von der Industrie akzeptiert, wo sie immer noch hinter verschlossenen Türen und fern vom
Leben der normalen Menschen blieben – und genauso beobachten wir
das bei den Robotern. Computer hielten danach in Form von Spielen in
unser Heim Einzug, zuerst als einfache Videospiele wie Pingpong. Dann
begannen die ersten Bildschirmarbeiter sie für richtige Arbeiten zu nutzen. Schließlich machten massenwirksame Anwendungen wie E-Mail,
Instant Messaging und das World Wide Web Computer sie auch in den
privaten Haushalten allgegenwärtig.

Wenn die Parallele zwischen Computern und Robotern auch in der
Zukunft bestehen bleibt, können wir in den nächsten zehn bis 15 Jahren
massenwirksame Anwendungen für Roboter erwarten, die dann bis zum
Jahr 2020 in unserem alltäglichen Leben allgegenwärtig sein werden.

Roboter im Alltag

1958 entwickelte Joe Engelberger den Unimate, einen hydraulisch betriebenen Roboter, der nicht mehr war als ein großer, dummer Arm. Er ließ sich so einstellen, dass er sich von Ort zu Ort bewegte und eine Reihe von Bewegungen ausführte. Er konnte zum Beispiel seinen Greifer öffnen, etwas an einem Ort aufnehmen und an einem anderen ablegen oder einen an seiner »Hand« befestigten Punktschweißer bei verschiedenen Haltestationen aktivieren. Er war groß, stark und unglaublich stabil, sodass er sehr verlässlich arbeitete. Jedes Mal wenn er seine Bewegungen ausführte, gelangte er zu exakt denselben Stellen. Engelberger war ein fantastischer Verkäufer und er schaffte es, Autohersteller in Detroit zu überzeugen, dass es kosteneffektiv wäre, Roboter am Fließband einzusetzen. Er hatte Recht und bald tauchten seine und konkurrierende Roboter in den USA, Japan und Europa auf. Überall schossen Roboterhersteller wie Pilze aus dem Boden und bauten hydraulische Roboterarme.

Ein paar Forschungslabors begannen in den sechziger Jahren, elektronische Roboterarme zu konstruieren. Im Artificial Intelligence Laboratory (SAIL) in Stanford entstand ein Paar der so genannten »Stanford-Arme«. Sie eigneten sich gut für Forschungszwecke, waren aber zu eigenwillig für die reale Welt. 1971 verbrachte Victor Scheinman, ein Student der Elektromechanik am SAIL, ein Jahr im Artificial Intelligence Laboratory des MIT. Er entwickelte einen kleinen, elektrisch betriebenen Roboterarm von menschlicher Größe. Der Arm wirkte viel menschenähnlicher als seine Vorgänger, besaß eine erkennbare Schulter, einen Ellbogen und ein Handgelenk.

Als ich 1977 ans SAIL kam, hatte Victor eine Firma gegründet, um den »Vicarm« zu vermarkten, aber er wurde bald von Engelbergers Firma aufgekauft, die wiederum Westinghouse schluckte und als neue Abteilung integrierte. Dort wurde ein Arm von der doppelten Größe des Originals, aber mit dem gleichen Design entwickelt. Schließlich kaufte Kawasaki Heavy Industries diesen Geschäftszweig, und heute sind diese als PUMA-Roboter bekannten Maschinen die verbreitetsten elektronischen Arme auf der Welt. Viele andere Firmen in Japan und Europa stiegen ebenfalls in dieses Geschäft ein.

Heute sind große hydraulische und elektronische Roboterarme in der Autoherstellung unverzichtbar. Es sind gefährliche Maschinen. Sie nehmen kaum etwas von ihrer Umgebung wahr und bewegen sich mit ungeheurer Schnelligkeit und Kraft. Menschen müssen zu ihrer eigenen Sicherheit Abstand von Industrierobotern halten. Kleinere elektronische Roboter werden in der Chip-Herstellung eingesetzt. Dort haben Menschen keinen Zutritt, weil sie zu schmutzig sind und die Siliziumwafer kontaminieren, sofern sie nicht von Kopf bis Fuß besonders saubere Kleidung tragen, die Schuppen und andere menschliche Absonderungen zurückhalten. Das Ergebnis war das gleiche. Die Roboter wurden vor den Normalsterblichen weggeschlossen und nur die technische Priesterschaft darf sich ihnen nähern. Das war genau die Situation der Computer in den achtziger Jahren. Niemand bekam sie zu Gesicht, nur eine etwas verschrobene Elite arbeitete mit ihnen.

Anders als bei unseren frühen Computer gab es bei den Robotern jedoch noch eine andere Seite. Hollywood hatte sie zu Maschinen gemacht, die mit realen Menschen interagierten. Manchmal unterwarfen sie die Menschen, aber häufiger waren sie empfindende Wesen im Diorama des Lebens, wie in der Star-Wars-Trilogie. Die allgemeine Öffentlichkeit kannte Roboter aus solchen Darstellungen, hielt sie aber für Zukunftsmusik. Außerdem kannte man sie als hirnlose Maschinen, die manchmal Arbeitsplätze gefährdeten – obwohl es schwer sein dürfte, irgendjemanden auf der Welt zu finden, der seine Arbeitsstelle an einen Roboter verloren hat.

Colin Angle, Helen Greiner und ich wussten, dass wir keine Roboter bauen konnten, die den positiven oder negativen Erwartungen Hollywoods entsprechen würden. Aber uns wurde klar, dass es wichtig war, Roboterspielzeug zu bauen und auf den Massenmarkt zu bringen. Es würde schleichend die Haushalte erobern und zu viel preisgünstigeren Robotern führen, die für alle möglichen Anwendungen benutzt werden konnten. Welche Anwendungen das sind, welcher Massenmarkt für Roboter denkbar ist, das ist natürlich die große Preisfrage in der neuen technologischen Welt, in der wir leben.

Was sollte ein Roboter, abgesehen in Form von Spielzeug, bei uns zu Hause? Sie sind sicher keine große Hilfe, um Rezepte zu speichern oder die Steuererklärung zu schreiben – wir werden einer Meinung sein, dass unsere Computer das sehr gut für uns erledigen. Roboter wären höchstens im Haushalt nützlich, wenn sie physische Arbeiten für uns übernähmen oder wir ihre Mobilität in irgendeiner Weise nutzen könnten.

Vielleicht ist die häufigste Forderung an einen Heimroboter, dass er den Fußboden sauber macht. Die schwedische Firma Electrolux (und ihre amerikanische Tochter Eureka), die deutsche Firma Karcher, das britische Unternehmen Dyson, die japanische Firma Minolta und mein eigenes Unternehmen iRobot haben alle Prototypen für Hausreinigungsroboter gebaut, die in der ersten Hälfte dieses Jahrzehnts auf den Markt kommen sollen. Die große Frage ist, wie gut sie sauber machen und was sie kosten werden. Für die möglichen Endkunden wäre außerdem wichtig zu wissen, wie leicht sie zu bedienen sind.

Einen Reinigungsroboter für den Haushalt zu bauen, fasziniert die Roboterforscher schon lange. Die meisten haben sich nicht auf den Säuberungsmechanismus, sondern auf die Flächenabdeckung konzentriert. Wie kann ein Roboter verlässlich seinen Weg durch das Haus finden und den ganzen Fußboden putzen? Der allgemeine Gedanke war, dass der Roboter dazu einen Plan des Hauses haben und immer wissen müsste, wo er sich befindet, damit er weiß, wo er gewesen ist und wohin er als Nächstes muss. In den letzten Jahren haben Hersteller von Reinigungsrobotern diese Anforderung weitgehend unbeachtet gelassen. Es ist zu kompliziert, um kostengünstig zu sein. Die Ideen reichten von Sendern im ganzen Haus, damit die Roboter aus den Signalen ständig berechnen können, wo sie sich befinden, über ein dreidimensionales Sichtsystem an Bord, das ein vollständiges und präzises Abbild der Umgebung erstellt, bis hin zu Robotern, die genau aufzeichnen, wie weit sie sich in welche Richtung bewegt haben, um immer zu wissen, wo sie sind.

Keine dieser drei Ideen war in den achtziger Jahren praktikabel, und das gilt bis heute. Überall im Haus Sender zu installieren, wäre keine sehr praktische Idee. Die Sender könnten passive Reflektoren sein, die der Roboter aufspürt, wie Strichcodes an den Wänden oder kleine Schaltelemente, die keine Batterie brauchen, sondern auf die Radiowellen reagieren, die der Reinigungsroboter aussendet, während er sich den Weg durchs Haus bahnt. Die Sender könnten aber auch aktive Elemente sein, die in Steckdosen gesteckt oder mit Batterien betrieben werden, die ab und zu ausgewechselt werden müssen. Sofern nicht alle Häuser mit einer Art Sendersystem ausgestattet werden, so wie wir fest installierte Elektrizitäts- und Wasserversorgung erwarten, ist es aber unwahrscheinlich, dass es Heimroboter geben wird, die solche Systeme verwenden. Und selbst wenn neue Häuser mit installierten Sendern gebaut werden sollten, bleibt immer noch die große Mehrzahl unserer Gebäude ohne Senderausstattung. Als im späten 19. Jahrhundert das elektrische Licht eingeführt wurde, rüstete man die meisten Häuser über eine Spanne von 20 Jahren nach, um in jedem Zimmer Elektrizität zu haben. Elektrizität wurde eine zwingende Neuerung, und es bleibt abzuwarten, inwiefern dies auch für Roboter gilt.

Obwohl schon seit 35 Jahren daran gearbeitet wird, lassen die Leistungen dreidimensionaler Bilderkennungssysteme immer noch zu wünschen übrig. Es gibt einige Prototypen, die dreidimensionale Modelle davon erstellen, wo sich etwas befindet und wo nicht, aber die Ergebnisse ähneln dem Versuch, das Interieur eines Hauses mit faustgroßen oder größeren Lehmklumpen nachzubilden. Der modellierte Boden ist uneben und die grobschlächtigen Formen der Möbel und Türöffnungen machen es schon für einen Menschen schwer, sie zu erkennen, ganz zu schweigen von einem Bilderkennungssystem. Und selbst mit einem dreidimensionalen Modell bleibt das schwer lösbare Problem, wie man den Roboter zum Saubermachen bringen soll und wie er wissen kann, wo er schon gewesen ist.

Die letzte Idee, die zurückgelegten Wege aufzuzeichnen, basiert auf dem gleichen System wie der Kilometerzähler im Auto und wird als Odometrie bezeichnet. Für einen kleinen Innenraumroboter gibt es dabei zwei Probleme: Erstens ist es unmöglich, die genaue Orientierung des Roboters zu bestimmen, und selbst ein kleiner Fehler von, sagen wir, einem Grad führt bei einer Wegstrecke von drei Metern zu einer Abweichung von fünf Zentimetern. Bewegt sich der Roboter also fünf oder sechs Mal durch einen kleinen Raum, könnte er erheblich vom Kurs abkommen und nicht mehr wissen, wo er sich befindet – und dadurch kann er auch nicht mehr wissen, wo es schon sauber ist und wo nicht. Zweitens kann der Roboter nicht gut messen, wie weit er schon gefahren ist, da seine Räder je nach Beschaffenheit des Fußbodens unterschiedlichen Schlupf aufweisen. Jeder Roboter bewegt sich auf einem Kachelfußboden, einem Holzfußboden oder einem Teppich anders. Beim Teppich ist auch die Bewegungsrichtung entscheidend: Ob er sich mit oder gegen den Strich, also in oder gegen die Richtung der Fasern bewegt, macht einen Unterschied von zehn Prozent in der zurückgelegten Entfernung bei der gleichen Zahl von Radumdrehungen aus. Das bedeutet, dass unser Putzroboter bei einer Raumdurchquerung um eine Körperlänge im Unklaren ist, wo er sich im Raum befindet.

Soll der Roboter bezahlbar sein und keinen unverhältnismäßigen Installationsaufwand erfordern, muss man daher den Wunsch aufgeben, dass er immer genau wissen muss, wo er ist, zumindest so genau, dass er weiß, wo er schon sauber gemacht hat und wo nicht.

In den späten achtziger Jahren brüteten einige Wissenschaftler über einer neue Strategie. Lassen wir den Roboter einfach ziellos durchs Haus oder einen Raum fahren und auf seinem Weg sauber machen. Vielleicht säubert er den gleichen Fleck mehrere Male, aber schließlich wird er aufs Geratewohl das gesamte Zielgebiet abgedeckt haben.

Meine Forschergruppe im KI-Labor des MIT baute einen Staubsaugerprototyp namens »Sozzie«, um genau das zu tun. Er hatte außerdem zwei weitere Fähigkeiten.

Erstens brachten wir in der Saugröhre einen Laser im rechten Winkel zur Strömungsrichtung an, der misst, wie viel Licht durchkommt. Mehr Licht bedeutet, dass der Saugmechanismus weniger Schmutz zum Aufsaugen findet, während weniger Licht eine größere Menge aufgesaugten Schmutzes anzeigt. Nach dieser Information richtete sich, ob der Roboter in gerader Linie fahren würde oder stattdessen im Reinigungsgebiet mehr oder weniger umherschweifen würde. Auf diese Weise verbrachte Sozzie mehr Zeit in den schmutzigen Bereichen des Hauses und flitzte davon, wenn der Boden schon recht sauber war.

Zweitens konnte Sozzie sich selbst aufladen. Die Aufladestation hatte einen Infrarotsender, den Sozzie aufspüren konnte. Sozzie überwachte den Ladezustand der Batterien; war er niedrig und kam der Roboter an der Station vorbei, unterbrach er das Reinigen und fuhr geradewegs zur Ladestation. Es funktionierte ein bisschen wie bei den Schildkröten von Grey Walter, die wir in Kapitel 2 beschrieben haben. Diese Aufladestrategie stellte nicht vollständig sicher, dass Sozzie nie irgendwo im Haus mit leeren Batterien liegen blieb, denn er lud sich ja nur auf, wenn er zufällig an der Ladestation vorbeikam. Senkte man aber die Schwelle, wann er sich zum Aufladen entscheiden würde, verminderte sich die Wahrscheinlichkeit, dass er zwischen zwei Ladevorgängen liegen blieb.

Nach den guten Erfahrungen mit Sozzie kam ich auf die Idee, eine ganze Lebensgemeinschaft von Reinigungsrobotern zu schaffen, die alle in einem Haus lebten und arbeiteten. Sozzie saugte den Schmutz nur über die Breite seines Körper auf. Unser Staubsauger ist normalerweise mit einer langen Röhre und einem Saugaufsatz am Ende versehen, mit der man gut den Dreck unter dem Sofa und in den Raumecken erwischt. Ein Roboter wie Sozzie würde dagegen nie in alle Ecken und Winkel kommen. Für solche Orte wäre ein kleinerer besser geeignet, aber er hätte eine noch geringere Chance, rechtzeitig zu einer Ladestation zurückzufinden, an welcher der Eigentümer auch gelegentlich seinen Saugbeutel austauschen könnte.

Der herkömmliche Ansatz der Ingenieure wäre, den kleinen Reinigungsroboter leistungsstärker zu machen und mehr Technik auf geringerem Raum unterzubringen. Eine andere Lösung könnte sein, die Anforderungen an die Roboter zu überdenken und zu sehen, wohin das führt. Das dürfte der verheißungsvollste Ansatz für die echten Innovationen sein, die auf uns zukommen und unser Denken über Roboter verändern werden. Etwas Ähnliches geschah, als man aufhörte, Computer als Maschinen für mathematische Berechnungen zu betrachten und sie stattdessen als Datenspeicher und Kommunikationsmaschinen begriff.

Bei den Putzrobotern führte mich das zu der Überlegung, mehrere sehr kleine Roboter einzusetzen, um all die schwer zu erreichenden Ecken des Hauses sauber zu machen.

Ich stellte sie mir in der Größe eines Hockey-Pucks vor, die auf kleinen Beinchen langsam durch die Gegend schleichen. Nennen wir sie fürs Erste »Puckster«. Wie der Roboter Genghis würden sich die Puckster bei ihrer Navigation auf ihre physische Interaktion mit der Welt verlassen. Sie würden sich weiterbewegen, bis sie auf eine Wand stoßen, dann diese entlangkrabbeln, bis sie auf eine Raumecke stoßen. Dabei würden sie, vielleicht elektrostatisch, Schmutzpartikel aufnehmen und diese in ihrem Bauch lagern. In den Raumecken, die sie daran erkennen würden, dass sie vertikale Oberflächen sowohl vor als auch neben sich spüren, würden sie eine Weile bleiben und den Schmutz aufnehmen, der sich dort bevorzugt ansammelt. Wenn sie auf einen Stuhl stoßen und versuchen würden, ihm wie einer Wand zu folgen, würden sie bald erkennen, dass sie sich geirrt haben, und sich weiterbewegen, um nach einer richtigen Wand zu suchen. Ebenso würde ein Puckster, der sich an der Wand entlang bewegt, ab und zu »Wanderlust« bekommen und eine andere Richtung wählen.

Im Lauf der Zeit würden diese Puckster in alle Ecken des Hauses gelangen. Aufgrund ihrer geringen Größe wären sie sehr robust und würden auch einen Sturz von der Treppe überleben. Vielleicht könnten sie so programmiert werden, dass sie einen solchen Absturz erkennen und einfach am Treppenabsatz wie betäubt sitzen bleiben. Findet man dort einen abgestürzten Puckster am nächsten Tag, bringt man ihn einfach wieder nach oben und setzt ihn irgendwo auf dem Fußboden ab. Indem man die Puckster sich nur langsam fortbewegen lässt, ließe sich ihr Energieverbrauch so weit reduzieren, dass sie mit Solarzellen betrieben werden könnten. Die Zellen muss man auf und unter ihnen anbringen, damit sie auch weiterarbeiten können, wenn sie umkippen – warum sollten sich unsere kleinen Puckster darum kümmern, in welcher Lage sich ihr Körper befindet? Diese kleinen Roboter wären wirklich sehr langsam, vielleicht würden sie sich pro Tag nur ein paar Meter bewegen und sorgsam den Schmutz auflesen, der sie, wie sie glauben, umgibt. Ob es wirklich irgendwo Schutz gibt, ist irrelevant. Sie verhalten sich in jeder Situation in der gleichen Weise, setzen geduldig ihre Beinchen voreinander und fischen nach Schmutzpartikeln. Schließlich würden sie ihre Aufgabe jedoch erledigt haben. Wenn man sie billig produziert, könnte man gelegentlich ein oder zwei Puckster dazukaufen, je nachdem wie sauber man die Wohnung haben möchte.

Aber was sollen die Puckster mit ihrem Bauch voll Schmutz anfangen? Nun, sie könnten sich dabei auf die Lebensgemeinschaft künstlicher Wesen im Haus verlassen. Sie würden hören, wenn der große Staubsauger aktiv ist, dann ihre Aktivität einstellen und zu einem offenen, hellen Areal im Haus eilen, angezogen von intensiverem Licht. Wie bei einem Selbstmordlauf würden sie sämtliche Energie aufbrauchen, ihr Innerstes nach außen kehren, den ganzen gesammelten Schmutz auf einem Haufen abladen und schließlich fortkriechen, um sich wieder aufzuladen. Der große Staubsauger würde sie genau wie jedes andere Hindernis behandeln und um sie herumfahren, aber schließlich würde er auf den Haufen Schmutz stoßen, den die Puckster zurückgelassen haben, ihn aufsaugen und zu seiner Ladestation bringen.

Eine Lebensgemeinschaft von Robotern könnte auf diese Weise kooperieren, um unseren Haushalt sauber zu halten. Aber beachten Sie, dass sie nicht ausdrücklich auf kooperatives Verhalten programmiert sein müssen. Sie lesen vielmehr ihr Verhalten voneinander ab, ohne je Botschaften auszutauschen. Die Puckster hören den großen Roboter und beginnen in Reaktion darauf ihren Lauf. Der große Roboter behandelt sie wie normale Hindernisse, stößt aber unabhängig davon zufällig auf den Schmutzhaufen, den sie abgeladen haben.

Das ist eine sehr organische Lösung für das Hausputzproblem. Es ist keine ingenieurmäßige Top-Down-Lösung, bei der alle Eventualitäten eingeplant und berücksichtigt sind. Stattdessen erfolgt die Säuberung in einer Reihe von Aktivitäten, die erst aus der Interaktion entstehen – dabei haben die Roboter jedoch keinerlei Verständnis davon, was vor sich geht oder wie gravierende Störungen des erwarteten Zusammenwirkens zu bewältigen wären. Es ist ein Gleichgewicht, dessen Funktionsfähigkeit sich dem Wirken der Konstrukteure im Hintergrund verdankt und das unter vielfältigen Bedingungen stabil bleibt. Dieses verborgene Planungsprinzip befähigt sehr einfache und daher billige Roboter zusammenzuarbeiten, um eine komplexe Aufgabe zu lösen.

Die Reinigungsroboter, die auf dem Markt sind oder bald kommen werden, bieten noch keine derart radikalen Lösungen. Sie stehen jedoch im Widerspruch zu früheren Ideen, wie Roboter arbeiten sollten, um effektiv zu sein. Alle einschlägigen Firmen sind zu der Auffassung gelangt, dass eine zufällige Putzstrategie ausreicht, um das Gros der Reinigung in unseren Haushalten zu erledigen.

Jeder der Roboter hat eine recht einfache Schnittstelle. Er wird einfach auf den Boden gesetzt und eingeschaltet. Dann beginnt er, den Fußboden zu reinigen, bis er aufgehoben wird oder eine bestimmte Zeitspanne verstrichen ist. Der Benutzer muss ihm keinen Plan vom Haus geben, und der Roboter versucht nicht, selbst einen zu erstellen. Er bewegt sich tastend umher, und verfügt vielleicht noch über eine spezielle Verhaltensweise, mit der er einer Wand folgen kann, wenn er auf eine stößt, um den gesamten Schmutz entlang der Wand aufzulesen. Es gibt keine Gewissheit, dass ein bestimmter Fleck des Bodens gereinigt wird, obwohl die Wahrscheinlichkeit immer mehr an Gewissheit grenzt, je länger der Reinigungsroboter in Aktion ist. Alle Roboter haben eine Art von Kollisionsvermeidungssystem, aber keiner kann gegenwärtig selbstständig zu seiner Aufladestation zurückkehren. Wenn ihre Zeit um ist, stellen sie sich einfach ab und bleiben, wo sie sind.

So könnte also die unmittelbare Zukunft in unseren Haushalten aussehen; kleine Roboter, die wir von einer Aufladestation nehmen, einschalten und auf den Boden setzen, um dann in einen anderen Teil der Wohnung zu gehen. Vielleicht schließen wir die Küchentür hinter uns, damit der Roboter dort eingesperrt ist und sich nur um die Reinigung der Küche kümmert. Sauberkeit durch dumme, einfache Roboter, die sich durch unseren Haushalt bewegen, nachdem wir sie eingeschaltet haben, die wir dann aber ohne weitere Eingriffe sich selbst überlassen können. Es werden neue »Fast-Lebensformen« sein, mit denen wir unser Haus teilen. Die Modelle, die in den nächsten ein oder zwei Jahren herauskommen, reichen in der Preislage von viel zu teuer für den Massenmarkt bis preisgünstig genug, um viele Menschen zum Kauf eines originellen Haushaltsgerätes zu animieren. Vielleicht möchten interessierte Kunden auch mehr als ein Modell in ihrer Wohnung haben. Abgesehen vom Putzroboter für den Fußboden wird es wahrscheinlich zusätzlich kleine Roboter geben, welche die Anrichte in der Küche sauber machen oder den Esstisch. Alle werden Roboter sein, die von ihren Eigentümern eingeschaltet und dann vergessen werden. Die Geräte brauchen nicht mehr als den Impuls, den Fußboden, die Anrichte oder die Tischplatte zu säubern. Man wird sich darüber nicht länger als ein paar Sekunden Gedanken machen müssen, und die Arbeit wird erledigt.

Es ist ganz ähnlich wie bei den regelbaren Heizungen in vielen Häusern. Irgendwann im Herbst stellen wir den Thermostat ein, vielleicht mit verschiedenen Temperaturen für unterschiedliche Tageszeiten, schalten die Öl- oder Gasheizung ein und vergessen bis zum Frühjahr, dass sie in Betrieb ist – außer wenn die Heizrechnung kommt. Vielerorts schicken die Ölgesellschaften nach dem berechneten Durchschnittsverbrauch und der jüngsten Wetterlage ihre Tankwagen automatisch auf den Weg, um die Tanks der Kunden rechtzeitig wieder aufzufüllen. Wir müssen kein Öl holen gehen, den Brenner anzünden, ihn reinigen oder uns über Qualm im Haus Gedanken machen. Alles geschieht automatisch in einem Heizraum irgendwo im Keller.

Die neuen Reinigungsroboter werden schließlich den Hausputz ebenso automatisieren. Das wird sich allerdings wohl nicht ganz so unbemerkt von uns vollziehen, weil sich diese automatisierte Putzkolonne durch unseren Lebensraum bewegen wird. Für manche mag das angenehm sein, andere mögen es als Belästigung empfinden. Bald, vielleicht schon vor der Mitte dieses Jahrzehnts, wird der Druck des Marktes dafür sorgen, dass die Roboter diskreter in ihrem Zusammenleben mit uns werden. Die Technologie gibt es bereits, damit sie selbstständig ihren Weg zurück zur Aufladestation finden. In nicht allzu ferner Zeit könnte sich der Hauptroboter für die Fußbodenreinigung in einem Schrank verstecken und sich erst dann herauswagen, wenn er spürt, dass niemand mehr im Haus ist. Er wird den Fußboden säubern und zurück in sein Versteck eilen – falls wir nicht früher nach Hause kommen und ihn bei der Arbeit überraschen. Er wird dann bemerken, dass jemand da ist, und seine Mission für den Tag abbrechen. Wenn den ganzen Tag Menschen anwesend sind, wird er immer frustrierter werden und schließlich trotzdem herauskommen.

Mit der Zeit werden diese Reinigungsroboter immer erschwinglicher werden, so wie die Computer, die unsere Armbanduhren steuern, weit billiger geworden sind, als sich irgendjemand vor 20 Jahren hätte träumen lassen. In nur zehn Jahren könnten kleine staubputzende Regalroboter preiswert genug sein, um als Einweggeräte verkauft zu werden. Man kauft einen Zehnerpack oder zwei davon im Laden und setzt einen fingerhutgroßen Roboter auf jedes Fenster- und Regalbrett. Sie werden mit Lichtenergie gespeist und entstauben langsam und beständig den zugewiesenen Ort, auf der einen Seite vom Fenster oder der Wand gefangen, auf der anderen von einer Leiste, die sie spüren und meiden. Unsere Häuser werden zu Menagerien kleiner Reinigungsroboter. Es wird sich eine Symbiose zwischen den Menschen und den künstlichen Kreaturen entwickeln, deren einzige Aufgabe im Leben darin besteht, ein Haus sauber zu halten.

Wir brauchen Roboter

In meiner Jugendzeit waren Laser exotische Geräte und noch seltener als Computer. Ich habe Dutzende, vielleicht Hunderte Stunden damit verbracht, (erfolglos) selbst einen zu bauen, bevor ich überhaupt einen zu Gesicht bekam. Meinen ersten Laser sah ich erst im Physiklabor auf der Universität. Heute weiß ich nicht einmal, wie viele es davon in meinem Haus gibt. Ich habe bestimmt mehr als zehn CD-Spieler. Einige sind in Laptops integriert, andere in unseren Desktops (sechs Menschen in einem Haus, das bedeutet heute oft mehr als sechs Computer). Außerdem haben wir auf jedem der drei Stockwerke eine oder zwei Stereoanlagen – alle mit eingebauten Lasern. Dann sind da die Laser-Pointer, die ich mir in die Tasche stecke, wann immer ich irgendwo einen Vortrag halte. Und vielleicht gibt es einen oder zwei Laser in jedem der Videorekorder als Teil des Steuermotors (von denen auf jedem Stock mindestens einer steht) – aber vielleicht auch nicht. Der Punkt ist, dass ich es nicht weiß. Und es ist mir auch egal. Was vor nur 30 Jahren ein exotisches, geheimnisvolles und aufregendes Gerät war, ist heute ein gewöhnlicher Haushaltsgegenstand, der zu zahlreich ist, als dass es sich lohnen würde, jeden Einzelnen aufzuzählen.

Reinigungsroboter werden in unseren Wohnungen irgendwann zum Standard gehören, aber auch andere Arten von Robotern. Wofür könnte man sie verwenden?

Einige unserer häuslichen Pflichten wurden bereits im 20. Jahrhundert automatisiert. Kleider zu waschen und zu trocken erfordert heute nicht mehr, als die Wäsche zu sammeln und sie in die passende Maschine zu stecken. Das Sammeln ist immer noch eine Last, und was aus den Maschinen herauskommt, muss immer noch gebügelt, aufgehängt oder zusammengelegt und in die passenden Schränke und Schubladen einsortiert werden. Das Bügeln wurde auf zweierlei Weise zum Teil automatisiert. Zum einen durch neue Materialien, die auf glatte, knitterfreie Weise trocknen. Zweitens durch eine größere Nachlässigkeit unsererseits, weil wir heute eher gewillt sind, ungebügelte Kleidung zu tragen, vielleicht getäuscht vom fadenscheinigen Versprechen der Knitterfreiheit auf den Etiketten.

Geschirrspülen ist durch die Geschirrspülmaschine viel einfacher geworden, aber ganz ohne Arbeit geht es auch hier noch nicht. Wir müssen immer noch selbst die Teller vom Tisch abräumen, die Essensreste entfernen und das Geschirr in die Maschine einsortieren. Es gibt außerdem viele Töpfe und Pfannen, die mit der Hand gespült werden müssen, zusammen mit den Messern mit Holzschaft und anderen Dingen, die nicht »spülmaschinenfest« sind.

Bevor Sie einwenden, dass eine Automatisierung dieser verbliebenen Aufgaben lächerlich wäre, sollten Sie sich zunächst fragen, ob Sie auch Waschmaschinen und Geschirrspüler lächerlich finden. Das mag in mancher Hinsicht stimmen, aber sie sind auch eine Bequemlichkeit, von der wir alle abhängig geworden sind. Wir sind der Meinung, dass diese Erleichterungen uns zu einem erfüllteren Leben verhelfen, weil wir mehr freie Zeit für uns haben. Die Automatisierung der übrigen Hausarbeit wird einen ähnlichen Effekt haben. Sobald sie preiswert genug zu haben ist, werden wir uns alle fragen, wie wir vorher bloß ohne ausgekommen sind.

Aber wie lassen sich diese Aufgaben automatisieren? Zunächst drängt sich der Gedanke auf, dass ein Roboter vielleicht nicht die ideale Lösung ist. Hätten wir schließlich gewartet, bis wir einen Roboter bauen können, der an der Spüle steht und Geschirr wäscht, statt eine Geschirrspülmaschine zu konstruieren, würden wir alle noch heute mit der Hand abspülen.

Die Wäsche zu sammeln, um sie in die Waschmaschine oder den Trockner zu stecken, ist vielleicht die einfachste der genannten Aufgaben. Es gibt keine Notwendigkeit für Präzision bei diesen Verrichtungen und keinen Grund, auf Bügelfalten zu achten. Wahrscheinlich reicht dafür ein grober Greifmechanismus aus. Schwieriger ist, die Wäsche in die richtige Maschine zu bekommen, von denen jede ihren speziellen Türmechanismus hat, Waschmittel und Weichspüler richtig zu dosieren und die Wäsche nach dem Trockenschleudern – vor allem wenn sie an der Trommel klebt – wieder herauszubekommen. All diese Aufgaben können vermutlich in naher Zukunft von Robotern übernommen werden. Es fragt sich lediglich, ob ein dazu fähiger Roboter so preisgünstig hergestellt werden kann, dass für den Verbraucher das Preis-Leistungs-Verhältnis stimmt.

Bügeln ist ein bisschen verzwickter. Der beste Ansatz wird wahrscheinlich eine Maschine sein, die eher einem Geschirrspüler ähnelt, also eine Bügelmaschine für bestimmte Zwecke statt eines Roboters, der ein Bügeleisen schwingt. Beim Bügeln muss man sorgsam mit schlaffen und großen Textilstücken umgehen, hohe sensorische Fähigkeiten und beträchtliches Geschick aufbringen – was zum Teil erklärt, warum so wenige Menschen gut bügeln können. Fast jeder kann die Wäsche aufsammeln und in die Waschmaschine stecken, aber Bügeln erfordert wirkliches Können. Allein das Problem der visuellen Erfassung liegt weit jenseits der Fähigkeiten unserer heutigen Bilderkennungssysteme. Aus diesen Gründen glaube ich nicht, dass wir in naher Zukunft eine Roboterlösung für das Bügeln finden werden.

Wie sieht es mit dem Tischabräumen aus? Vielleicht gibt es noch vor Ende dieses Jahrzehnts einen Roboter, der das Geschirr abräumt und in die Küche bringt. Aber es ist ziemlich unwahrscheinlich, dass er jedes Teil in den Geschirrspüler stellen kann, denn dazu gehört viel Geschick. Geschirrspülmaschinen sind dafür entworfen, von Menschen gefüllt zu werden. Die Designer haben den Stauraum optimiert, wohl wissend, dass geschickte Menschen ihn entsprechend sinnvoll bestücken.

Vielleicht wird das ganze Problem des Tischdeckens und Abräumens einen komplett neuen Denkansatz erfordern. Möglicherweise werden unsere Esstische in Zukunft auch der Ort sein, wo wir in einem großen Container unter der Tischplatte unser Geschirr verstauen, wenn wir es nicht gebrauchen. Wollen wir den Tisch decken, werden kleine Roboterarme ähnlich wie in einer Musikbox die gewünschten Teller und das Besteck auf den Tisch stellen. Ist ein Gang beendet, greifen die kleinen Roboterarme nach den Tellern und der Tischautomat verschluckt sie in seinem Inneren. Mit direkten Wasseranschlüssen im Esszimmer könnte der Esszimmertisch zugleich der Geschirrspüler sein. Er könnte das Geschirr nach dem Essen waschen und es in seinen Hohlräumen verstauen, wo es auf das nächste Mahl wartet.

Also nicht alle Automation im Heim wird unter das traditionelle Konzept des Roboters fallen. Dennoch gibt es viele Stellen, an denen sie eingesetzt werden können.

Malen wir uns noch weiter aus, wo wir sonst noch in nicht allzu ferner Zukunft Roboter im Haushalt benutzen könnten. Da gibt es eine ganze Menge von Ideen, die auf schon vorhandenen Technologien beruhen. Natürlich ist die große Frage, ob jemand einen Weg finden wird, sie in einem Roboter unterzubringen, der preisgünstig und verlässlich genug ist, damit die Verbraucher ihn auch kaufen wollen.

Wir könnten bald jeden Morgen einem Roboterspiegel begegnen. Die heutigen Richtspiegel im Badezimmer sind auf das Ende eines Schwenkarmes montiert, sodass wir die Ausrichtung des Spiegels per Hand verändern können. In nicht allzu ferner Zeit könnte er automatisch unsere Bewegungen im Badezimmer verfolgen und dann immer schon im richtigen Winkel stehen, wenn wir ihn brauchen.

Wir könnten bald Roboter erleben, die auf den Fenstern unseres Heims leben und diese in regelmäßigen Abständen putzen. Es könnte auch Roboter für die Badewanne und die Duschkabine geben und solche, die unsere Toiletten putzen. Kurzfristig weniger wahrscheinlich, aber langfristig denkbar sind Roboter, die das Bett machen, schmutzige Kleidung vom Boden aufheben und sie in den Wäschekorb legen. Schon schwieriger wäre ein Roboter, der die Einkäufe aus dem Wagen lädt und im Kühlschrank verstaut. Diesen Robotern muss möglicherweise erst eine grundlegend andere Organisation unserer Küchen vorausgehen, die solche neuen Funktionen erleichtert.

Nun können wir noch dekadentere Roboter ins Auge fassen. Viele Sportfreunde wünschen sich einen Roboter, der auf das Kommando »Bring mir ein Bier« reagiert. Überraschenderweise liegt diese Möglichkeit nicht in allzu großer Ferne. Der Roboter muss in der Lage sein, durch das Haus zu navigieren, aber nicht in der präzisen Weise, wie es in der frühen Konzeption für Putzroboter vorgesehen war. Er muss seine Aufgaben nicht zentimetergenau erfüllen, um auf der ganzen Wohnfläche zu agieren. Er kann sich stattdessen von Zimmer zu Zimmer bewegen und mithilfe von Sonarnavigation Kollisionen mit den Möbeln vermeiden. Solange er die Topologie des Hauses kennt – und es gibt schon die Technologie, mit der heutige Forschungsroboter einen ausreichenden Plan eines Hauses anfertigen, indem sie einfach umherwandern –, kann er seinen Weg vom Wohnzimmer in die Küche und zurück finden. Um das Bier aus dem Kühlschrank zu nehmen, benötigt der Roboter nur zwei hilfreiche Vorrichtungen: einen Spezialgriff unten jeder Kühlschranktür, mit dem der Roboter den Schrank öffnen kann, ohne sich um die Besonderheiten der verschiedenen Modelle kümmern zu müssen, und eine spezielle, automatische Ausgabevorrichtung für die Bierdosen im Kühlschrank selbst.

Während der Spezialgriff eine vernünftige Ergänzung wäre, ist der Bierdosenspender im Kühlschrank problematisch. Die Getränke kommen nur in der Reihenfolge heraus, in der sie hineingelegt wurden. Was macht der Roboter dann aber mit einem Befehl wie: »Hey, Roboter, bring mir ein Bier, eine Diät-Cola und zwei Mineralwasser«? Aber schlimmer noch, es wäre eine Speziallösung, sodass ein Roboter, der einem das Bier holt, wohl nicht in der Lage wäre, die Pantoffeln, die Turnschuhe oder frische Unterwäsche zu bringen. Ich glaube daher, dass wir wohl noch ein paar Jahrzehnte auf diesen Komfort warten müssen.

Es wird mehr und mehr Roboter in unseren Haushalten geben. Recht bald werden wir aufhören, sie zu zählen. Sie werden eine neue Art von Wesen sein, die sich selbstständig bewegen und ihre Aufgaben erledigen. So wie für einen Zeitreisenden aus dem vorletzten Jahrhundert unsere heutigen Haushalte zwar noch als solche erkennbar wären, aber mit ihren Kühlschränken, Waschmaschinen, Geschirrspülern, Stereoanlagen, Fernsehern und Computern höchst seltsam anmuten würden, so würde es uns mit den Haushalten in einem Jahrhundert gehen.

6
Wo stehen wir?

Anfang 2000 brachte ich eine Roboter-Mähmaschine mit nach Hause. Es gibt eine Hand voll amerikanische Unternehmen, die heute solche Geräte zu einem Preis zwischen ein paar hundert und 3000 US-Dollar verkaufen.

Meine Maschine gehörte zu den billigeren, aber soweit ich es beurteilen kann, unterscheiden sich die Roboter-Mähmaschinen in ihren Fähigkeiten nicht allzu sehr. Manche Hersteller streichen groß heraus, dass ihr Rasenmäher ein Roboter ist, andere vermeiden den Begriff tunlichst. Ich kaufte meinen von einer Firma, die daraus kein Geheimnis macht. Der Rasenmäher hatte die Größe eines kleinen Schubkarrens und seine Form erinnerte entfernt an einen Käfer. Er verstaute das gemähte Gras nicht irgendwo, sondern häckselte es in sehr kleine Stücke und ließ es beim Mähen auf dem Boden zurück.

Das Verfahren, mit dem diese Mähroboter die ganze Rasenfläche abgrasen, ähnelt dem der oben beschriebenen Putzroboter. Sie durchqueren das Areal willkürlich; statistisch gesehen kommen sie dabei schließlich über jeden Flecken, wenn man sie lange genug laufen lässt.

Welches Areal bearbeitet werden soll, muss man dem Roboter allerdings vorgeben. Alle Hersteller haben sich für eine einfache Idee entschieden. Die Außengrenze der Mähfläche wird dauerhaft mit einem Draht umzäunt. Wenn die Zeit zum Mähen gekommen ist, muss der Benutzer nur ein Gerät einschalten, das ein Signal durch diesen Draht schickt, der dann schwache Funkwellen in einem spezifischen Muster aussendet. Der Mähroboter kann den Draht auf zweierlei Weise nutzen: Er kann daran entlangfahren, um den Rasenrand sauber zu schneiden. Oder er misst, wenn er danach willkürlich die innere Rasenfläche durchstreift, die Funkwellen und erkennt, wann er wieder an die Umzäunung stößt.

Er fährt zurück, ändert seine Richtung leicht und mäht aufs Geratewohl die gewünschte Fläche weiter.

Ich habe einen recht großen Rasen, daher steckte ich etwa ein Drittel davon ab und drückte den großen »Ein«-Schalter meines Roboters. Ich war beeindruckt, wie gut es funktionierte. Er fuhr mit Leichtigkeit den Rand entlang und begann dann mit dem Mähen der Innenfläche.

Meine geliebte Frau Janet war nicht so beeindruckt. Statt der geraden parallelen Mähspuren, die der elektrische Rasenmäher hinterließ, fanden sich jetzt Linien in allen Winkeln auf dem Rasen. Schlimmer noch, nach zwei Stunden waren die Batterien leer und der Roboter rief piepend um Hilfe, während auf der Wiese noch hier und dort zahlreiche tellergroße Grasbüschel herumstanden. Ich fuhr den Roboter mit der Hand zu einer Steckdose, damit er sich den Rest des Tages wieder aufladen konnte. Am nächsten Morgen setzte ich ihn wieder in Betrieb. Als ich nach Hause kam, hatte er seine Arbeit längst eingestellt, aber es gab noch etwa ein Dutzend faustgroße, ungemähte Grasbüschel. Den Roboter mit der Hand darüber zu fahren, erschien klüger, als die Sache ein drittes Mal dem Zufall zu überlassen, da das für mich einen beträchtlichen Umstand bedeutete. Den Roboter morgens einzuschalten war noch einfach. Aber dann musste ich mich darum kümmern, ihn am Abend zu bergen, vielleicht im Dunkeln, wenn ich spät nach Hause kam, und ihn per Hand zur Aufladestation fahren.

Nach ein paar Tagen verschwanden die Linien auf dem Rasen, und er sah fast so schön gemäht aus wie zu Zeiten meines Rasenmähers. Aber der Arbeitsaufwand, den der Roboter ja hätte einsparen sollen, war erheblich. Den Abschnitt mit der Hand zu mähen dauerte nur 15 Minuten. Die Gesamtzeit, die ich brauchte, um den Roboter zu warten, war vielleicht ein bisschen größer und verteilte sich über mehrere Tage. Das war kein Roboter, den man einschaltet und dann sich selbst überlässt. Zugegeben, ich machte mich nicht so schmutzig wie sonst, aber die Erfahrung war nicht ganz befriedigend.

Was waren die tieferen Gründe, warum diese Technologie nicht der Mühe lohnte? Es gab zwei fundamentale Probleme: die Batterie und die Navigation.

Wenn der Roboter in der Lage gewesen wäre, genug Batterien für, sagen wir, sechs Stunden Betriebszeit zu tragen, hätte er recht gute Arbeit leisten können und ich hätte mich nur zweimal um ihn kümmern müssen: einmal, um ihn einzuschalten, und ein zweites Mal, um ihn danach in das Gartenhaus zurückzufahren. Das Problem der Batterien ist, dass sie nicht Moores Gesetz gefolgt sind – das bekanntlich besagt, dass sich die Rechnerleistung unserer Computer etwa alle zwei Jahre verdoppelt –, und es gibt keinen Grund für die Annahme, dass sich ihre Leistung in naher Zukunft radikal verbessern wird. Die Batterien sind heute leistungsstärker als vor 20 oder 40 Jahren, aber nicht in spektakulärem Maße. Je mehr Ladekapazität eine Batterie hat, desto schwerer wird sie, und umso mehr Batteriekapazität braucht man, um das Gefährt zu versorgen, das sie herumfährt. Es ist fast – aber nur fast – ein aussichtsloser Kampf, die Betriebsdauer eines mobilen Roboters (oder eines Elektroautos) zu verlängern. Je länger die Betriebsdauer, desto schwerer und schwerfälliger wird der Roboter. Sechs Stunden, dreimal länger als die tatsächliche Leistung, wären genug gewesen, um meinen Flecken Rasen zu mähen. Aber der Abschnitt machte nur ein Drittel meines Rasens aus. Ich hätte also 18 Stunden gebraucht. Statt eines Roboters, den ich gerade so aus dem Kofferraum meines Wagens hieven konnte, hätte ich dann einen gehabt, den ich mit einem Kran oder Gabelstapler hätte entladen müssen. Batterien allein können also eindeutig nicht die richtige Lösung sein.

Der andere Mangel meines Mähroboters war, dass er nicht allein navigieren konnte. Wenn seine Batterien leer waren, blieb er einfach stehen und piepte traurig, damit jemand ihm zu Hilfe eilte und zur Aufladestation brachte.

Navigation, besonders unter freiem Himmel, ist ein großes Problem und zudem eins, für das es keine kostengünstigen Allzwecklösungen gibt. In Innenräumen bieten die Wände, Korridore und Möbel geeignete Begrenzungen. Sonar funktioniert hier gut, anders als unter freiem Himmel, wo Büsche und Sträucher sehr unterschiedliche Signale zurückwerfen. Wir haben Roboter, die ausreichend gut in einem Haus navigieren können, um ihre Aufladestation zu finden, aber nicht gut genug, um die Reinigung der gesamten Putzfläche zu garantieren.

Das satellitengestützte Ortungssystem GPS (Global Positioning System) kann eingesetzt werden, um unter freiem Himmel die annähernde Position zu bestimmen, und dies machen sich Kfz-Navigationssysteme zunutze. Besonders in der Nähe von Gebäuden gibt es für das GPS jedoch viele tote Winkel, welche die Systeme irgendwie überbrücken müssen. Sie greifen dazu auf Wissen über den Straßenverlauf zurück und nutzen Signale von Beschleunigungsmessern, um ihren Standort einigermaßen zu bestimmen. Dadurch ist der Fahrer über die geschätzte Position ständig auf dem neuesten Stand, gewöhnlich auf ein paar Meter genau. Für das Autofahren ist das mehr als genug, besonders wenn ein Mensch hinter dem Steuer sitzt, der auf eine Karte blickt und sie auf all die visuellen Hinweise der Straße bezieht, die er sehen kann, wenn er einfach aus dem Fenster blickt. Alle automatischen Fahrzeugsteuerungssysteme, die Forscher gebaut haben, brauchen ebenfalls visuelle Informationen über die Umgebung, um ihre nach GPS und dem Beschleunigungsmesser bestimmte Position korrigieren zu können und den Wagen nicht in den Straßengraben zu fahren. Unsere Mähroboter würden also wahrscheinlich eine Bilderkennung benötigen, um sein GPS-Navigationssystem zu verbessern. Natürlich hätten allein die Kosten für GPS wahrscheinlich den Preis meines Roboters verdoppelt. Eine Bilderkennung würde diesen Preis noch einmal verdoppeln oder verdreifachen. Aber das wirkliche Problem ist, dass wir noch keine Bilderkennungsalgorithmen haben, die verlässlich genug arbeiten, um die Vielfalt der Formen von Pflanzen und Gelände zu erkennen, die Mähroboter in den Vorstädten vorfinden würden.

Es scheint also, dass zumindest in den nächsten zehn Jahren preisgünstige Roboter für außer Haus über keine guten Navigationsfähigkeiten verfügen werden. Es könnte noch 20 oder 30 Jahre dauern, bevor diese Nuss geknackt ist. Wie es aussieht, brauchen wir immer noch einen Menschen, um den Roboter zur Aufladestation zurückzufahren. Die gute Nachricht ist, dass dieser Mensch nicht an Ort und Stelle sein muss, um das zu erledigen.

Telepräsenz

Im August 2000 machte ich eine kurze Reise nach Tokio und Taipeh, um einen neuen kommerziellen Roboter meiner Firma iRobot-LE zu demonstrieren. Er sollte in Kürze im Magazin *Wired* vorgestellt werden, und ich wollte einigen Unternehmen in Fernost Vorabinformationen darüber geben.

Ich kam in einem gesichtslosen Bürogebäude nicht weit vom Tokioter

Bahnhof an, ging einen Korridor hinunter und fand mich in einer Szene aus dem Film *Total Recall* wieder. Es war ein Korridor mit Wänden und Decken aus rostfreiem Stahl, durchlaufend und völlig glatt, ohne irgendeinen Einschnitt oder sonstigen Anhaltspunkt. Ich gelangte am Ende des Korridors zu einer weiteren glatten Stahlwand, öffnete die Tür vor mir und betrat das unjapanischste Büro, dass ich in Japan je gesehen habe: alles luftig und leicht, überall Glas und Stahl.

Etwa 20 Manager waren zu meiner Präsentation erschienen. Ich hatte nur ein paar Minuten, um meinen Laptop einzustöpseln und meine Internet-Konfiguration so einzurichten, dass ich durch die Fire Walls des Unternehmens kam. Es war keine Zeit mehr, irgendetwas zu testen, außer sicherzustellen, dass ich eine Webseite von iRobot über meinen Browser aufrufen konnte. Die Manager stürmten herein und ich hielt meinen Diavortrag. Dann klickte ich auf den Browser, gelangte zu einer passwortgeschützten Demonstrationsseite... und plötzlich wurde ich nach Massachusetts zurückbefördert.

Auf dem Projektionsschirm konnten alle in Echtzeit sehen, was ein Roboter in einem Apartment in Boston »sah«. Ich klickte auf ein kleines Kontrollfeld und schwenkte die Kamera. Dann klickte ich auf eine Stelle des Bildes und die Kamera rollte dorthin. Ich klickte auf eine Stelle über einem Sofa, die Kamera steuerte darauf zu, hielt dann aber inne, was darauf deutete, dass sie nicht ganz an den Zielpunkt herankam. Die Kamera war oben auf dem Ausleger eines Roboters montiert (siehe Abbildung 4). In Tokio konnten wir das Surren des Robotergetriebes hören, während er sich bewegte. Da es dort mitten am Nachmittag war, war es in Boston zwei Uhr morgens, aber die Wohnung diente sowieso nur für Demonstrationen wie diese, daher war niemand anwesend. Wäre jemand da gewesen, hätte ich mit ihm plaudern und ihm in die Augen blicken können. Ich war über die Entfernung hinweg präsent. Ich befand mich »in« einem Telepräsenzroboter auf der anderen Seite der Erdkugel.

Schon im Oktober 1998 hatte ich in Tsukuba Science City in Japan auf einer Konferenz über Robotertechnik das Video eines Telepräsenzexperiments gesehen. Etwa zehn Ingenieure in Japan waren um ein Kontrollpult versammelt. Sie telefonierten mit einer Gruppe von ebenfalls zehn Ingenieuren in Pisa, Italien, die sich um einen mobilen Roboter scharten. Während sich alle mit der komplexe Software mühten, gelang es den japanischen Forschern schließlich, dem italienischen Roboter allge-

Abbildung 4: Der Telepräsenzroboter iRobot-LE. Sechs Räder bewegen den Roboter auf ebenen Flächen, zwei weitere sind an der Vorderseite angebracht, um ihm Treppen hinauf- und hinunterzuhelfen. Sie können auch nach unten abgesenkt werden, um den Roboter wie einen Präriehund aufzurichten. Der Hals des Roboters lässt sich bis auf Tischplattenhöhe ausfahren. Im Kopf ist eine schwenkbare Kamera montiert. Auf ihm sitzt ein Sonarscanner, der dem Roboter ständig Informationen über Hindernisse um ihn herum gibt.

meine Kontrollbefehle zu erteilen und ihn einfache Bewegungen ausführen zu lassen. Es gab viel Applaus und Jubelrufe, als alles klappte.

Nun, weniger als zwei Jahre später, erforderte eine solche Telepräsenz, wie ich sie bei meiner Präsentation demonstrierte, keine Ingenieure mehr; es gab keinen Applaus und keine Jubelrufe. Ich kann mich von überall auf dem Planeten in einen im Handel erhältlichen Roboter versetzen und ihn meine Befehle ausführen lassen. Vor allem aber – und das ist das Beste – brauche ich dazu keine besondere Software mehr, sondern nur einen üblichen Webbrowser.

Ich lenkte den Roboter nicht so wie mit einem Joystick. Stattdessen gab ich ihm auf einer höheren Ebene allgemeine Kontrollbefehle, die ihm sagten, was er tun solle, während er sich selbst um die Details kümmerte. Wenn ich ihn anwies, zu irgendeinem Ort zu fahren, gab er von selbst Acht, wohin er fuhr, indem er seinen Sonarscanner einsetzte, um mögliche Hindernissen zu orten. Wenn ich ihn anwies, auf Tischplattenhöhe aufzublicken, fuhr er seinen Hals auf diese Höhe aus. Bei der Anweisung, eine Treppe hochzufahren, kümmerte er sich um alle Details, erkannte die Seitenwände mit seinem Sonar und stellte sicher, nicht vom Kurs abzuweichen oder auszurutschen, während er nach oben kletterte.

Einen Roboter über eine solche Entfernung mit einem Joystick zu kontrollieren, würde nicht gut funktionieren, da die Zeitverzögerungen im Internet bald jeden, der es versuchte, verwirren würde. Tom Sheridan hatte das vor Jahren am MIT mit einem Experiment demonstriert, bei dem Testpersonen Roboter für den Umgang mit Nuklearmaterial fernsteuern sollten. Ergebnis: Wenn die Zeitverzögerung zwischen Befehl, Ausführung und Feedback zur Person länger als etwa eine halbe Sekunde beträgt, sind Menschen unfähig, die Handlungen, die sie befohlen haben, zu verfolgen. Sie steuern zum Beispiel nach rechts, bekommen keine Reaktion, also steuern sie noch weiter nach rechts. Sobald sie sehen, dass der Roboter sich zu stark nach rechts bewegt, steuern sie nach links gegen, und da wieder eine sofortige Reaktion ausbleibt, steuern sie noch heftiger nach links. Bevor sie es bemerken, schlägt der Roboter heftig nach links und rechts aus, während sie sich mühen, die Kontrolle aufrechtzuerhalten. Wenn sie einfach langsamer agieren würden, wäre alles in Ordnung. Doch obwohl sie das wissen, können selbst sehr gut ausgebildete Operatoren einfach kein System kontrollieren, dass eine hohe »Latenz« hat – eine lange Zeitverzögerung zwischen Kommando, Aktion und der Wahrnehmung der Ausführung.

Das Internet hat Latenz, besonders über große Distanzen. Die Befehle können nicht schneller als in Lichtgeschwindigkeit reisen und werden vielleicht erst in den Weltraum zu einem Kommunikationssatelliten und dann wieder zurückgefunkt. Die Übertragungszeit beläuft sich rasch auf mehrere Dutzend Zehntelsekunden. Außerdem müssen die Befehle und Videobilder auf ihrem Weg zahlreiche Schaltstellen passieren. Jede dieser Wegstationen kostet etwas Zeit, und bald ist das Latenzlimit überschritten, und es wird unmöglich, einen Roboter mit einem Joystick stabil zu kontrollieren.

Deshalb lassen sich Telepräsenzroboter nur mit allgemeinen Kontrollbefehlen steuern. Aber das erweist sich tatsächlich als Vorteil, nicht als Mangel. Indem man es dem Roboter überlässt, alle lokalen Entscheidungen zu treffen, muss der menschliche Operator viel weniger kognitive Kontrolle aufwenden. Es ist viel leichter, als ein Auto zu steuern, und man kann ruhig gleichzeitig noch etwas anderes tun. Der Roboter kümmert sich von selbst um seine eigene Sicherheit und um die anderer um ihn herum.

Hätte mein Mähroboter eine Telepräsenzfunktion gehabt, wäre er viel effektiver gewesen. Ich hätte ihn am Morgen vor der Arbeit in Betrieb gesetzt und mich ein paar Stunden später in ihn »hineinprojiziert«. Natürlich wäre ich bei der Arbeit gewesen, aber über meinen Webbrowser hätte ich das Gefühl gehabt, in dem Roboter zu sein, so wie man in einer Spielhalle den Eindruck haben kann, einen Formel-1-Wagen zu fahren. Dann hätte ich ihn von meinem Büro aus zur Aufladestation gefahren und ihn bis nach dem Mittagessen vergessen können. Danach hätte ich mich wieder in ihn eingeschaltet und ihn zurück auf den Rasen gefahren, damit er die letzten Stellen mäht. Vielleicht hätte ich ihn noch vor Einbruch der Dunkelheit ins Gartenhaus zurückgefahren.

Mit diesem neuen, verbesserten Mähroboter hätte sich die Arbeitsleistung zu Hause auf null reduziert. Ich könnte meinen Rasen mähen, während ich in Australien im Urlaub bin, mit einer Onlinezeit von insgesamt etwa acht Minuten.

Wie viel Bandbreite braucht man *in* das Internet, damit das funktioniert? Bis jetzt haben sich alle Gedanken darüber gemacht, wie viel Brandbreite ein Anschluss *aus* dem Internet benötigt, damit man einen guten Datendurchsatz für Internet und Video hat. Mit der Telepräsenz, bei der man sich von einem anderen Ort aus zu Hause einschaltet, dreht sich die Gleichung um. Die Roboter selbst werden zu Webservern (tatsächlich hat der iRobot-LE eine Linux-Box an Bord, auf der ein sicherer Apache[25] Webserver läuft). Alle von iRobot konstruierten Maschinen sind so ausgelegt, dass sie nicht mehr Bandbreite aus dem Haus heraus benötigen als üblicherweise mit DSL erreicht wird; das sind 300 000 Bit pro Sekunde. Das ist viel langsamer, als die Geschwindigkeit, die Kabelmodems erreichen, aber schneller als die der Telefonmodems oder von ISDN. Man kann sicher sein, dass die Web-Wirtschaft zu immer größerer Eingangs- und Ausgangsbandbreite drängen wird, aber was die meisten Menschen in einigen Industriestaaten bereits schon heute für eine relativ niedrige Monatsgebühr bekommen, reicht für Telepräsenzroboter. Mit einer größeren verfügbaren Bandbreite wird es jedoch zweifellos neue Ideen für ihre Nutzung geben.

Die Zukunft der Arbeit

Hier liegt die Massenanwendung von Robotern in naher Zukunft: Physische Arbeit lässt sich mit ihnen von jedem Ort der Welt aus erledigen. Das wird erhebliche Auswirkungen auf die Weltwirtschaft haben.

Das erste Land, in dem sich diese Fernarbeit ausbreiten wird, ist Japan, und tatsächlich finanziert die japanische Regierung verstärkt Forschungen auf diesem Gebiet. Japan weist eine einzigartige Kombination von Faktoren auf, die so miteinander verbunden sind, dass dies die einzige Lösung für einige Probleme sein könnte, die in den nächsten Jahrzehnten auf das Land zukommen. Diese Faktoren sind Widerstand gegen Einwanderung, eine sehr niedrige Geburtenrate und ein aufgrund der guten Gesundheitsfürsorge rasch anwachsender älterer Bevölkerungsanteil.

---

[25] Der Webserver Apache wurde zuerst von Robert Tau im Artificial Intelligence Labor des MIT entwickelt. Tau war besorgt, weil der hauseigene Börsenkurs-Service von Mark Torrance, einem unserer Studenten, unserem »regulären« Webservice die Leistung raubte. Daher fing Robert an, an unserem Webserver so lange herumzuflicken, bis er ihn durch unzählige Flicken oder »patches« vollständig ersetzt hatte. Für ihn war es »a patched webserver«, daher nannte er ihn »Apache«. Bei alledem wurde Marks Börsenseite so populär, dass wir dazu übergehen mussten, ihn auf eine private Site zu setzen. Daraus wurde Stockmaster.com, das später an Red Herring verkauft wurde.

Die japanische Bevölkerung ist ethnisch viel reiner als jede andere entwickelte Nation. Sie besteht zu über 99 Prozent aus reinen Japanern und zu weniger als einem Prozent aus Ausländern. Zum winzigen Anteil der nichtjapanischen Bevölkerung gehören die Ureinwohner der nördlichen Inseln, die Ainu, alle westlichen Ausländer sowie fünf Generationen von Koreanern, die in Japan geboren wurden, leben, arbeiten und verheiratet sind. Es ist sehr schwer für einen Ausländer, japanischer Staatsbürger zu werden, und daher ist die einzige Quelle des Bevölkerungswachstums und neuer Arbeitskräfte die einheimische Bevölkerung und nicht – wie in Amerika, Europa und Australien – Einwanderung.

Die Geburtenrate in Japan scheint die niedrigste der Welt zu sein (gefolgt von Italien), mit einem gegenwärtigen Durchschnitt von 1,3 Geburten pro Frau. Seit 1950, als sie 3,5 Geburten betrug, ist die Geburtenrate beständig gefallen und liegt heute deutlich unter der Selbsterhaltungsquote. Die meisten Schätzungen stimmen überein, dass die Geburtenrate in Japan nicht vor dem Jahr 2050 die Selbsterhaltungsquote von 2,0 erreichen wird.

Das wäre alles kein Problem, wenn die Lebenserwartung in Japan niedrig wäre. Aber zum Glück für den Einzelnen haben die Japaner aufgrund ihres Reichtums und ihres hervorragenden Gesundheitssystems die höchste Lebenserwartung der Welt. Sie liegt bei Frauen bei über 81 und bei Männern über 75 Jahren. Verbunden mit der niedrigen Geburtenrate bedeutet dies, dass Japan einen höheren Anteil älterer Menschen hat als jede andere Nation. Im Jahr 2001 werden 24 Prozent der Japaner 60 Jahre und älter sein und nur 20 Prozent unter 20. Zum Vergleich: In Korea, einer anderen industrialisierten Nation der Region, betragen die entsprechenden Anteile 11 beziehungsweise 29 Prozent. Aber die Altersschichtung in Japan weicht noch stärker von anderen großen asiatischen Nationen ab. In China sind 12 Prozent der Bevölkerung über 60 und älter und 31 Prozent unter 20, in Indonesien sind es sogar 7 beziehungsweise 41 Prozent.

Dieser hohe Anteil älterer Menschen ist der Kern des japanischen Problems. Nach Hamid Faruquee und Martin Muhleisen vom Weltwährungsfond (IWF) werden in Japan im Jahr 2025 nur zwei Menschen im arbeitsfähigen Alter (20 bis 64 Jahre) auf jeden Rentner kommen (65 und älter). Das bedeutet, dass jüngere Arbeitnehmer mehr alte Menschen unterstützen müssen als gegenwärtig, und die Situation wird sich in Japan in den Jahrzehnten nach 2025 noch zuspitzen.

Natürlich gibt es in anderen wohlhabenden Nationen ähnliche Bevölkerungstrends, aber sie sind nicht so gravierend. Der IWF sagt voraus, dass im gleichen Zeitraum in den USA, Kanada, Deutschland und Großbritannien je drei Arbeitnehmer auf einen Rentner kommen werden und etwa 2,5 in Frankreich und Italien.

Die Bevölkerung in Japan altert zusehends, und es gibt nicht genügend junge Leute für niedrig qualifizierte Arbeitsplätze. Zuerst wurde dies in der Landwirtschaft spürbar, besonders da japanische Landwirtschaftsbetriebe meist kleine Flächen an Berghängen bestellen – eine Topografie, die sich nicht leicht der Mechanisierung erschließt. Heute wird der Arbeitskräftemangel in der Bauindustrie spürbar und, wichtiger noch, in der Alten- und Krankenpflege. Während die Bevölkerung älter wird, wächst der Bedarf an Dienstleistungen in diesen Bereichen dem entsprechend. Die Japaner leben länger, aber sie werden niemanden haben, der sich im Alter um sie kümmert.

Andere reiche Nationen stehen vor ähnlichen Problemen, aber sie haben eine andere Lösung. Sie importieren billige Arbeitskräfte. Die Landwirtschaft in den USA zum Beispiel ist stark abhängig von mexikanischen Immigranten. Selbst die Hightechindustrien hängen von der Arbeit von Einwanderern ab, wie sich in den Jahren 2000 und 2001 gezeigt hat, als das Silicon Valley den Kongress drängte, die Zahl der so genannten H-1-Visa zu erhöhen. Diese Visa erlauben gut ausgebildeten Arbeitnehmern aus Indien und China, in die USA zu kommen und in der (immer noch) boomenden Hightechindustrie zu arbeiten. In Europa besteht die Lösung aus Arbeitnehmern aus der Türkei, Nordafrika und dem ehemaligen Jugoslawien, zusammen mit Hightechfachleuten aus Indien und China.

Die japanische Arbeitsbevölkerung besteht nur zu 0,1 Prozent aus ausländischen Arbeitnehmern. In den USA beträgt ihr Anteil dagegen zehn, in der Europäischen Union fünf Prozent.

Japan muss sich woanders umschauen, um sein Arbeitskräfteproblem zu lösen. Die Regierung denkt an Roboter. Das Ministerium für Internationalen Handel und Industrie, bekannt unter seinem englischen Kürzel MITI, ermutigt die Entwicklung »freundlicher Roboter«, die eng mit Menschen zusammenarbeiten können. Die Arbeit daran geht gut, aber langsam voran. Es besteht die ernste Sorge, dass autonome Roboter nicht schnell genug gut genug werden, um die Bedürfnisse der japanischen Bevölkerung zu befriedigen. Um die Intelligenz der Roboter zu erhöhen, haben viele vorgeschlagen, sie von Menschen steuern zu lassen, aber das löst das Arbeitskräfteproblem nicht wirklich – es sei denn, die Operatoren von Robotern in einem Altenheim in Japan befinden sich nicht selbst in Japan.

Telepräsenz bietet einen Weg aus Japans Zwickmühle. Ausländische Arbeit ja, ausländische Arbeitnehmer nein. Und die USA und Westeuropa werden nicht lange zurückbleiben. Auch sie könnten sich durchaus dem Import physischer Arbeit zuwenden, indem sie Arbeitnehmer fremder Länder anheuern, die Roboter auf der ganzen Welt überwachen.

Wie wir dahin kommen

Die Zukunft ist das eine, aber was kann man schon heute mit Telepräsenzrobotern bewirken? Die Antwort ist vielfältig und überraschend, und die ersten Schritte hin zu einer neuen Weltwirtschaft sind deutlich erkennbar. Darüber hinaus lässt sich wenig vorhersehen, da es sich um eine umwälzende Technologie handelt, die alle vorgestanzten Erwartungen sprengen wird. Innovationen werden in rascher Folge aus allen möglichen Quellen sprudeln: Sie werden von 19-jährigen Studienabbrechern kommen, von Unternehmen der Old Economy und aus den merkwürdigsten Winkeln der Erde, alles in völlig unerwarteter und unvorhersehbarer Weise.

Die ersten Interessenten für Telepräsenzroboter stehen schon Schlange. Es gibt für die gegenwärtigen Fähigkeiten dieser Roboter schon viele einfache Anwendungen. Es ist allerdings unwahrscheinlich, dass irgendeine einzelne dieser Verwendungen die Investition lohnt – erst die Summe der Nutzungsmöglichkeiten wird sie lohnenswert erscheinen lassen.

Stellen Sie sich vor, Sie fahren zur Arbeit und können sich einfach nicht erinnern, ob Sie den Herd abgeschaltet haben, als sie Ihren Kaffee hinunterstürzten und aus dem Haus zur Arbeit eilten. Es nagt an Ihnen, es lässt Ihnen keine Ruhe. Sollen Sie umkehren und nachsehen? Heute können Sie weiterfahren, auf der Arbeit als Erstes einen Webbrowser starten (wahrscheinlich sowieso das Erste, was Sie jeden Morgen machen) und sich in den Roboter in Ihrem Heim einschalten. In einer Ecke des Bildschirms sehen Sie den Grundriss Ihrer Wohnung, den der Roboter mit Sonar angefertigt hat, während im Bildzentrum in Echtzeit das Bild aus der Kamera des Roboters erscheint. Sie klicken auf die im Plan verzeichnete Küche, und der Roboter bewegt sich dorthin. Wenn er in die Küche kommt, sehen Sie den Herd und klicken darauf. Der Roboter steuert auf ihn zu, und bald erscheint die Backofentür vor seinem Kameraauge. Sie klicken auf das Symbol »Hochfahren« auf dem Bildschirm, damit der Roboter den Hals in die höchste Position reckt, und die Herdplatten kommen ins Blickfeld. Dann klicken Sie auf das Symbol »schwenken«, um die Kamera zu drehen und einen genauen Blick auf den Herd zu werfen. Ein Seufzer der Erleichterung: Der Ofen ist ausgeschaltet. Sie klicken nun auf das »Zurück«-Feld und melden sich ab. Ihr Telepräsenzroboter ist jetzt wieder auf dem Weg zu seiner Ladestation.

Das ist ein Szenario, das heute schon realisierbar ist. In nur wenigen Jahren werden sich die Dinge verbessern. Wenn in Europa bald UMTS-Telefone eingeführt werden, können Sie das alles von Ihrem Handy aus machen, einschließlich der Bildübermittlung und Klicks. In dem Moment, wo Sie die Sorge befällt, möglicherweise den Herd angelassen zu haben, können Sie anhalten, wenn Sie gerade Auto fahren, oder sofort Ihren Heimroboter anwählen, wenn Sie im Zug, Bus oder in der U-Bahn sitzen. Leider wird es noch etwas dauern, bis UMTS-Telefone auch in den USA eingeführt werden.

In der Zwischenzeit wird es neue Generationen ferngesteuerter Heimroboter geben und Nachrüstsätze, welche die schon bestehenden auf den aktuellen Stand bringen. Die verbesserte Technik wird die Roboter mit einfachen Manipulatoren ausstatten, und so werden Sie in nicht allzu ferner Zukunft in der Lage sein, den Herd von Ihrem Büro aus abzuschalten.

Natürlich gibt es eine konkurrierende Technologie für diese Aufgabe. Bald wird man Herde mit Internetzugang kaufen können, die sich ohne Hilfe eines Roboters direkt über Ihren Webbrowser kontrollieren lassen. Aber dafür werden Sie Ihren Herd ersetzen müssen, was die meisten Menschen nur einmal in 20 Jahren tun. Ebenso werden Sie alle anderen Geräte in Ihrem Haus erneuern müssen, zusammen mit den Lichtschaltern und Ähnlichem, um alles in vollem Umfang über das Internet steuern zu können. Eine besondere Herausforderung wird es sein, Haustiere ans Internet zu bringen, obwohl auch das schließlich kommen wird, wie wir noch in Kapitel 10 sehen werden. In der Zwischenzeit werden Sie mit

Telepräsenzrobotern in der Lage sein, von der Arbeit aus bei Ihren Haustieren nach dem Rechten zu sehen und sie mit dem entsprechenden Futterspender zu füttern, sogar aus dem Urlaub. Ein Roboter bietet die Möglichkeit, mit einer einzigen Investition die ganze Wohnung zu automatisieren. Und man kann ihn überallhin mitnehmen, auch wenn man in eine nichtautomatisierte Wohnung umzieht.

Wenn Sie eine Zweitwohnung oder ein Ferienhaus haben, wird ein Telepräsenzroboter deren Überwachung von Ferne ermöglichen. Wenn Sie hören, dass ein Sturm über die Gegend gezogen ist, können Sie Ihren Roboter einschalten und das Haus kontrollieren, und sie müssen am nächsten Wochenende nicht drei Stunden fahren, um sicherzugehen, dass alles für den Winter gerüstet ist. Sie werden in der Lage sein, die Treppen hoch- und hinunterzufahren und nachzuschauen, ob alle Fenster verriegelt sind.

Sicherheit ist auch in Ihrem ersten Zuhause von Interesse. Viele Leute sind an eine Alarmzentrale angeschlossen. Manchmal bekommen sie bei der Arbeit einen Anruf, dass bei ihnen zu Hause der Alarm ausgelöst wurde. In den USA bieten Ihnen Sicherheitsfirmen dann die Wahl: Sie können nichts tun oder die Polizei anrufen. Wenn Sie die Polizei schon häufiger wegen falschen Alarms zu Ihrem Haus gerufen haben, wird sie zögern, erneut hinzufahren, oder man brummt Ihnen eine saftige Gebühr auf. Mit einem Telepräsenzroboter in Ihrem Heim werden Sie sich dort schnell in allen Räumen umsehen können, nicht nur in einem einzelnen Zimmer, in dem vielleicht eine Webcam installiert ist. Sie werden dann leichter eine Entscheidung treffen können und wahrscheinlich meistens nicht mitten am Tag nach Hause rasen, um Ihr Haus zu kontrollieren.

Eine andere Form der Sicherheit ist die Kontrolle von Babysittern. Mit einem Telepräsenzroboter in Ihrem Haus können Sie – »robotermäßig« – zu jeder Zeit hereinspazieren, während Sie fort sind, und den Babysitter und ihr Kind fröhlich grüßen. Wenn Sie über Nacht geschäftlich unterwegs sind, können Sie sich mit Ihrem Kind unterhalten, während es zu Bett gebracht wird – nicht ganz dasselbe wie Ihre persönliche Anwesenheit, aber besser als ein Telefonanruf. Nach der Schule wird Ihnen der Telepräsenzroboter eine Aufsicht über Ihre Schlüsselkinder erlauben, die andernfalls zwei oder drei Stunden ohne elterliche Aufsicht im Haus verbringen würden.

Menschen mit schlechten Absichten werden die heutzutage erhältlichen Roboter zum Ausspionieren ihrer Nachbarn benutzen. Viele große Apartmenthäuser in New York und Chicago haben einen TV-Kanal in ihrem Kabelsystem, der von einer Kamera in der Eingangshalle gespeist wird. Wenn es also bei jemandem im 25. Stock klingelt, kann er oder sie rasch nachsehen, wer es ist. Wie sich herausgestellt hat, ist dieser Kanal der meistgesehenste in diesen Gebäuden. Die Leute lassen ihn im Hintergrund laufen, um zu sehen, wer ins Haus geht, wer mit wem kommt und wer wen besucht. Ein Telepräsenzroboter könnte Vorstädtern ebensolche anthropologischen Amateurstudien ermöglichen.

Forscher wie Chris Stauffer vom KI-Labor des MIT haben Bilderkennungsprogramme entwickelt, die eine Szene beobachten und im Lauf einiger Stunden »gelernt« haben, was normal ist und was ungewöhnlich. Das System beobachtet die Bewegungen in einer Szene. Es lernt schnell, das Wogen der Bäume im Wind als unwichtig zu ignorieren. Wenn es eine belebte Straße beobachtet, lässt es bald die fahrenden Autos außer Acht. Aber wenn ein 18-rädriger Sattelschlepper auf dieser Straße etwas Ungewöhnliches ist, erkennt das Programm solche LKWs, wann immer sie vorbeikommen, als etwas, das wesentlich größer als die normalen Fahrzeuge ist. Beobachtet es ein Haus, erkennt es, wenn jemand hinein- oder hinausgeht.

Man kann erraten, dass es bald Softwareanbieter geben wird, die »Spionage«-Pakete für Telepräsenzroboter offerieren werden. Der Nutzer kann dann morgens wie gewöhnlich zur Arbeit fahren. Dort steuert er sofort seinen Roboter an ein Fenster, fährt dessen Hals aus und nimmt Frau Schmidts Haus auf der gegenüber liegenden Straßenseite ins Visier. Später am Morgen bekommt er bei der Arbeit eine Sofortmeldung von seinem Heimroboter: »Etwas geht vor sich.« Er schalten die Browser-Website zum Heimspion ein und, ja, richtig! – Frau Schmidt bekommt ein neues Sofa!

Denken wir einen Moment an unsere älter werdenden Eltern oder Großeltern. Ein Telepräsenzroboter in ihrem Haus könnte einer Reihe von Funktionen dienen, um die Zeit zu verlängern, in der sie allein und ohne Betreuung zu Hause leben können. Am einfachsten wäre es, wenn Sie oder ein Betreuungsservice einmal am Tag zu einer festen Stunde bei ihnen hereinschauen würden. Ihre Verwandten würden auf einen Anruf hin erlauben, mit dem Roboter nach dem Rechten zu sehen. Falls sie nicht antworten, wären Sie oder der Betreuer in jedem Fall berechtigt, sich mit dem Telepräsenzroboter umzusehen – man kann zum Beispiel das Haus kontrollieren und herausfinden, dass die Verwandten einen Spaziergang machen, also meldet man sich später noch einmal. Aber vielleicht gibt es ernste Probleme, man findet die Verwandten durch den Roboter hilflos vor und kann den Notarzt rufen. Ist alles in Ordnung, kann man die Gelegenheit zu einem netten Besuch bei den alten Leuten nutzen, mit ihnen plaudern, sich nach ihrem Gesundheitszustand erkundigen und die selbst gezogenen Blumen bewundern. Ein Variante des »Spionage«-Pakets könnte Sie durch eine Sofortmeldung oder E-Mail bei der Arbeit informieren, wenn in der Wohnung Ihrer Verwandten etwas nicht zu stimmen scheint. Nach einem unbeantworteten Telefonanruf würden Sie mit dem Telepräsenzroboter nach dem Rechten sehen und die Lage selbst in Augenschein nehmen können.

Sich die Blumen anzusehen, die ihr Großvater züchtet, bringt uns noch auf eine andere Nutzung ferngesteuerter Präsenz. Eine der zunächst überraschenden, im Rückblick aber offensichtlichen Verwendungen des Internets war die Möglichkeit, mit seiner Hilfe besondere Interessengruppen zu bilden. Solche Gruppen diskutieren alles, angefangen bei den Beanie Babies (Kuscheltiere für Sammler in limitierter Auflage) über Modelleisenbahnen bis hin zu Porzellansammlungen. Es gibt ein natürliches Bedürfnis, sich mit anderen zusammenzutun und über Themen von gemeinsamem Interesse zu sprechen. Mit den seit kurzem verfügbaren Digitalkameras, deren Aufnahmen sich direkt in den Computer einspeisen lassen, sind solche Hobbygruppen noch lebendiger geworden. Die Mitglieder können Fotos der Dinge austauschen, für die sie sich interessieren. Webcams ermöglichen ihnen einen Austausch in Echtzeit, und mit Telepräsenzrobotern eröffnet sich ein noch weiteres Aktionsfeld.

In den traditionellen Vereinen der Gartenfreunde laden sich die Mitglieder oft gegenseitig ein, um sich ihre Gärten zu zeigen. Die Mitglieder kommen meist aus derselben Gegend, da die Reisezeit sonst ein zu großes Hindernis wäre. Mit Telepräsenzrobotern kann ein solcher Gartenklub globale Ausmaße annehmen. Wenn der Gastgeber eines Treffens einen Telepräsenzroboter besitzt, können sich alle Mitglieder abwechselnd in ihn einschalten, durch den Garten streifen und sich ansehen, was sie möchten, während sie mit dem Gastgeber und den anderen Gartenfreunden plaudern. Alle können mithören und genau sehen, was der Roboter hört und sieht, und sich in die Unterhaltung einschalten.

Gartenvereine sind nur eine Möglichkeit. Wie das Internet gezeigt hat, gibt es viel Fantasie und ein großes Bedürfnis für solche Interessengruppen, und die Menschen werden allenthalben rasch neue und unerwartete Wege des sozialen Austauschs über größere Distanzen als je zuvor finden. Abgesehen von solchen Verwendungen im Haushalt ist auch eine geschäftliche Nutzung von Telepräsenzrobotern möglich. Wir benutzen unsere Roboter bereits in unserer Firma, um Reisen und Telekonferenzen zu ersetzen. Da unser Unternehmen über drei Bundesstaaten verteilt ist, gibt es viele Konferenzen über Konstruktionsprobleme via Telekommunikation oder Video. Wer einmal an solchen Konferenzen teilgenommen hat, weiß, dass sie Beschränkungen haben und dass Menschen, die sich nicht im selben Raum befinden, auch nicht im vollen Umfang daran partizipieren können. Sie nehmen nicht alles wahr, was zwischen Ihnen und Ihren physisch präsenten Kollegen stattfindet. Ihnen entgeht viel von der nonverbalen Kommunikation, den hochgezogenen Augenbrauen und den erhobenen Zeigefingern, vom Nicken und von den Blickwechseln. All dies fügt der sozialen Interaktion etwas hinzu, was die Teilnehmern am anderen Ende der Leitung – sei es bei einer Telefon- oder Videoverbindung – nicht mitbekommen.

In der frühen Entwicklungsphase des iRobot-LE gab es eine Telekonferenz mit Ingenieuren in Massachusetts und einem in New Hampshire. Vor der Konferenzschaltung rollte ein früher Prototyp des Telepräsenzroboters in den Sitzungsraum in Massachusetts. »Er« war der Ingenieur Todd aus New Hampshire. Wenn er schon nicht selbst anwesend sein konnte, war es ihm so zumindest möglich, sich in den Roboter einzuschalten, den er mit seinem Browser kontrollierte. Während der Konferenz konnte Todd mit den anderen Ingenieuren sprechen, sich an sie wenden und ihre Aufmerksamkeit auf sich ziehen. Er war viel präsenter, als wenn wir ein Videokonferenzsystem benutzt hätten. Todd konnte sich umherbewegen und uns folgen, als wir uns einen Prototyp im Nebenzimmer ansahen. Nichts ist so gut wie die persönliche Anwesenheit, es sei denn, man kann an einem Ort präsent sein, ohne dorthin reisen zu müssen. Telepräsenz schlägt zwei Fliegen mit einer Klappe.

Die nächsten Jahre

Es wird nur leichte Modifikationen der größeren Telepräsenzroboter erfordern, die gegenwärtig verkauft werden, und eine geringfügige Ergänzung Ihrer Kühlschranktür, um den Robotern zu ermöglichen, sie auf Befehl zu öffnen. Wenn Sie auf dem Nachhauseweg am Supermarkt vorbeikommen, werden Sie auf diese Weise den Inhalt Ihres Kühlschranks überprüfen können und wissen, was genau Sie noch für das Abendessen einkaufen müssen.

Kühlschranktüren lassen sich leicht öffnen, da sie keinen Verriegelungsmechanismus haben: Sie sind magnetisch verschlossen, und es bedarf nur etwas Kraft in die richtige Richtung, um sie aufzuziehen. Türen innerhalb des Heims sind, selbst wenn sie keine Schlösser haben, etwas schwieriger zu öffnen. Im Labor waren Roboter jedoch in der Lage, Türen verlässlich zu öffnen; daher erscheint es technisch durchaus möglich, diese Fähigkeit über einen allgemeinen Kontrollbefehl zur Verfügung zu stellen. Damit wird es bequemer, mit einem solchen Roboter überall im Haushalt herumzufahren – die Innentüren in der Wohnung müssen nicht offen bleiben.

Wenn wir dem Telepräsenzroboter noch eine weitere neue Fähigkeit hinzufügen, eröffnen wir ihm ein ganzes Spektrum neuer Anwendungen. Wir müssen ihn nur in die Lage versetzen, verschlossene Türen von innen zu öffnen und wieder zu verschließen. Dann können die Roboter die innen mit einer Türklinke versehenen Haus- oder Wohnungstüren öffnen. Die Türen wieder zu verschließen, ist etwas schwieriger und erfordert mehr Geschick. Wahrscheinlich werden unsere Telepräsenzroboter das in einigen Jahren noch nicht können, vielleicht aber in einem Jahrzehnt.

Daher mag es für die unmittelbare Zukunft notwendig sein, einen neuen Verriegelungsmechanismus zu bauen, der sowohl mechanisch als auch elektrisch bedient werden kann. Dieser Mechanismus würde die Größe der handelsüblichen Schlösser haben, und ein Schraubenzieher würde ausreichen, um die alten Schlösser zu ersetzen. Es gäbe keine externe Stromquelle für das Elektroschloss und auch keine Batterie. Dadurch bliebe die Installation einfach und verlässlich. Gewöhnlich würde man die Verriegelung per Hand betätigen, wie es heute der Fall ist. Es gäbe jedoch auch Kontakte, sodass ein Telepräsenzroboter zur Tür fahren und sie berühren könnte, um den elektrischen Öffnungs- und Schließmechanismus zu bedienen. Nun hätte der Eigentümer die Möglichkeit, von fern auf ein Befehlsfeld seines Browserfensters zu klicken und die Wohnungs- oder Haustür zu öffnen.

Aber wozu wäre das gut? Wir haben alle schon die Erfahrung gemacht, dass sich ein Lieferant oder Handwerker für nächsten Donnerstag ankündigt, aber nicht genau weiß, wann er im Lauf des Tages genau kommen wird. Also müssten wir eigentlich am Donnerstag den ganzen Tag zu Hause bleiben und auf ihn warten. Niemand hält das für besonders befriedigend. Mit einem Telepräsenzroboter, der die Wohnungstür öffnen kann, lässt sich hier Abhilfe schaffen.

Wenn ein Lieferant oder Handwerker vor Ihrer Tür steht, erfahren Sie das sofort. Entweder ruft der Betreffende Sie an, oder der Telepräsenzroboter wird durch die Türklingel aktiviert (oder vielleicht durch eine direkte Funkverbindung vom Klingelknopf zum Roboter) und benachrichtigt Sie seinerseits über Ihren Computer bei der Arbeit. Jetzt schalten Sie sich in den Roboter ein, nehmen in Augenschein, ob es sich um die erwartete Person handelt, und plaudern mit ihr, während Sie sie hereinlassen. Ist es ein Lieferant, zeigen Sie ihm genau, wo er seine Ware abstellen soll. Soll eine Reparatur oder Installation durchgeführt werden, führen Sie den Handwerker zu seinem Einsatzort. In jedem Fall können Sie die Besucher bei ihrer Arbeit verfolgen und hinter ihnen abschließen, wenn sie gegangen sind.

Es stimmt, dass Ihr Roboter nicht viel ausrichten könnte, wenn Ihr Besucher, kaum dass Sie ihn hereingelassen haben, sich über die Schmuckkassette hermacht und alle Wertsachen mitgehen lässt. Aber auch Ihre persönliche Anwesenheit würden in diesem Fall wohl nicht viel ändern. Ihre physische Präsenz wirkt als soziale Kontrolle: Sie werden Augenzeuge von Delikten und haben damit ausreichende Beweise, um sich an den Arbeitgeber der Person oder die Polizei zu wenden. Aber auch wenn Sie über Ihren Roboter präsent sind und mit dem Täter sprechen, haben Sie die gleiche Art von physischem Beweis und können auf die Person einwirken.

Ihr Telepräsenzroboter befreit Sie also davon, so häufig wie heute zu Hause auf jemanden warten zu müssen. Er erleichtert auch Frei-Haus-Lieferungen des E-Commerce. Vieles, was man heute im Internet bestellen kann, wird ins Haus geschickt und entweder vor der Tür abgestellt, wo es gestohlen werden kann, oder man erhält vom Auslieferer, der einen nicht angetroffen hat, nur eine Benachrichtigung und muss die Sendung dann selbst abholen. Mit einem Telepräsenzroboter ist man immer virtuell zu Hause und kann sicherstellen, dass die Pakete im Haus abgestellt werden und die Tür danach wieder verschlossen wird.

Stellen wir uns nun das folgende Szenario vor: Es ist Spätherbst und Zeit, Ihre Ölheizung warten zu lassen. Die Wartung besteht aus einigen einfachen Verrichtungen: ein paar Teile des Brenners herausnehmen und reinigen und vielleicht ein paar Rohre säubern. Das ist nichts, was ein Roboter in absehbarer Zukunft allein können wird. Daher müssen Sie den Service bestellen. Heute müssen Sie noch zu Hause auf einen Installateur warten. In nur einigen wenigen Jahren dagegen können Sie wegfahren und ihn mit Ihrem Telepräsenzroboter hereinlassen.

Aber wird das in fünf bis zehn Jahren überhaupt noch nötig sein? Immer bessere Telepräsenzroboter werden auf den Markt kommen, die über mehr Geschicklichkeit verfügen. Dafür wird der Druck des Marktes sorgen. Nehmen wir zum Beispiel an, Sie überprüfen Ihren Herd von Ihrem Feriendomizil aus und sehen, dass Sie ihn aufgrund der üblichen Hetze zum Flughafen angelassen haben. Wenn Ihr Heimroboter, den Sie von Ihrem tropischen Strandhaus steuern, geschickt genug ist, kann er die Herdplatte ausschalten. Das wird Sie viel mehr befriedigen als ein unbeholfener Robotertölpel, der nicht mehr kann, als sich umzusehen.

Bald werden Sie wünschen, dass er auch Fenster öffnet und schließt, den Hund oder die Katze füttert und Lebensmittel aus dem Kühlschrank räumt, damit Sie besser sehen können, was Sie noch zu Hause haben. All diese anspruchsvollen Operationen werden in Form allgemeiner Kontrollbefehle über Ihren Browser gesteuert, wo immer Sie sich in ihn einschalten. Der Telepräsenzroboter wird nicht sonderlich intelligent sein müssen, um solche Dinge zu erledigen. Das ist der Grund, warum ich bei meinen Vorhersagen so zuversichtlich bin: Es gibt nichts, was nicht schon heute erfolgreich im Labor erprobt wäre.

Nun kommen wir zu unserem Ölheizungsservice zurück, den Sie gebeten haben, die fünf- bis zehnminütige alljährliche Wartung Ihrer Heizung vorzunehmen. Wenn Sie bereits einen geschickten Telepräsenzroboter haben, warum erlauben Sie dem Wartungsdienst nicht, sich in ihn einzuschalten und die Wartungsarbeiten aus der Ferne auszuführen? Der Heizungsinstallateur müsste dann nicht eigens in seinen Lieferwagen steigen und zu Ihnen kommen. Oder, noch besser, er muss nicht seine Heimatstadt in Südasien verlassen und zu Ihrem Heim in Europa oder den USA reisen. Bestimmte Arten körperlicher Arbeit können nun von überall aus erledigt werden.

Und das bringt uns zu den Allzweckhaushaltsrobotern zurück, die wir im letzten Kapitel erörtert haben. Wir werden bald preisgünstige spezialisierte Roboter haben, die für uns mehr Aufgaben im Haushalt erledigen. Es scheint unwahrscheinlich, dass wir in den nächsten Jahrzehnten einen Allzweckroboter haben werden, der bügeln, die Geschirrspülmaschine laden und entladen, die Lebensmittel auspacken und verstauen oder das Badezimmer sauber machen kann. Für all diese Aufgaben werden besonders Doppelverdiener mit anspruchsvollen Jobs weiterhin Haushaltshilfen einstellen.

In absehbarer Zukunft werden solche Familien in der Lage sein, Menschen einzustellen, die nicht in ihrem Land leben und solche Hausarbeiten als beaufsichtigende Kontrolleure mit einem Telepräsenzroboter erledigen. Man wird für diesen Service Menschen aus ärmeren Ländern beschäftigen, die von dort aus Roboter für körperliche Arbeit in reicheren Ländern bedienen. Das Gute daran ist, dass solche Bediensteten in den ärmeren Ländern selbst keine schmutzige, ermüdende Arbeit mehr verrichten müssen. Es wird vielerorts, wo die Wirtschaft schwach ist, eine relativ gut bezahlte, begehrte Arbeit sein. Außerdem schafft es in solchen Ländern dringend benötigte Arbeitsplätze. Man kann sich Servicezentren in Ländern vorstellen, wo es einen Arbeitskräfteüberschuss, aber in vielen Haushalten noch keinen Internetanschluss gibt. In diesen Zentren wäre Internetzugang mit hoher Bandbreite verfügbar und die »Hausbediensteten« würden an einem Computer unter relativ angenehmen Bedingungen arbeiten. Nicht nur Haushaltsarbeit könnte so erledigt werden. Dieselben Menschen könnten den Rasenmäher und andere Telepräsenzroboter kontrollieren, über die nachzudenken wir noch nicht einmal begonnen haben.

Es ist zwar leicht, viele Seiten mit Ideen über die große Zukunft von Telepräsenzroboter zu füllen, aber die Einzelheiten werden zweifellos überraschend sein – genauso wie das Internet sich anders entwickelt hat, als die meisten vor zehn oder 20 Jahren dachten. Über eine Größe in der Gleichung können wir uns jedoch sicher sein: Sex.

Was ist die häufigste Verwendung des Internet? Flirten und Online-

Sex. Welche Anwendung für Videostreams belegt am meisten Bandbreite? Webcams, die Life-Pornografie übertragen, häufig verbunden mit Online-Chats oder Telefongesprächen. Was wird einer der frühen Treiber für Telepräsenz sein? Raten Sie …! Tatsächlich könnten Sie viel Geld verdienen, wenn Sie mit Ihrem Tipp Recht haben und auf die richtige Innovation kommen. Irgendjemand wird es.

7
Wir sind etwas Besonderes

Wir können unseren Hund ansehen, Augenkontakt zu ihm herstellen und mit unserem Kopf seine Kopfbewegung nachahmen. Wir können mit ihm spielen, warten, bis er sich auf uns stürzt, und es ihm gleichtun. Wir können unserem Hund Aufmerksamkeit schenken, wenn er uns an der Tür begrüßt. Wir wären erschüttert und in Tränen aufgelöst, wenn wir ihn ernsthaft verletzt sähen, und wenn er stirbt, werden wir uns vielleicht noch jahrelang mit einem stillen Lächeln an einige Episoden mit ihm erinnern.

Mit unbelebten Objekten gehen wir im Allgemeinen nicht in dieser Weise um. Aber die naiven Testpersonen, die sich mit dem Roboter Kismet unterhielten, behandelten ihn in mancher Hinsicht wie ein Lebewesen. Kismet und Cog haben eine Art »Lebendigkeit« an sich. Vor ein paar Jahren, in den frühen Tagen des Cog-Projekts, besuchte Professor Sherry Turkle unser Labor. Sherry stand der KI-Forschung immer etwas kritisch gegenüber. In den letzten Jahren konzentrierte sie sich bei ihren Forschungen darauf, wie Kinder ihr Unterscheidungsvermögen hinsichtlich der Begriffe »lebendig« und »unbelebt« schärfen, wenn sie mit sprechendem Spielzeug konfrontiert sind, das auf Reize reagiert und ein eigenes Innenleben zu haben scheint. Nach ihrem Besuch in unserem Labor schrieb sie in ihrem Buch *Leben im Netz*:

[...] Cog »bemerkte« mich bald, nachdem ich in den Raum gekommen war. Sein Kopf drehte sich, um mir zu folgen, und es machte mich verlegen, dass mir das gefiel. Ich bemerkte, dass ich mit einem anderen Besucher um seine Aufmerksamkeit rang. An einem Punkt war ich sicher, dass Cogs Augen meinen Blick »fingen«. Mein Besuch verstörte mich – nicht wegen irgendetwas, das Cog getan hätte, sondern aufgrund meiner Reaktion auf »ihn«. Jahrelang hatte ich in Gedanken immer Anführungszeichen hinzugesetzt, wenn Rodney Brooks über seine »Wesen« sprach. Aber nun, mit Cog, fiel mir auf, dass die Anfüh-

rungszeichen verschwunden waren. Ohne es zu wollen und trotz meiner fort-
dauernden Skepsis über das Forschungsprojekt hatte ich mich verhalten wie in
Gegenwart eines anderen Wesens.

Obwohl sie das gar nicht wollte, machte sie die Erfahrung, dass sie
unwillkürlich auf Cog reagierte. Die Studenten, die mit Kismet arbeiten,
berichten von dem gleichen Effekt. Sie kennen Kismets Fähigkeiten und
wissen genau, wie er sie bewerkstelligt, da sie ihn ja selbst programmiert
haben. Häufig arbeiten sie in demselben Raum, in dem sich Kismet
befindet, und der Roboter blickt sich um oder kommuniziert mit jemand anderem. Kismets Präsenz sinkt in ihr Unterbewusstsein, während sie sich in ihre Arbeit vertiefen. Gelegentlich aktiviert ein anderer
Student, der gerade an Kismet arbeitet, sein visuelles System. Wenn das
geschieht, durchläuft Kismet einen Kalibrierungsprozess, bei dem ihm
seine Sensoren sagen, in welche Richtung seine Augen zeigen. Dazu
rückt er beide Augen so weit wie möglich nach rechts, dann so weit wie
möglich nach links, nach oben und nach unten. Während dieser Zeit
zeigt Kismet keine Gefühle oder eine seiner menschenähnlichen Verhal-
tenweisen. Die Studenten im Labor finden das gewöhnlich beunruhi-
gend. Plötzlich verliert dieses lebensähnliche Objekt, das sie in ihrem
Bewusstsein irgendwie wahrnehmen, aber im Detail verdrängen, seine
Lebensähnlichkeit.

Wir wären sehr wahrscheinlich beunruhigt, wenn unser Hund sich
plötzlich wie Kismet während seiner Rekalibrierung verhalten würde.
Diese Art von Handlung erwarten wir uns von Lebewesen einfach nicht.
Pantomimen und Imitatoren machen sich dies zunutze, indem sie die
natürlichen Bewegungen eines Menschen unterdrücken und sich wie eine
Maschine bewegen. Sollten wir Kismet den Status eines Lebewesens zubilligen? Oder ist er einfach nur eine Maschine, die gelegentlich eingeschaltet wird? Wir können in Kismet so etwas wie eine Denkaufgabe sehen.
Denn wenn der heutige Kismet nicht als Lebewesen gilt, ergeben sich drei
weitere Fragen. Erstens: Ist es überhaupt prinzipiell möglich, dass eine
Maschine den Status eines Lebewesens erlangt? Zweitens: Wenn ja, worü-
ber müsste sie über die aktuellen Fähigkeiten Kismets hinaus zusätzlich
verfügen, um als Lebewesen anerkannt zu werden? Und drittens: Selbst
wenn wir eine Maschine als Lebewesen anerkennen: Welche Art von Status sollten wir, könnten wir oder würden wir ihm zugestehen?

Stufen des Lebendigseins

Bevor wir versuchen, diese Fragen für Kismet oder einen seiner Nachkommen direkt zu beantworten, lassen Sie uns zu unserem Hund zurückkehren und dann auf einige andere Tiere kommen.

Wir haben sicher alle keine Schwierigkeiten, Hunden den Status von Lebewesen zuzubilligen. Sie sind so lebendig wie Mäuse, Elefanten und Katzen. Wir können uns jedoch darüber streiten, ob sie auch ein Bewusstsein haben. Zweifellos scheinen sie Gefühle zu besitzen. Unsere Hunde zeigen Angst, Aufregung und Zufriedenheit. Fraglicher ist es schon, ob sie Dankbarkeit empfinden. Die meisten Menschen würden diese Eigenschaften auf alle Säugetiere ausdehnen, auch wenn Mäuse und Ratten sicherlich emotional weniger komplex erscheinen als Hunde und Pferde. Trotzdem können wir alle erkennen, dass eine gefangene Maus eine Angstreaktion zeigt, zittert, schnell atmet und sich nach einem Fluchtweg umschaut. Ihre Angst scheint instinktiv. Wir haben ein Gefühl dafür: Es ist die gleiche Art von Angst, die wir selbst in verzweifelten Situationen empfinden. Aber instinktive Angst ist nicht das Gleiche wie Vernunft. Es ist eine offene und umstrittene Frage, ob selbst Schimpansen Vernunft besitzen. Haustierbesitzer neigen dazu, bei Hunden, Ratten oder Mäusen ein vernünftiges Verhalten zu erkennen, Wissenschaftler würden dies eher verneinen.

Diese Tiere sind alle in bestimmter Hinsicht lebendig, wenn auch sicher nicht in jeder Weise wie Menschen, selbst wenn man einmal einen Moment lang ihren Mangel an Sprachvermögen und Technologie außer Acht lässt. Als Lebewesen billigen wir diesen Tieren einen bestimmten Respekt und bestimmte Rechte zu. Zwar ist es umstritten, ob Tiere für wissenschaftliche Experimente eingesetzt werden sollen, Grausamkeit gegenüber Tieren findet jedoch wohl ein jeder unmoralisch. Psychopathische Grausamkeit Menschen gegenüber scheint tatsächlich mit extremer Grausamkeit gegenüber Tieren in der Kindheit in Beziehung zu stehen.

Betrachten wir nun Reptilien. Wenn man sich einer Eidechse rasch nähert, erschrickt sie und rennt weg. Sie verhält sich, als hätte sie Angst, aber würden wir sagen, dass die Eidechse wirklich Angst hat? Sie zeigt nicht ganz die gleiche Art von Reaktion wie ein verängstigtes Säugetier. Eine Eidechse kann ihre Augen bewegen. Wir können in etwa ihre Blickrichtung erkennen und sagen, wann sie in die Richtung einer Gefahrenquelle blickt. Wir sehen vielleicht, wie sich ihr Brustkasten hebt und senkt und erkennen so, dass sich ihre Atemfrequenz erhöht hat. Aber liegt das daran, dass sie Angst hat, oder ist die Gefahr nur eine Art Stimulus, der den Energieausstoß erhöht und automatisch eine Fluchtreaktion auslöst? Hat sie wirklich Angst, oder teilt sie nur einige Merkmale von Angstzuständen, die wir bei Säugetieren kennen gelernt haben? Vielleicht hat die Evolution diesen Stimulus-Reaktions-Mechanismus geschaffen, weil er bessere Überlebenschancen gewährleistet, und erst später, bei den Säugetieren, »wirkliche« Angst hinzugefügt.

Wie Säugetiere und Reptilien sind Fische Wirbeltiere, haben einen ähnlichen Körperbau und bewegliche Augen. Statt Lungen haben Fische Kiemen, und wir bekommen unzweideutige Hinweise auf den Zustand ihrer Atmung, wenn wir sie auf dem Boden eines Fischerbootes nach Luft schnappen sehen. Wenn wir tauchen, erkennen wir sehr deutlich ihre erschreckten Reaktionen und ihre Fähigkeit, viel schneller zu beschleunigen, als wir je gedacht hätten. Aber wenn sie ein paar Sekunden später wieder zur Ruhe kommen, ist schwer zu erkennen, ob sie eine traumatische oder stressreiche Erfahrung gemacht haben. Sie scheinen wieder so ruhig zu sein, wie sie es waren, als wir sie zuerst sahen – oder auch so ängstlich.

Wenn wir uns Insekten und Spinnentiere ansehen, ist es weit weniger klar, ob sie jemals Angst haben. Tatsächlich erscheinen sie manchmal völlig angstfrei. Insekten wie Küchenschaben fliehen, wenn sie Schritte wahrnehmen, aber es gibt nicht die geringste Andeutung von Angst. Insektenaugen sind meist nicht beweglich, und viele zeigen keine erkennbare Kopfbewegung relativ zu ihren Körpern. Und sie atmen nicht erkennbar, sondern durch kleine Röhren, die von außen ins Körperinnere führen. Spinnen und andere Spinnentiere haben manchmal bewegliche Augen, aber sie sind zu klein, als dass wir sie sehen könnten. Wie Insekten flüchten sie häufig vor der Gefahr, aber sie zeigen kein anderes Anzeichen von Angst. Andererseits greifen soziale Insekten häufig Lebewesen an, die um ein Vielfaches größer sind als sie selbst; in ihren Genen ist nicht das individuelle Überleben und damit die Fortpflanzung des einzelnen Insektes als oberstes Ziel verankert, sondern das Fortbestehen der ganzen Gesellschaft, in der viele ihrer Gene reproduziert werden.

Wenn wir zu den Würmern und schließlich zu den Amöben kommen, sind wir sicherlich alle einer Meinung, dass sie keine Gefühlsreaktionen zeigen. Mit ihnen können wir unsere eigenen Angstreaktionen nicht in Beziehung setzen. Sie sind so völlig verschieden und fremd, dass sie sich auf der Ebene unserer Gefühle nicht mit uns vergleichen lassen. Unterschiedliche Tiergattungen zeigen also offenbar auch unterschiedliche Gefühlsreaktionen. Außerdem behandeln wir als Gesellschaft sie in ethischer Hinsicht verschieden.

Schimpansen werden gewöhnlich als menschenähnlich angesehen. Es gibt eine große Debatte über die Grausamkeit, Schimpansen in Käfigen zu halten, und tatsächlich haben die zoologischen Gärten die Haltung in den letzten 20 Jahren verändert. Heute werden Schimpansen ebenso wie Gorillas und Orang-Utans, die anderen Menschenaffen, die denselben evolutionären Stammbaum mit uns teilen, normalerweise in großen Gehegen mit Innen- und Außenräumen gehalten, zwischen denen sie frei hin und her gehen können. Der Tod eines Schimpansen ist eine ernste Sache und ein Privatbürger, der einen Schimpansen hält, würde verurteilt und geächtet, wenn er ihn willkürlich töten würde, ganz gleich wie schnell und human. In vielen Teilen der Welt könnte man dafür durchaus strafrechtlich verfolgt werden.

Unsere Einstellung gegenüber Schimpansen ähnelt der zu unseren Mitmenschen. Wir gestehen ihnen zwar nicht die gleichen Rechte zu, aber wir zollen ihnen ein ähnlich hohes Maß an Respekt. Es gibt nur sehr wenige Forschungsexperimente mit Schimpansen und fast keine, zu denen chirurgische Eingriffe gehören. Unsere Gesellschaft hat die Messlatte sehr hoch gelegt: Experimente, die routinemäßig mit Makaken durchgeführt werden, müssen für die Menschheit viel Nutzen bringen, bevor man gewillt ist, Schimpansen als Versuchstiere zu verwenden. Aber wie Marc Hauser von der Universität Harvard hervorhebt, billigen wir Schimpansen nicht ganz den Grad von »Selbstheit« zu, den wir uns selbst zuschreiben. Stellen Sie sich eine Spezies intelligenter Wesen vor, die auf der Erde auftaucht und uns 30 Jahre lang beobachtet. Malen Sie sich aus, wie Sie sich persönlich fühlen würden, wenn Ihnen ein Team dieser Aliens zugewiesen würde, das Sie die nächsten 30 Jahre Tag und Nacht überallhin verfolgt. Sie würden Sie zur Arbeit begleiten und dabei beobachten, sie kämen mit auf Ihre Hochzeitsreise und würden Ihnen ins Schlafzimmer folgen. Sie würden Ihnen jedes Mal still und unaufdringlich auf die Toilette folgen und eine Probe nehmen. Ich bezweifle, dass Sie sich sehr wohl dabei fühlen würden. Wir finden jedoch nichts dabei, wenn bewunderte Tierforscher genau dies mit Schimpansen in ihren afrikanischen Lebensräumen machen.

Es gibt strenge Gesetze gegen Grausamkeit gegenüber Hunden, Katzen und Pferden. In vielen Ländern, aber zum Beispiel nicht in Deutschland, haben ihre Besitzer das Recht, diese Tiere ohne besonderen Grund töten zu lassen, solange es »human« geschieht, also rasch und ohne Schmerzen oder Aufregung. Es wird etwas eher akzeptiert, eine Katze zu töten als einen Hund oder ein Pferd – in letzteren Fällen drängt sich stärker die Frage nach dem Warum auf. All diese Tierarten behandeln wir jedoch mit Respekt.

Mäuse und Ratten werden weit weniger respektiert. Man kann im Eisenwarenladen oder Kaufhaus Mausefallen kaufen, um diese Tiere zu töten. Wenn sie nach Plan funktionieren, brechen sie blitzschnell das Genick der Tiere. Aber es ist nicht ungewöhnlich, dass eine Mausefalle das Rückgrat des Tieres bricht und es noch ein paar Stunden unter Schmerzen weiterlebt. In unserer modernen Gesellschaft geht das außer den Mietern, Wohnungs- oder Hausbesitzern, die sich von der Plage befreien wollen, sicher niemanden etwas an. Wenn es jedoch bekannt würde, dass jemand Mäuse lebendig fängt und dann in der Mikrowelle tötet, wäre man entsetzt, und der Betreffende hätte eine Anklage wegen Tierquälerei zu erwarten.

Der Grad an Respekt für Reptilien fällt von Gesellschaft zu Gesellschaft sehr unterschiedlich aus. Wenn es um Fische geht, hat kaum jemand etwas dagegen, sie ersticken zu lassen, wenn man sie aus dem Meer oder einem Fluss gezogen hat. Einige Gesellschaften haben keine Probleme, Fische bei lebendigem Leib zu kochen, während andere dabei zimperlicher sind.

Viele von uns sprühen Insekten zu Tode oder zerquetschen sie. Wir zertreten sie beiläufig. Wir hängen Hochtemperaturlampen auf, um sie anzuziehen und verbrennen zu lassen. Wir zerdrücken unbewusst Milben, die auf unseren Augenbrauen oder auf unserer Haut leben. Wir verschwenden nicht einen Gedanken an diese Tiere.

Wir glauben also, dass einige Tiere uns in gewisser Hinsicht ähnlicher sind als andere. Diesen billigen wir auch ein Gefühlsleben zu. Die Ähnlichkeit, die wir in ihnen sehen, entspricht in etwa ihrer evolutionären und physiologischen Verwandtschaft mit uns, und wir finden in ihren

Emotionen und in ihrer Physiologie genug Parallelen zu uns, dass sie unsere Sympathie genießen und wir sie moralisch so gut behandeln wie andere Menschen.

Wie wir

Besitzen unsere anthropoiden Roboter genug Ähnlichkeit mit uns – oder werden sie es je tun –, dass wir uns ihnen gegenüber ähnlich moralisch verhalten wie gegenüber unseren Mitmenschen und in unterschiedlichem Maße auch bestimmte Tierarten?

Unsere neuen Roboter ähneln uns äußerlich, deshalb bezeichnen wir sie auch als anthropoide oder humanoide Roboter. Sie besitzen eine menschliche Form und Größe und sind in der Lage, sich in menschenähnlicher Weise zu bewegen und zu reagieren. Bis heute gibt es jedoch keine Roboter – weder anthropoide noch andere –, die eine auch nur annähernd menschliche Physiologie haben.

Unsere Roboter sind aus Stahl und Silizium. Grob gesagt jedenfalls, denn ihre Körper enthalten auch viele Komponenten aus Plastik und verschiedenen anderen Metallen. Einige haben eine Außenhaut, aber sie ist nicht so weich und nachgiebig wie die menschliche. Die Aktuatoren sind bis heute allesamt Elektromotoren[26], aber Federn und neue Kontrollmechanismen haben zu sehr menschenähnlichen Bewegungen geführt. Anthropoide Roboterarme, die damit ausgestattet sind, können in Reaktion auf äußere Kräfte subtile Bewegungen ausführen. Zwar sind sie im Verhältnis zu Menschen immer noch unbeholfen, aber langsam nähern sie sich der Ebene, auf der sie mit Objekten so umgehen können wie vier- oder fünfjährige Kinder. Das ist sehr verschieden von den Bewegungen, die wir mit Industrierobotern in Verbindung bringen, die Objekte aufheben und mit unglaublicher Geschwindigkeit an die vorgesehenen Stellen setzen.

---

[26] Einige haben mit wechselndem Erfolg den Einsatz anderer Aktuatoren für Humanoide versucht, aber alle bringen weniger Leistung als Elektromotoren. Disney benutzt hydraulische Motoren für seine »animatronischen« Anthropoiden, die so eingestellt sind, dass sie die gleichen Bewegungen ohne Abweichung Tausende von Male jeden Tag wiederholen. Andere haben pneumatische Aktuatoren eingesetzt, aber ihre Kontrolle und Leistung sind sehr ungenügend, und die Roboter sehen aus, als hätten sie die Parkinsonsche Krankheit im fortgeschrittenen Stadium.

Die Energiequelle der humanoiden Roboter ist Elektrizität aus der Steckdose. Es gibt keine Notwendigkeit, dass sie Energie sammeln, speichern, spenden oder sparsam verbrauchen. Zum gegenwärtigen Zeitpunkt benötigen sie viele Formen menschlichen Verhaltens noch nicht, die wir fast unbewusst jeden Tag ausführen, um unsere Körper zu erhalten und unsere Existenz aufrechtzuerhalten. Wir müssen alle paar Stunden essen und trinken, um zu überleben. Wir müssen täglich schlafen, um gesund zu bleiben. Wir müssen alle paar Sekunden atmen, oder wir sterben in Minutenschnelle. Solange unsere anthropoiden Roboter an eine Steckdose angeschlossen sind, müssen sie nichts davon tun. Es gibt erste Versuche, Roboter biologisches Material verdauen zu lassen, wobei die entstehenden Gase dann dazu dienen, Brennstoffzellen zu speisen. Aber solange unsere Roboter noch vor allem aus Stahl und Silizium bestehen, wird diese Energieversorgung selten bleiben. Es wird immer möglich sein, eine Elektrizitätsquelle direkt anzuzapfen und die physiologischen Imperative zu umgehen.

Schlafen ist jedoch etwas anderes. Der »Grund« des Schlafens ist recht geheimnisvoll. Immer mehr Studien aus jüngster Zeit haben jedoch gezeigt, dass zumindest einer der Gründe darin besteht, die während des Tages gesammelten Kurzzeiterinnerungen im Langzeitgedächtnis zu konsolidieren. Es könnte gute Gründe geben, dass auch unsere intelligenten Roboter einen Teil ihrer Interaktionen einstellen müssen, um solche geordneten Verdichtungen der jüngsten Erfahrungen vorzunehmen. Wenn das der Fall ist, könnte Schlaf für unsere Anthropoiden notwendig werden, um zu lernen und sich anzupassen. Andererseits wäre es plausibel, wenn wir Ingenieure eine klügere Lösung fänden als die Evolution und Algorithmen schafften, die diese Konsolidierung leisten, während der Roboter voll in Betrieb ist.

Für die nächsten zehn bis 20 Jahre kann man sicher davon ausgehen, dass unsere Roboter physiologisch sehr fremdartig bleiben werden. Es ist zwar wahrscheinlich, dass wir sie in ihrem äußeren Erscheinungsbild immer menschenähnlicher machen können, aber wir werden immer wissen, dass unter ihrem vertrauten Äußeren etwas von uns sehr Verschiedenes steckt.

So viel zur Physiologie. Wie steht es mit den Gefühlen? Sind die Gefühle von Robotern auch nur annähernd mit den menschlichen vergleichbar?

Eine Reihe von Robotern, darunter Kismet und »My Real Baby«, sind in der Lage, Gefühle in menschenähnlicher Weise mitzuteilen. Sie benutzen dazu Gesichtsausdrücke, Körperhaltungen und Sprachmelodie, um ihren inneren Gefühlszustand auszudrücken. Ihre Gefühle sind ein komplexes Wechselspiel vieler Subsysteme. Einige haben wie Kismet einen »Einsamkeitsantrieb«, der nur durch bestimmte Erfahrungen in der Welt befriedigt werden kann, in seinem Fall durch das Aufspüren eines menschlichen Gesichts. Bei anderen gibt es innerhalb ihrer vielen gleichzeitig ablaufenden Programme Variablen mit so aussagekräftigen Bezeichnungen wie »Erregung«. Es gibt viele Interaktionen zwischen den emotionalen Systemen, den Wahrnehmungs- und den Motorsystemen.

Bei Kismet zum Beispiel stuft das visuelle System hautfarbene Dinge[27] als interessanter ein, als Spielzeug in kräftigen bunten Farben. Als Ergebnis wird Kismet eine größere Neigung haben, mit seinem Blick zu hautfarbenen Dingen zu springen, was in seiner Laborumgebung bedeutet, dass er menschliche Gesichter anblickt, wenn Menschen anwesend sind. Menschliche Hände sind die anderen hautfarbenen Objekte in seiner Umgebung, aber sie sind gewöhnlich kleiner und daher weniger anziehend als Gesichter. Wenn das Einsamkeitsniveau steigt, nimmt in Kismets Gefühlszustand die Zufriedenheit ab. Er wird dann mit größerer Wahrscheinlichkeit furchtsam oder verärgert auf kleine Ärgernisse von beweglichen Objekten in der Nähe seines Gesichts reagieren. Er wird diese Gefühle durch seinen Gesichtsausdruck und seine Stimme ausdrücken. Je unglücklicher und einsamer er wird, desto weniger wird er geneigt sein, sogar Spielzeug anzusehen, selbst wenn es sonst nichts anderes zu sehen gibt.

Etwas Ähnliches geschieht im menschlichen Gehirn in den primitiven Gefühlszentren wie der Amygdala und anderen Teilen des limbischen Systems. Diese Strukturen erhalten Signale aus vielen Teilen der Wahrnehmungssubsysteme des Gehirns und sprechen ihrerseits gleichzeitig sowohl die primitiven motorischen Bereiche des Gehirns als auch seine

---

[27] Es ist möglich, die menschlichen Hautfarben aller Rassen zu erkennen, da menschliche Haut ein grundlegendes visuelles Merkmal hat, das nur an der Oberfläche durch die spezifische Pigmentierung eines Individuums Unterschiede zeigt. Obwohl sich viele gerade auf die Unterschiede der Hautfarben konzentriert haben, ist es ziemlich leicht, eine Bilderkennung für einen Roboter zu bauen, die die Gemeinsamkeit erkennt.

moderneren Regionen an, die für Entscheidungsbildung und Vernunft zuständig sind. Antonio Damasio, eine Neurologe aus Iowa, hat in populärwissenschaftlichen Büchern über die Beziehung zwischen Gefühlen und den moderneren Gehirnzentren die Rolle dieser Strukturen erklärt. Ihm zufolge sind Gefühle zwar primitiv in dem Sinne, dass wir unser emotionales System schon lange besaßen, bevor wir warmblütig wurden, sie spielen aber gleichzeitig eine wichtige Rolle bei all unseren Entscheidungen auf höheren Ebenen, die wir gern für rational und emotionslos halten.

Unsere Roboter sind also mit emotionalen Systemen ausgestattet, die Aspekte des menschlichen Gehirns (und »Herzens«) nachbilden. Aber ist »nachbilden« hier das passende Wort? Sind es echte oder nur simulierte Gefühle? Und selbst wenn es heute nur simulierte Gefühle sind: Werden die Roboter, die wir in den nächsten Jahren bauen, echte Gefühle haben können? Werden es instinktive Gefühle sein müssen, so wie die instinktive Angst eines Hundes? Was wäre erforderlich, um die Reaktion eines Roboters als instinktiv zu bezeichnen?

Dies sind vielleicht die tiefgründigsten Fragen, die wir uns als Menschen über unsere Technologie stellen können. Die Antworten, für die wir uns entscheiden, haben beträchtliche Auswirkungen auf unser Selbstverständnis und unseren Platz im Universum. Denn wenn wir akzeptieren, dass Roboter echte Gefühle haben können, werden wir anfangen, Sympathie für sie zu empfinden, und sie werden schließlich auf der Leiter unseres Respekts für Tiere nach oben steigen. Schließlich werden wir uns vielleicht die Frage stellen müssen, welchen rechtlichen Status bestimmte Roboter in unserer Gesellschaft haben.

Als wir bei iRobots die ersten Prototypen von »My Real Baby« konstruierten, haben wir sie mit einem emotionalen Modell ausgestattet. Niemand von uns hatte die Illusion, dass es sich um wirkliche Gefühle wie bei einem Hund handelte. Das emotionale System kontrolliert das Verhalten der Puppe und löst bestimmte Gefühlsausdrücke aus, sodass das spielende Kind weiß, in welchem Zustand sich die Puppe befindet. Die Anzeige dieser Gesichtsausdrücke, die der Puppe zur Verfügung standen, und der für die jeweilige Situation entsprechenden Laute haben wir tatsächlich als »Animation« bezeichnet. Wir waren uns völlig im Klaren darüber, dass es sich nur um vorgetäuschte Gefühle handelte.

Jim Lynch, ein nüchterner Elektroingenieur, der schon viele Jahre

Spielzeug für andere Firmen gebaut hatte, bevor er zu uns kam, war für die Konstruktion der internen Elektronik von »My Real Baby« verantwortlich. Als der Prototyp schließlich der Massenfertigung näher rückte, mussten wir ihn immer intensiver testen. Wir gründeten in der Firma einen »Babysitter-Kreis«, darunter beide Mitarbeiter der Spielzeugabteilung und Ingenieure, die an anderen Robotern arbeiteten. Jede Stunde kümmerte sich ein anderer um den Prototyp der Babypuppe. Jeder sollte darauf achten, ob und welche Mängel sich zeigten und notieren, was unmittelbar vor dem Fehler passiert war. Auf diese Weise konnten wir die Defekte in den komplexen Interaktionen der Hunderte von gleichzeitig ablaufenden Programmen aufspüren, die das Gesamtverhalten der Puppe steuerten, und Mängel der komplizierten Elektronik beheben, auf der die Software mit der Sensorik und den Aktionsprogrammen lief.

Eines Tages hatte Jim gerade die Puppe von einem anderen Babysitter bekommen. Als sie auf dem Schreibtisch in seinem Büro lag, begann sie, um Nahrung zu bitten: »Ich will Baba.« Sie wurde immer hungriger, verlangte eindringlicher nach ihrer Flasche und fing an zu weinen. Jim suchte in seinem Büro nach der Flache, konnte sie aber nicht finden. Er ging in den Gemeinschaftsraum der Spielzeugabteilung und fragte dort nach der Flasche. Als er sie gefunden hatte, rannte er in sein Büro zurück, um das Baby zu füttern, und plötzlich wurde ihm etwas klar: Dieses Spielzeug, an dem er monatelang gearbeitet hatte, war anders als jedes andere seiner früheren Spielzeuge. Er hätte die Puppe ignorieren können, als sie zu weinen begann, oder sie ausschalten können. Stattdessen bemerkte er, wie er auf ihre Gefühle *reagierte*, und er hatte sich verhalten, als hätte die Puppe echte Gefühle. Er war überaus glücklich darüber, was er mit uns geschaffen hatte. Aber hier liegt die entscheidende Frage. Kann eine Puppe für 100 Euro Gefühle haben, oder löst sie lediglich Reaktionen aus, mit denen uns die Evolution ausgestattet hat, und die sich in den Jahrtausenden unseres Daseins darauf eingeschliffen haben, auf die Gefühle anderer, realer Lebewesen zu reagieren?

Es ist schön und gut, dass Roboter Gefühle simulieren können, und es ist sehr leicht zu akzeptieren, dass die Konstrukteure sie mit Gefühlsmodellen ausgestattet haben. So entsteht der Eindruck, dass manche unserer heutigen Roboter und Spielzeuge Gefühle zu haben scheinen. Die meisten Menschen würden jedoch, wie ich glaube, Robotern keine echten Gefühle zusprechen. Wie in den Fällen von Sherry Turkle und Jim

Lynch können unsere Roboter einen Moment lang Besitz von uns ergreifen und in uns Handlungen auslösen, als hätten sie Gefühle und wären Lebewesen, aber wir lassen uns nicht lange täuschen. Wir behandeln unsere Roboter eher wie Staubmilben als wie Hunde oder Menschen. Für uns sind ihre Emotionen nicht real.

Vögel können fliegen, Flugzeuge auch. Flugzeuge fliegen nicht genau wie Vögel, aber wenn wir sie aus der Sicht der Strömungsmechanik betrachten, gibt es gemeinsame physikalische Mechanismen, die sich beide zunutze machen. Wir sind nicht versucht zu sagen, dass Flugzeuge das Fliegen nur »simulieren« können. Wir gestehen sofort zu, dass sie wirklich fliegen, obwohl wir natürlich nie vergessen, dass sie nicht mit den Flügeln schlagen und keine Kohlenhydrate in ihren Muskeln verbrennen – sie haben nicht einmal Muskeln. Aber sie fliegen.

Ist es mit unserer Skepsis, ob Roboter wirkliche Gefühle haben können, statt sie nur zu simulieren, ähnlich? Oder hat das Wort »Gefühl« eine tiefere Bedeutung als »Fliegen«, sodass Emotionen anders als die Flugfähigkeit für eine Maschine unmöglich wären?

Das Besondere am Menschsein

In den letzten 4000 Jahren hat die Menschheit einige sehr große Veränderungen ihres Weltbilds erlebt. Vielleicht wird die Frage, ob Roboter prinzipiell überhaupt Gefühle haben können, einen weiteren Wandel unserer Weltsicht bewirken.

Das menschliche Denken und der intellektuelle Diskurs in den letzten 500 Jahren ist eine Geschichte des gewandelten Verständnisses vom Platz der Menschheit im Universum. Früher nahm man die Existenz eines oder mehrerer Götter an, um das Unerklärliche zu erklären. Solche Glaubensvorstellungen waren in allen menschlichen Kulturen sehr verbreitet. Wie man sich diese Götter vorstellte, war unterschiedlich. Es gab allmächtige einzelne Gottheiten oder auch eine üppige Vielfalt menschenähnlicher, mit Fehlern behafteter Götter und Geister am Rand des menschlich Begreifbaren. Aber all diese Götter hatten einen eigenen Willen und taten Dinge aus eigenen Gründen heraus, die sich mit menschlicher Vernunft nicht verstehen ließen. Dadurch blieb es uns erspart, alles im Universum erklären zu müssen. Es kam unserer Stellung im Universum nicht zu, die

Details zu verstehen oder infrage zu stellen. Religionen spendeten Trost, der Glaube und die Beschränkung, manche Fragen nicht zu stellen, boten Schutz vor dem schrecklichen Unbekannten und nagenden Unwissen. Aberglaube ist tröstend, weil er uns davon befreit, weitersuchen zu müssen. Er schafft Befriedigung und gibt innere Ruhe. Er greift auf jene frühen Teile des Gehirns zurück, in denen unsere Gefühle angesiedelt sind, und sendet Signale der Zufriedenheit durch unser Gehirn.

Falls Sie religiös sind und Ihren Glauben durch diese Bemerkungen angegriffen sehen, lassen Sie sie nur für Menschen anderer Religionen gelten, deren Glaubensvorstellung mit den Ihren im Widerspruch stehen und daher letztlich falsch sein müssen. Mir geht es hier nur um die Frage, warum die anderen so an ihrem falschen Glauben hängen.

Falls Sie Atheist sind, sollten Sie nicht vergessen, dass Sie wahrscheinlich ähnliche tiefverwurzelte Überzeugungen haben, die zwar nicht offen religiös sind, aber viele der dogmatischen Aspekte von Religionen teilen. Zu diesen Überzeugungen können der Glaube an die Vernunft, die Wissenschaft, die Ökologie, an den Extropianismus oder den technologischen Futurismus gehören. Alle diese Überzeugungen lösen die gleiche Befriedigung wie religiöse Vorstellungen aus, weil sie ein Glaubenssystem bereitstellen, das nicht infrage gestellt werden muss. Sie bieten unserem Gehirn einen Ruheplatz, an dem nicht die Reaktionen ausgelöst werden, die uns in der Savanne erlaubten, schnell zu schalten und Gefahren zu überleben.

Mir geht es hier um die Feststellung, dass wir alle, mich selbst eingeschlossen, tiefverwurzelte Überzeugungen haben, die wir uns bewahren möchten. Gewöhnlich reagieren wir mit Wut, wenn sie angegriffen werden – ein primitiver Angriffsreflex. Unser emotionales System rastet ein und versucht uns zu bewegen, die Gefahr in der schnellstmöglichen Weise zu beseitigen. Im Allgemeinen schätzen wir die Gefühle innerer Konflikte nicht, die das Nachdenken über unsere innersten Glaubensüberzeugungen bewirkt.

In den letzten 500 Jahren wurde die Menschheit als Spezies jedoch immer wieder mit der Infragestellung tiefverwurzelter Glaubensüberzeugungen konfrontiert. Wir mussten diese Herausforderungen in langwierigen Prozessen bewältigen und Wege finden, um das neue Verständnis des Universums mit unseren alten Überzeugungen zu versöhnen. Diese Konfrontationen waren immer emotional und häufig gewalttätig.

Es dauerte Hunderte von Jahren, damit sie als allgemeine Wahrheiten akzeptiert und zu einem Teil der Glaubenssysteme wurden, die wir alle haben und auf denen das Wohlgefühl, mit dem wir ein Gleichgewicht in der Chemie unseres Gehirns erreichen können, beruht.

Nach der natürlichen und vorwissenschaftlichen Sicht, die alle menschlichen Kulturen zu teilen scheinen, ist die Erde das Zentrum des Universums, und Sonne, Mond und Sterne drehen sich um sie. Mit der wissenschaftlichen Beobachtung der Sternbewegungen geriet diese Auffassung ins Wanken. Im 16. Jahrhundert schlug Kopernikus ein heliozentrisches Universum vor, in dem sich die Erde um die Sonne dreht. Später, im 16. Jahrhundert, versuchte Tycho Brahe mit unzähligen genauen Daten zu zeigen, dass sich die Planeten um die Sonne drehten, hielt aber an der Zentralität der Erde fest. Mit Brahes Daten bewaffnet gelang es Kepler Anfang des 17. Jahrhunderts, die Annahme kreisförmiger Umlaufbahnen zu überwinden und zu zeigen, dass sich die Planeten ellipsenförmig bewegen. Das heliozentrische Universum war zu dieser Zeit eine Idee, die in der Luft lag und diskutiert wurde, aber mit Galilei bestätigte sie sich in nur wenigen Jahren. Er war der Erste seiner Zeit, der ein Teleskop auf den Himmel richtete, und bald wurde ihm klar, dass die Sonne tatsächlich das Zentrum des Sonnensystems war. Für die katholische Kirche war das nicht akzeptabel, und Galilei war klug genug abzuschwören, statt sich an die Wahrheit zu halten.

Die Kirche konnte nicht akzeptieren, dass die *terra firma*, auf der sich die Menschheit befand, nicht das Zentrum des Universums sein sollte. Sie musste es sein, denn warum sollte uns Gott irgendwo an den Rand gesetzt haben? Wie konnte Gott, der die Menschen, aus welchem Grund auch immer, erschaffen hatte, sie nicht ins Zentrum gerückt haben? Die Menschheit war etwas Besonderes, und das verlangte nach einem zentralen Platz im Universum. Oben war der Himmel, unten die Hölle und im Zentrum des Geschehens die Erde. Und genau da gehörten die Menschen hin.

Um die Sonne statt die Erde als Zentrum zu akzeptieren, musste man Abstriche hinsichtlich der menschlichen Hoheitsrechte machen. Jahrzehntelang war die Idee des Heliozentrismus im Schwange und wurde schließlich allgemein akzeptiert. Aber dazu waren Anpassungen vonseiten der Theologie nötig. Es war der Beginn eines dualen Glaubenssystems, das viele übernahmen: Die Religion befasste sich mit Aspekten des

Menschseins, während sich die Wissenschaft mit den Details des Universums beschäftigte. Die Menschheit wurde dadurch in mancher Hinsicht von der physischen Welt getrennt. Sie blieb in nichtphysikalischer Hinsicht wie zuvor etwas Besonderes, unterlag nicht wie die physikalische Welt der gleichen Art von Fragestellungen und Untersuchungen. Der Körper des Menschen war heilig und durfte posthum nicht seziert werden.

Mit der Zeit veränderte sich die Kirche und damit auch ihre Positionen. Jesuiten etwa wurden zu hervorragenden Astronomen, die mit ihren Beobachtungen die Bewegungen des Universums erforschten. In den nächsten paar Jahrhunderten trugen sie dazu bei, die Besonderheit unserer Heimat, der Erde, noch weiter zu mindern. Mithilfe von Teleskopen wurde klar, dass unsere Sonne nur eine von vielen war, und schließlich lernten wir, dass sie nicht im Zentrum dieser vielen anderen lag, sondern sich an einer Seite einer Galaxie mit Milliarden anderer Sonnen befand. Das Universum war riesig, und wir und alles, was wir unmittelbar erfahren, sind nur winzige Partikel in seiner Gewaltigkeit.

Der Platz der Menschheit im Universum verlor entschieden an Besonderheit, nicht aber ihre Stellung auf der Erde. Der Mensch war der Herr über sein Reich, die Erde. Die Tiere unterschieden sich von den Menschen. Gott hatte ihnen allen die Erde zur Heimstatt gegeben, aber nur die Menschen verehrten Gott, nur sie unterhielten eine besondere Beziehung zu ihm. Außerdem formte Gott, zumindest nach Meinung der Christen, den Menschen nach seinem Ebenbild. Ob es sich so verhielt oder ob nicht umgekehrt der Mensch Gott nach seinem Ebenbild schuf, muss uns hier nicht interessieren. Die Menschheit sah ihren Platz im Universum in einem neuen bedeutungsvollen Licht: Sie stand nicht länger in seinem physikalischen Zentrum, aber sie war immer noch das Zentrum in Gottes Sicht des Alls, da sich der Mensch von allen anderen Schöpfungen unterschied.

Diese Vorstellung geriet durch die Idee der Evolution, die in Charles Darwins Buch über die Entstehung der Arten kulminierte, gewaltig ins Wanken. Die Evolutionstheorie hatte verheerende Auswirkungen auf das menschliche Selbstverständnis, etwas Außergewöhnliches zu sein. Nicht nur waren die Menschen eng mit den Affen im Zoo verwandt, sie stammten sogar von denselben Vorfahren ab. Affen und Menschen waren Cousins. Karikaturen dieser Beziehung wurden benutzt, um Darwin lächerlich zu machen: Wie konnte man auch nur denken, dass in Menschen und Affen das gleiche Blut floss? Nicht nur sollten alle »minderwertigen« Menschenrassen eng mit den »zivilisierten« Menschen verwandt sein, sondern auch noch die Affen. Dieser Verlust an Exklusivität war schwer zu ertragen.

Diese Erkenntnisse waren für viele ein großer Schock, und selbst heute klammern sich vermeintlich gebildete Menschen nicht nur in den USA an den Glauben, dass die Evolutionstheorie schlicht falsch sei. Trotz der erdrückenden Beweise von Fossilienfunden bis hin zu Experimenten, die jeder Oberschüler in einem gut ausgestatteten Labor ausführen kann, halten sie sich an der Idee fest, dass es sich um ein verdrehtes Konstrukt von irgendwelchen Wissenschaftlern handelt. Indessen ist die Zahl der Fakten, die von alternativen Theorien wegerklärt werden müssen, einfach zu groß. Es gibt keine andere rationale Erklärung für die Realität um uns herum als Darwins Kernideen. Die Details mögen hier oder da verschwommen sein, aber das Gesamtbild ist nicht zu leugnen. Die letzten Gruppen wahrer Ungläubiger in den USA plädieren dafür, die Kinder in Unwissenheit zu halten, da dies das einzige verbliebene Mittel in ihrem Kampf gegen die überwältigenden Beweise ist. Warum führen sie diesen Kampf, warum halten sie an Überzeugungen fest, die so einleuchtend sind wie die Vorstellung, die Erde sei eine Scheibe? Sie haben Angst, ihre Besonderheit zu verlieren. Jene, deren Glaube auf wörtlichen Interpretationen von Dokumenten beruhen, die von Mystikern vor Tausenden von Jahren geschrieben wurden, als nur ein paar Millionen Menschen auf der Erde weilten, können sich nur schwer mit den Fakten versöhnen, die in Tausenden von Jahren von Gesellschaften mit Milliarden von Menschen angesammelt wurden.

Weite Teile der westlichen Religionen haben die Evolution akzeptiert. Es ist schwer zu sagen, ob diese Akzeptanz oder die Ablehnung der Evolutionstheorie folgerichtiger war. In jedem Fall entwickelte sich bald eine neue Weltanschauung: Danach schuf Gott das Uhrwerk der Evolution. Sie ist der Mechanismus neben seiner allgegenwärtigen ordnenden Hand, die das Wunder unserer eigenen Evolution ermöglicht hat. Es gab eine aufstrebende Entwicklung durch die ganze Evolution hindurch, an deren Ende wir als Krönung stehen. Im späten 19. Jahrhundert entstanden Illustrationen zum Entwicklungsgang der Affen – von allen vieren bis zum aufrechten Gang –, eine Entwicklung, die von den Schimpansen und Gorillas über die »niedrigeren Menschenrassen« Afrikas bis zur Spitze, dem weißen europäischen Mann, reicht.

Diese Ansicht erlaubte den Menschen, etwas vom Gefühl ihrer Besonderheit zu bewahren, aber sie war völlig falsch, wenn man die wirklichen Lehrmeinungen der Evolutionstheorie genau beachtete. Es gab keinen besonderen Ort in oder eine Bestimmung für die Evolution, als deren Verkörperung man den Menschen hätte ansehen können. Es war alles eher zufällig, und dieser Zufall wirkte bei jedem Schritt auf diesem Weg. Ein etwas verzögerter kosmischer Strahl zu einer bestimmten Zeit hätte zu völlig anderen Arten auf der heutigen Erde führen können, ohne eine Spur von der Menschheit. Hier kam die lenkende Hand Gottes ins Spiel, die sicherstellte, dass sich langfristig alles richtig entwickelte und unsere besondere Spezies entstehen konnte. So konnte man die Evolutionstheorie übernehmen, ohne die Besonderheit des Menschen aufzugeben.

Während des 20. Jahrhunderts musste der Mensch hinsichtlich seiner Sonderstellung viele weitere Schläge einstecken, auch wenn keiner so heftig war wie der Verlust der Zentralposition der Erde und der direkten Erschaffung des Menschen durch Gott. Vielleicht sollten einige dieser Schläge tatsächlich als ebenso gravierend angesehen werden, aber die Mehrzahl der Menschen nimmt sie immer noch nicht ernst oder hat ihre Konsequenzen noch nicht ausreichend durchdacht.

Die Physik versetzte der Gesellschaft, die sich an die Idee gewöhnt hatte, dass die Wissenschaft Geheimnisse des Universums aufdeckt und zu einer geordneten Erklärung der Naturgeschichte führt, drei weitere Schocks: die Relativitätstheorie, die Quantenmechanik und Heisenbergs Unschärferelation. Jede schwächte auf ihre Weise die Idee, dass der Mensch irgendwann die Vorgänge im Universum erforscht haben und verstehen würde. Die menschlichen Sinne waren nicht die letzte Instanz, um die Phänomene des Universum zu erkennen. Es gab Dinge, die sich selbst mit unseren Sinnen nicht erfassen ließen. Diese drei physikalischen Theorien ließen den Thron des Menschen noch stärker Wanken: Der Mensch konnte die letzten Wahrheiten nicht wissen, da sie nicht erkennbar waren.

Cricks und Watsons Entdeckung der Struktur der DNA versetzte die Menschheit erneut in Aufregung: Bald fand man heraus, dass alle Lebewesen auf der Erde ähnliche DNA-Moleküle besitzen und das gleiche

Kodierungsmuster benutzen, um Sequenzen von Basispaaren in Aminosäurenbausteine von Proteinen zu transkribieren. Die so entstehenden Proteine waren die Mechanismen der Zelle, die bestimmten, ob es sich um ein Bakterium, die Haut einer Eidechse oder eine menschliche Nervenzelle handelte. Aber es war alles die gleiche Sprache. Schlimmer noch, wir Menschen hatten nahezu unveränderte regulierende Gene mit so einfachen Tieren wie Fliegen gemein. Es gab sogar eine deutliche Verwandtschaft zwischen menschlichen Genen und denen von Hopfen. Anfang 2001 gaben die beiden menschlichen Genomprojekte bekannt, dass es wahrscheinlich nur 35 000 Gene im Menschen gibt – enttäuschend wenig –, weniger als doppelt so viele wie in einer Fruchtfliege. Solche Entdeckungen machen uns immer wieder bewusst, wie wenig besonders wir sind. Wir sind aus dem gleichen Material geschaffen wie alle anderen Lebewesen auf diesem Planeten. Außerdem ist unsere Evolutionsgeschichte und unsere Beziehung zu anderen Lebewesen deutlich erkennbar. Wir teilen 98 Prozent unseres Genoms mit Schimpansen. Im Grunde sind wir wie diese Tiere, lediglich ein kleines Stück Evolutionsgeschichte trennt uns von ihnen.

Maschinen als Konkurrenz

Die beiden wichtigsten Schläge gegen unsere Sonderstellung, dass die Erde nicht das Zentrum des Universums ist und wir uns als Tiere entwickelt haben, trafen uns nicht plötzlich. In jedem Fall hatten Galilei und Darwin Vorläufer, es gab vor den endgültigen Beweisen über Jahrzehnte und Jahrhunderte hinweg Debatten und polemische Auseinandersetzungen, die auch danach noch Jahrzehnte und Jahrhunderte andauerten. Tatsächlich können wir erst im historischen Rückblick auf den Prozess gegen Galilei und die Veröffentlichung von Darwins Buch über die Entstehung der Arten als Zeitpunkte verweisen, an denen sich die neuen Auffassungen kristallisierten. Auf die Beteiligten und Beobachter mögen sie gar nicht als so einschneidend gewirkt haben.

Seit nunmehr fast 50 Jahren erleben wir die ersten Auseinandersetzungen über die dritte große Herausforderung unserer Besonderheit. Wir Menschen werden von den Maschinen herausgefordert. Sind wir mehr als Maschinen, oder können unserer geistigen Fähigkeiten, Wahrnehmungen, Intuitionen, Gefühle und sogar unsere Spiritualität von Maschinen nachgeahmt, erreicht oder sogar übertroffen werden?

Die Maschinen, die wir in den letzten paar Jahrtausenden gebaut haben, hatten bis vor kurzem unsere Besonderheit nie wirklich infrage gestellt. Sie waren manchmal kräftiger oder schneller als wir oder konnten fliegen, während wir nur gehen und rennen können, aber auch Tiere konnten das alles.

Mit der Erfindung des Computers und raffinierter Programmierungen in den fünfziger und sechziger Jahren begannen Maschinen, uns auf heimischem Boden herauszufordern: in den Bereichen Sprachvermögen und Technologie. Als die künstliche Intelligenz vorankam, begannen Maschinen auf Gebieten zu operieren, die zuvor die Domäne einzigartiger menschlicher Fähigkeiten waren.

Frühe Programme ermöglichten Computern, mathematische Theoreme zu beweisen – anfangs keine sehr schweren, aber es waren Beweise aus den ersten Seiten von Bertrand Russels und Alfred Whiteheads Werk *Principia Mathematica*, ein überaus gelehrter Versuch mathematischer Formalisierung. Computer bewältigten nun Aufgaben mit intellektuellem Anspruch, die bislang nur sehr gebildete Menschen verstehen konnten. Es gab auch frühe Fortschritte bei der Verarbeitung menschlicher Sprachen, obwohl von Mitte der Sechziger bis Mitte der Neunziger eine Durststrecke ohne große äußere Fortschritte folgte. Aber jene frühen Programme zeigten zusammen mit Noam Chomskys generativer Grammatik für alle menschlichen Sprachen, dass Sprache und Syntax vielleicht durch recht einfache Reihen von Regeln erklärt werden konnten, die sich in Computern implementieren ließen. 1963 gab es schon ein Computerprogramm, dass in der Prüfung des MIT über Integralrechnung so gut abschnitt wie die Studenten. Mitte der Sechziger Jahre spielten Computer gut genug Schach, um in Amateurschachturnieren konkurrieren zu können.

Als man in Hollywood merkte, was in den Forschungslabors vor sich ging, gab es Filme über Elektronengehirne und Maschinenintelligenz, die möglicherweise mit der menschlichen konkurrieren konnte. Dass dies prinzipiell möglich und wahrscheinlich wäre, wurde immer glaubhafter. Während Hollywood den Sieg der Maschinen über die Menschheit vorhersagte, begann in der Wissenschaft eine ernsthafte Debatte.

Die Verfechter der »starken KI«, die glaubten, dass Maschinen ohne

Frage bald den Menschen überlegen sein würden, fanden es lächerlich, diese Behauptung infrage zu stellen. Ein Reihe von Leuten nahm die Herausforderung an und verteidigte die Ehre der Menschheit. Viele von ihnen hatten gute Gründe, die damaligen Leistungen der Computerintelligenz zu bezweifeln, aber sie verhedderten sich mit schwachen Gegenattacken häufig in ihren eigenen Fallstricken.

Als ich als Kind das Buch *Roboter und Elektronengehirne* von Robert Scharff las, fiel mir auf, dass es zwar sehr begeistert von der neuen Technologie sprach, aber an einer Stelle auch zeigte, dass in der Welt der Computer vielleicht doch nicht alles so rosig war. Der Autor wies darauf hin, dass ein paar Jahre zuvor (das Buch wurde zuerst 1963 veröffentlicht) ein »chinesisch-amerikanischer Buchhalter mit einem Rechenbrett einen Wettkampf gegen eine elektronische Rechenmaschine« gewonnen hatte. Obwohl die Maschinen rasend schnell waren, konnte ein Mensch immer noch mit ihnen mithalten! Nicht alles war für den menschlichen Geist verloren. Heute, wo Computer etwa alle zwei Jahre ihre Leistung verdoppeln, ist jeder Vorteil des Menschen im Hinblick auf reine Geschwindigkeit eine haltlose Illusion geworden. Unsere Computer überschreiten in Windeseile jede festgelegte Geschwindigkeitsmarke und sind bald unvorstellbar schneller als wir.

Alan Turing, der britische Mathematiker, der in den dreißiger Jahren viel zur Formalisierung der Datenverarbeitung beigetragen hat, beschrieb in einem Aufsatz von 1950 ein Gedankenexperiment. Er begann mit der Annahme, dass ein Mensch am anderen Ende eines Fernschreibers sitzt (stellen wir es uns als Chat-Room mit zwei Personen und einer klappernden Tastatur vor). Die Aufgabe besteht nun darin, durch Fragen herauszufinden, ob es sich um eine Frau oder einen Mann handelt. Die Antworten müssen nicht der Wahrheit entsprechen. Dann stelle man sich stattdessen vor, dass man nicht weiß, ob am anderen Ende eine Person oder ein Computer die Eingaben macht. Turing meinte, dass es ein guter Intelligenztest wäre, wenn ein Computer uns weismachen könne, dass er ein Mensch sei. Das wurde als Turing-Test bekannt und war Gegenstand großer Debatten und einiger interessanter Demonstrationen.

Joseph Weizenbaum vom MIT schrieb 1963 ein Programm namens Eliza, das die Rolle eines Psychiaters spielte. Es führte einfache syntaktische Umwandlungen eingetippter Sätze durch und nahm dann ein paar

Wortersetzungen vor, wodurch sich sehr einfache Fragen ergaben, wie sie vielleicht zu Beginn einer Gesprächstherapie gestellt werden. Obwohl das Programm anspruchslos war und eindeutig Sprache nicht gut verstand, verbrachten einige Menschen Stunden damit und schütteten ihm ihr Herz aus. Für Weizenbaum war das ein Beleg, dass der Turing-Test einen Fehler hatte. Er war betroffen, dass Menschen ihre intimen Gedanken dem Programm mitteilten, und argumentierte, dass künstliche Intelligenz unmöglich sei. Er war geschockt, dass Menschen sein Programm ernst nahmen und praktizierende Psychiater und andere über den Tag spekulierten, an dem Maschinen als echte Psychiater arbeiten würden. Schlimmer noch, er war erschreckt über ihr berufliches Selbstbild, wenn sie die Möglichkeiten eines Computers mit ihrer eigenen Tätigkeit verglichen.

Wie sieht das Bild aus, das der Psychiater von seinem Patienten hat, wenn er als Therapeut sich selbst nicht als engagiertes Wesen begreift, das zu heilen versucht, sondern als jemanden, der Informationen verarbeitet, Regeln befolgt und so weiter?[28]

Weizenbaum flüchtete vor der Idee, dass Menschen nicht mehr als Maschinen sind. Er konnte den Gedanken nicht ertragen. Daher wies er diese Möglichkeit rundweg von der Hand.

Auch Jaron Lanier bestritt auf John Brockmans Website (www.edge. org) im Jahr 2000 mit einer ebenso verwirrenden Argumentation, dass intelligente Computer möglich seien. Er findet Beachtung, weil er einer der Begründer der virtuellen Realität und ein Technikass ist. Seiner Argumentation zufolge ist der Turing-Test falsch, weil es zwei Wege gibt, ihn zu bestehen: Der eine ist, dass Computer klüger, der andere, das Menschen dümmer werden. Er fährt mit Beispielen fort, die demonstrieren sollen, wie Menschen zu Sklaven von Maschinen mit schlechter Software werden, einschließlich jener, die unsere Kreditwürdigkeit überprüfen. Das sei, so Jaron, ein Beispiel, wie Menschen dümmer würden, um sich schlechter Software anzupassen – womit er durchaus Recht haben könnte. Aber dann fährt er mit der Behauptung fort, dass es »keinen epistemologischen Unterschied zwischen künstlicher Intelli-

---

[28] Joseph Weizenbaum, *Die Macht der Computer und die Ohnmacht der Vernunft*, Frankfurt am Main 1979, S. 19.

genz und der Akzeptanz schlecht entworfener Computer-Software«
gebe.

Damit weist er die Arbeit auf dem Gebiet der künstlichen Intelligenz
als eine Bemühung von der Hand, die auf einem intellektuellen Fehler
beruht. Leider folgt Jarons Folgerung nicht aus seiner Prämisse. Er hat
weder den Turing-Test als gültigen Test für Maschinenintelligenz wider-
legt – ich selbst habe eine recht neutrale Meinung über seine Eignung –
noch gezeigt, dass das Scheitern dieses Tests die Unmöglichkeit intelligenter Maschinen beweist.

Weizenbaum und Lanier, die sich beide Verdienste auf anderen Feldern als der Entwicklung intelligenter Maschinen verdient haben, ver-
stricken sich in unsinnigen Aussagen. Sie wollen die Idee diskreditieren,
dass Maschinen intelligent sein können. Ich persönlich habe den Eindruck, dass sie Angst haben, die Besonderheit des Menschen aufzugeben.
Eine intelligente Maschine würde eine der letzten Bastionen menschlicher Besonderheit infrage stellen, und daher leugnen sie ohne rationale
Argumente, dass eine solche Maschine existieren könnte. Es macht ihnen
– intellektuell – zu große Angst.

Hubert Dreyfus, ein Philosoph aus Berkeley, führt seit mehr als 30
Jahren ein offeneres Rückzugsgefecht gegen intelligente Maschinen.
1972 legte er in einem Buch dar, wozu Computer nicht fähig sind. Ich
glaube, dass er mit vielem Recht hatte, wie zum Beispiel damit, dass
menschliches Handeln in der Welt sehr stark mit der Körperhaftigkeit
des Menschen verbunden ist. Leider stellte er auch Behauptungen auf,
was Maschinen seiner Meinung nach prinzipiell nicht können. Er traf
eine Unterscheidung zwischen nichtformalen Aspekten menschlicher
Intelligenz und den sehr formalen Regeln, aus denen Computerprogramme bestehen. Viele seiner Argumente basieren auf solchen Unterscheidungen, und er sagt ausdrücklich, dass sich die nichtformalen
Aspekte, die Urteile, die Erkennung des Kontextes und die subtilen Wahr-
nehmungsunterscheidungen nicht auf mechanische Prozesse reduzieren
ließen. Er konnte für diese Behauptung keinen anderen Beweis anführen
als die Tatsache, dass KI-Forscher damals noch nicht in der Lage waren,
diese Art von informaler Intelligenz zu schaffen. Sein Fehler war zu
behaupten, dass seine Argumente prinzipiell gegen jeden möglichen
Erfolg sprachen. Viel von dem, was er für völlig unmöglich hielt, konnte
mittlerweile realisiert werden.

Dreyfus war Mitte der sechziger Jahre in der KI-Gemeinde sehr bekannt, da er sich öffentlich über die Unfähigkeit von Computern geäußert hatte, Schach zu spielen. Er wies zu Recht darauf hin, dass Menschen nicht in der Weise Schach spielen, wie Maschinen damals für das Schachspielen programmiert wurden. Man folgte dabei den ersten Ideen von Alan Turing, Norbert Weiner und Claude Shanon, die alle vorgeschlagen hatten, einen Baum möglicher Züge zu untersuchen. Dreyfus machte den Fehler, sich von der algorithmischen Natur der Prozedur verwirren zu lassen. Für ihn war es undenkbar, dass gutes Schachspiel entstehen konnte, wenn man einfach den Regeln folgte, erschöpfend viele Züge bis zu einer festgelegen Zahl von auszuführenden Zügen ausprobierte und dann die resultierenden Positionen bewertete. Menschen waren viel organischer. Sie verfügten über einsichtsvolle Vernunft. Ein auf Regeln basierendes System des Schachspielens konnte keine Einsicht haben.

Voreilig behauptete Dreyfus, selbst ein recht schlechter Schachamateur, dass keine Maschine ihn jemals im Schach schlagen könnte. Richard Greenblatt vom KI-Labor des MIT war glücklich, ihn 1967 zu einer Partie mit seinem MacHack-Programm[29] nötigen zu können, und Dreyfus verlor in ihrer ersten und einzigen Begegnung. Ungebrochen erklärte Dreyfus, das Programm könne aber niemals einen guten Schachspieler aus der nationalen Rangliste schlagen. Als diese Hürde auch genommen war, behauptete er, ein Computer könne niemals einen Weltmeister schlagen. Wie wir alle wissen, geschah dies 1997, als das Programm Deep-Blue von IBM den Weltmeister Gary Kasparow besiegte.

Dreyfus hatte vollkommen Recht, dass der Computer nicht wie ein Mensch Schach spielte. Aber er ließ sich von seinem eignen Unbehagen täuschen, Intelligenz könne aus so etwas wie Algorithmen entstehen. Wir haben in Kapitel 3 gesehen, wie lebensähnliches Tierverhalten aus einer Reiher komplexer Interaktionen entstehen kann, die auf schlichten

---

[29] Richard Greenblatt war eine schillernde Figur im KI-Labor des MIT. Er schuf die ersten erfolgreichen Schachprogramme. Alle Ideen des Programms Deep Blue, das 1997 Kasparow schlug, waren in Greenblatts Programm Mitte der sechziger Jahre schon vorhanden. Was sich lediglich verändert hatte, war das größere Maß an roher Rechengewalt, sodass Deep Blue 200 Millionen Stellungen pro Sekunde evaluieren konnte, wohingegen Greenblatts Programm nur ein paar Hundert bewältigt hatte.

Regeln basieren. Dreyfus verstand nicht, dass eine Software aus einfachen, unerbittlich angewandten Regeln in der Lage war, eine Aufgabe besser zu lösen als ein äußerst begabter Mensch.

Wir sehen nun, wie ein Muster auftaucht. Sehr intelligente Menschen malen Linien in den Sand und behaupten, dass Computer nicht in der Lage sein werden, hier oder dort mit den Menschen gleichzuziehen. Immer wieder mussten sie diese Linien auswischen und neue ziehen. Das ist so oft geschehen, dass, wie ich glaube, heute Konsens darin besteht, dass Computer nicht nur besser rechnen können als Menschen, sondern auch viele andere Aufgaben besser lösen als sie.

Computer sind heute besser in symbolischer Algebra als Menschen. In den sechziger und siebziger Jahren war es für Wissenschaftler und Ingenieure üblich, den Zentralcomputer ihrer Institutionen zu benutzen, um anspruchsvolle numerische Berechnungen anzustellen. In den achtziger Jahren führten sie sogar schon einfachere Berechnungen auf Maschinen durch – auf einem Desktop oder einem Taschenrechner. Sie mussten immer noch die Algebra und Integralrechnung selbst übernehmen und entscheiden, welche Formeln sie für die Berechnungen benutzen wollten. Das erforderte zu viel Einsicht, um von Maschinen erledigt werden zu können. Forscher wie Jim Slagle und Joel Moses vom KI-Labor des MIT arbeiteten die sechziger Jahre hindurch mit Programmen, die Aufgaben in symbolischer Mathematik und Heuristik lösten und Wahrscheinlichkeiten berechneten. Heute benutzen die meisten Wissenschaftler und Ingenieure Programme wie Mathematica oder MATLAB, um ihre Aufgaben in symbolischer Algebra und analytischer Geometrie für sie zu erledigen. Die Maschinen können das besser als Menschen – obwohl Letztere über Vernunft verfügen.

Computer sind dem Menschen auch beim Entwurf bestimmter Arten numerischer Programme (Filter für digitale Signalprozessoren) voraus. Sie können besser Optimierungsaufgaben mit einer großen Zahl von Bedingungen lösen, zum Beispiel gleichzeitig die Preise für viele voneinander abhängenden Waren und Dienstleistungen berechnen, besser Schaltungen in produktionsgeeignete Form umsetzen, besser komplexe Aufgaben oder Ereignisfolgen planen oder auch komplexe Computerprotokolle besser auf Fehler durchforsten. Kurz, sie sind den Menschen in vielen Dingen überlegen, die ehemals in den Tätigkeitsbereich gut ausgebildeter, mathematisch bewanderter Experten fielen. Wenn diese Experten früher an ihren Entwürfen oder Optimierungsproblemen saßen, hätte man gesagt, dass sie »denken«.

Obwohl wir unsere Überlegenheit in diesen Fähigkeiten an Maschinen abtreten mussten, haben wir doch nicht auf alles verzichtet. Die meisten Menschen würden heute zustimmen, dass unsere Computer und ihre Software gewöhnlich nicht zu tiefen Einsichten in der Lage sind oder sehr unterschiedliche Gebiete gedanklich verbinden können, wie wir es oft tun.

So wie wir bereitwillig anerkennen, dass ein Flugzeug fliegen kann, würden heute die meisten Leute zusammen mit den KI-Forschern sagen, dass Computer mit der richtigen Software und dem richtigen Problemfeld tatsächlich über Fakten nachdenken, Entscheidungen treffen und Ziele haben. Man würde außerdem zugestehen, dass es heute möglich ist, Roboter zu bauen, die *agieren, als ob* sie Angst hätten, Angst zu haben *scheinen* oder Angst *simulieren.* Es ist jedoch weit schwerer, jemanden zu finden, der sagen würde, dass Computer *instinktive* Angst empfinden können.

Wir ziehen eine Grenze bei unseren Gefühlen. Tatsächlich benutzen wir abwertende Ausdrücke, wenn wir darüber sprechen, dass Maschinen keine Gefühle haben. Wir reden von »kalten, harten Maschinen«, um darauf hinzuweisen, dass sie über keine emotionale Komponente verfügen. Obwohl Kasparow den Eindruck hatte, dass Deep Blue einsichtsvolle Pläne machte, fand er es sehr interessant, dass dieser trotz seines Erfolgs keine Freude oder Befriedigung über den Sieg empfand.

Wir mögen unseren zentralen Ort im Universum verloren haben, unser einzigartiges Schöpfungserbe und den vermeintlichen Unterschied zu den Tieren, wir mögen vielleicht von Maschinen im reinen Rechnen und Denken geschlagen werden, aber wir haben immer noch unsere Gefühle. Das ist es, was uns zu etwas Einzigartigem macht. Gefühle sind gegenwärtig unsere letzte Bastion der Besonderheit. Interessanterweise gestehen wir Tieren einige Gefühle zu. Während wir sie in unseren Stamm aufnehmen, schließen wir Maschinen davon aus. Im Tierreich sind wir uns unseres überlegenen Platzes noch sicher, die meisten von uns haben akzeptiert, dass wir in der Welt nach Darwin mit unseren pelzigen Gefährten verwandt sind.

8

Wir sind nichts Besonderes

Wenn wir die Evolution als den Mechanismus akzeptieren, der uns hervorgebracht hat, verstehen wir, dass wir nicht mehr sind als eine hochgradig organisierte Ansammlung von Biomolekülen. Die Molekularbiologie, die alle Besonderheiten und Details des Lebens in Begriffen molekularer Interaktionen erklären will, hat in den letzten 50 Jahren fantastische Fortschritte gemacht. Ein zentraler Lehrsatz der Molekularbiologie ist, dass das *alles ist, was es gibt*. Darin steckt eine implizite Ablehnung des Geist-Körper-Dualismus. Der Geist wird stattdessen als Produkt der Wirkungsweise des Gehirns gesehen, das selbst vollständig aus Biomolekülen besteht. Wir werden diese Aussagen weiter unten in diesem Kapitel noch detaillierter betrachten. Jedes Lebewesen, das wir um uns herum sehen, besteht also aus Molekülen – aus Biomolekülen sowie einfacheren Molekülen wie Wasser.

Alles im Menschen, in den Pflanzen und Tieren entstammt der Transkription der DNA in Proteine, die dann miteinander in Wechselwirkung treten, um Gewebe und andere Zusammensetzungen zu produzieren. Die Körper der Organismen nehmen außerdem Nahrung und Sauerstoff auf. Etwas davon bildet Schlacke oder Reststoffe im Körper, der Rest reagiert unmittelbar mit den Biomolekülen des Organismus und wird in Standardkomponenten zerlegt – einfache Moleküle oder Elemente, die sich mit bestehenden Biomolekülen verbinden – oder abgestoßen und ausgeschieden. So besteht fast alles im Körper aus Biomolekülen.

Biomoleküle interagieren miteinander nach klar definierten Gesetzen. Wenn sie sich zu bestimmten Verbindungen gruppieren, sind elektrostatische Kräfte am Werk, die bewirken, dass sie ihre Form verändern und physikalisch aufeinander reagieren. Chemische Prozesse können ausgelöst werden, die zu überraschenden Spaltungen von Molekülen führen. Bei der Gesamtheit der Moleküle selbst in einer einzelnen Zelle gibt es Hunderttausende mögliche unterschiedliche intermolekulare Reaktionen. Es ist also unmöglich zu wissen oder genau vorherzusagen, welche Moleküle mit welchen anderen interagieren, aber man kann ein statistisches Modell der Wahrscheinlichkeit für jeden Reaktionstyp aufstellen. Daraus können wir schließen, ob eine Zelle wächst oder die Funktion einer Nervenzellen oder eine andere Aufgabe erfüllt.

Der Körper, diese Masse von Biomolekülen, ist eine Maschine, die nach einer Reihe spezifizierbarer Regeln operiert. Auf einer höheren Ebene können die Subsysteme der Maschine auch in mechanischen Begriffen beschrieben werden. Die Leber zum Beispiel nimmt bestimmte Stoffe auf, wandelt sie um und verwertet sie wieder. Ihre detaillierte Funktionsweise lässt sich aus den besonderen Bioreaktionen schließen, die sich in ihr abspielen, aber nur ein paar dieser Reaktionen sind für die Leber selbst wichtig. Die große Mehrzahl besteht aus den normalen Selbsterhaltungsreaktionen, die sich fast in jeder Körperzelle abspielen.

Der Körper ist zusammengesetzt aus Komponenten, die nach klar definierten (wenn auch nicht vollständig bekannten) Regeln interagieren, die sich letztlich aus der Physik und Chemie ableiten. Er funktioniert wie eine Maschine mit vielleicht Milliarden von Teilen, die in ihrer Operations- und Interaktionsweise alle wohl geordnet sind. Wir selbst sind also, so wie unsere Ehemänner und Ehefrauen, unsere Kinder und Haustiere, Maschinen.

Es erübrigt sich zu erwähnen, dass sich viele Menschen gegen den Begriff »Maschine« sträuben. Trotzdem akzeptieren sie möglicherweise eine Beschreibung des Menschen als Ansammlung von Komponenten, die von Interaktionsregeln beherrscht werden, wobei keine Komponente jenseits der Verständnismöglichkeiten der Mathematik, Physik und Chemie liegt. Aber für mich ist genau dies das Wesen einer Maschine, und ich habe mich entschlossen, den Begriff zu benutzen – vielleicht auch, um die Leser ein wenig zu provozieren. Ich möchte damit meiner Auffassung Nachdruck verleihen, dass wir nichts anderes als die Art von Maschine sind, die wir in Kapitel 3 gesehen haben, wo ich einfache Reihen von Regeln beschrieben habe, die kombiniert werden können, um das komplexe Verhalten eines Geh-Roboters zu bewirken. Das besondere Material, aus dem wir gemacht sind, mag anders sein, aber im Kern sind wir, so behaupte ich, dem Roboter Genghis sehr ähnlich– zwar komplexer, aber nur quantitativ, nicht qualitativ. Das ist der entscheidende Verlust der

Besonderheit, mit dem die Menschheit meiner Meinung nach gegenwärtig konfrontiert ist.

Und warum stößt man sich an dem Wort »Maschine«? Wieder ist es der tiefverwurzelte Wunsch, besonders zu sein, mehr zu sein als bloß komplex organisierte Materie. Die Idee, dass wir Maschinen sind, scheint uns unseren freien Willen, unseren Lebensfunken abzusprechen. Aber Menschen, die Robotern wie Genghis und Kismet begegnen, sehen sie nicht als Uhrwerkautomaten. Die Roboter interagieren mit der Welt auf eine Art und Weise, die bemerkenswerte Ähnlichkeit mit der von Tieren und Menschen aufweist. Auf einen Beobachter wirken sie gewiss so, als hätten sie einen eigenen Willen.

Als ich jünger war, verblüfften mich Menschen, die gleichzeitig Wissenschaftler und gläubig waren. Ich konnte mir einfach nicht vorstellen, wie dabei beide Glaubenswelten intakt bleiben konnten. Für mich war es ein Widerspruch in sich. Wissenschaftliche Objektivität, so war ich überzeugt, forderte eine Ablehnung religiöser Glaubensvorstellungen. Erst später im Leben, nachdem ich Kinder hatte, wurde mir klar, dass auch mein Verhältnis zur Welt von einem solchen Dualismus gekennzeichnet war.

Einerseits glaube ich, dass ich und meine Kinder bloße Automaten im Universum sind, ebenso wie jeder andere Mensch, den ich kennen gelernt habe – große Hautsäcke voller Biomoleküle, die nach beschreibbaren und erkennbaren Regeln interagieren. Wenn ich meine Kinder ansehe, kann ich sie, wenn ich mich dazu zwinge, in dieser Weise verstehen – als Maschinen, die mit der Welt interagieren.

Aber ich behandele sie nicht so, sondern interagiere mit ihnen auf einer völlig anderen Ebene. Sie haben meine bedingungslose Liebe, ein Gefühl, das nicht weiter von rationaler Analyse entfernt sein könnte. Wie ein religiöser Wissenschaftler habe ich zwei Arten von sich widersprechende Glaubensvorstellungen und halte mich unter unterschiedlichen Umständen an beide.

Es ist dieses einträchtige Nebeneinander von Glaubenssystemen, das der Menschheit letztlich erlauben wird, Roboter als emotionale Maschinen zu akzeptieren, ihnen freien Willen zuzusprechen, ihnen Respekt und Sympathie entgegenzubringen und schließlich Rechte zuzubilligen. Überraschend, wie ich finde, kehrt sich damit meine Argumentation fast um. Ich sage, dass wir im Hinblick auf Maschinen weniger rational werden müssen, um die Hemmung zu überwinden, die uns befällt, wenn wir ihnen Ähnlichkeit zu uns zubilligen sollen. Tatsächlich sage ich damit eigentlich, dass wir alle uns selbst, uns Menschen, die schließlich nicht mehr sind als bloße Maschinen, sozusagen übermäßig anthropomorphisieren. Wenn sich unsere Roboter über ihre gegenwärtigen Beschränkungen hinaus genügend verbessern und wir sie genauso vorurteilsfrei betrachten wie andere Menschen, werden wir unsere mentale Barriere, unseren Wunsch loswerden, die Besonderheit unseres Stammes zu bewahren und uns von ihnen zu unterscheiden. Solche Sprünge waren notwendig, um Rassismus und Geschlechterdiskriminierung zu überwinden. Die gleiche Art von Sprung wird notwendig sein, um unser Misstrauen gegenüber Robotern zu besiegen.

Widerstand ist zwecklos

Wenn wir tatsächlich bloße Automaten sind, dann haben wir Beispiele für Maschinen, für die wir alle Sympathie empfinden und die wir mit Respekt behandeln, denen wir Gefühle und sogar Bewusstsein zusprechen. Diese Beispiele sind wir selbst. Der bloße Umstand also, eine Maschine zu sein, verweigert einem Wesen nicht, Gefühle zu haben. Wenn wir wirklich Maschinen sind, dann könnten wir im Prinzip eine andere Maschine aus technischen und biologischen Materialien bauen, die identisch mit einer existierenden Person ist, und auch sie hätte Gefühle und wäre zweifellos bewusst.

Nun ist die Frage, wie verschieden wir unsere Doppelgänger von den ursprünglichen Personen machen könnten, nach denen sie modelliert sind. Sicher müssen sie nicht mit existierenden Menschen identisch sein, um denkende, fühlende Wesen zu sein. Jeden Tag werden neue Menschen geboren, die mit keinem vorherigen Menschen identisch sind, und doch wachsen sie heran und werden zu einzigartigen, emotionalen, denkenden Wesen. Wir können also offenbar unsere hergestellten Menschen ein bisschen verändern und wären immer noch alle bereit, sie als Menschen zu betrachten. Sobald wir das akzeptieren, können wir immer etwas mehr verändern und vielleicht schließlich ein Wesen aus Silizium und Stahl bauen, das immer noch funktional das Gleiche wie ein Mensch wäre und daher als Mensch akzeptiert würde, zumindest aber als ein Wesen, das zu Gefühlen fähig ist.

Einige würden argumentieren, dass Menschen eine solche Maschine nur so lange als menschlich akzeptieren könnten, solange sie nicht wissen, dass sie aus Silizium und Stahl besteht. Aber man kann ihr nicht allein deshalb die Akzeptanz verweigern, weil es eine Maschine ist, da wir ja bereits annehmen, selbst Maschinen zu sein. Tatsächlich laufen die vielen Argumente, Maschinen könnten keine Gefühle haben und nicht wirklich intelligent sein, auf die Ablehnung der Vorstellung hinaus, dass wir Maschinen sind, zumindest Maschinen im konventionellen Sinne.

Hier liegt also die Krux. Ich behaupte, dass wir Maschinen sind und Gefühle haben, also ist es im Prinzip allen Maschinen möglich, Emotionen zu haben, da wir ja Beispiele von Maschinen kennen (nämlich uns), die über Gefühle verfügen. Eine Maschine zu sein schließt das Verspüren von Gefühlen nicht notwendigerweise aus, und – in direkter Erweiterung – auch nicht den Besitz von Bewusstsein. Aber das ist ein Angriff auf unsere Besonderheit, gegen den sich viele wenden: Für sie ist es ein Ding der Unmöglichkeit, Menschen seien nun einmal keine Maschinen.

Manchmal hört man die Auffassung, dass wir Menschen mehr als konventionelle Computer seien. Das mag sehr wohl sein und ich habe mich bislang dazu noch nicht geäußert. Aber ich habe sehr wohl die Position vertreten, dass wir Maschinen sind.

Viele nüchterne Wissenschaftler beteiligen sich an dieser intellektuellen Auseinandersetzung. Einige bringen bessere, andere schlechtere Argumente vor. Aber gewöhnlich läuft die Argumentation derer, die behaupten, dass Maschinen nie so gut sein können wie wir, darauf hinaus, dass wir mehr sind als bloße Maschinen. Häufig handelt es sich bei den Vertretern dieser Ansicht um energische Materialisten, für die Gottesvorstellungen keine Rolle spielen und die nicht von einem Geist oder einer menschlichen Seele ausgehen, nicht einmal von einer Art »Lebenskraft«. Stattdessen vertreten sie die Auffassung, dass wir implizit oder explizit etwas haben, das mehr ist als eine Maschine, gleichzeitig aber der materiellen Welt angehört. Um diese Argumentation durchzuhalten, müssen sie aber irgendeine Art von »neuem Stoff« erfinden, auch wenn sie es häufig leugnen. Ich werde mich noch mit Roger Penrose, David Chalmers und John Searle als Vertretern dieser Position befassen. Sie führen die triftigsten Argumente an, warum Menschen keine bloßen Maschinen seien. Penrose und Chalmers könnten Recht haben, obwohl keiner von ihnen Belege für seine Hypothese vorlegen kann. Searle dagegen ist meines Erachtens einfach nur verwirrt.

Roger Penrose, der britische Physiker und Mathematiker, ist zweifellos ein nüchterner Wissenschaftler. Er hat eine Reihe kritischer Bücher zur Künstliche-Intelligenz-Forschung geschrieben. Er hält es für nicht wahrscheinlich, dass sie intelligente, bewusste Maschinen bauen könne. Vielleicht hat er Recht, aber seine Argumentation ist fehlerhaft und ein gutes Beispiel für die verborgene Annahme eines »neuen Stoffes«.

Penroses erster Fehler liegt im Verständnis von Gödels Unvollständigkeitssatz und den Turing-Maschinen. Kurt Gödel schockierte die Welt in den dreißiger Jahren, indem er zeigte, dass jede widerspruchsfreie Reihe von Axiomen der Mathematik Theoreme enthalte, die sich innerhalb dieser Reihe von Axiomen nicht beweisen ließen. Turing-Maschinen, die Formalisierung moderner Computer, die Alan Turing zur gleichen Zeit ersann, operieren innerhalb jeder beliebigen Reihe von Axiomen, die man ihnen vorgibt. In Kombination besagen diese beiden Ergebnisse also, dass es wahre Theoreme in der Mathematik gibt, die ein Computer nicht beweisen kann. Wenn also menschliche Mathematiker Computer wären, würde es Theoreme geben, die sie nicht beweisen könnten. Das verletzt den Stolz von Penrose und seinen Freunden. Schließlich sind sie in der Lage, viele Theoreme zu beweisen, daher folgert er irrigerweise, dass Menschen, oder zumindest Mathematiker, keine Computer sein können.

Jetzt ist Penrose in der Klemme. Er ist ein eiserner Materialist, aber die materielle Welt kann nicht erklären, was er beobachtet zu haben meint. Er muss etwas Neues finden, das er der materiellen Welt hinzufügen kann und das außerhalb des Reiches gewöhnlicher Computer liegt. Fündig wird er in den Mikrotubuli innerhalb der Zellen, winzig kleinen Röhren, in denen Quanteneffekte wirken. Seine – nicht belegte – Hypothese ist nun, dass die Quanteneffekte in den Mikrotubuli die Quelle des Bewusstseins sind. Statt die Idee zu akzeptieren, dass Bewusstsein nur eine Erweiterung der in Kapitel 3 beschriebenen Ideen ist – das Ergebnis von einfachen, geistlosen, miteinander gekoppelten Aktivitäten –, sieht Penrose hier in lebenden Systemen ein unerklärliches Extra, die Quantenmechanik, am Werk.

Innerhalb seines wissenschaftlichen Materialismus hat Penrose zu einer geheimnisvollen höheren Kraft Zuflucht genommen. Statt die abstoßende Idee zu akzeptieren, dass sein wunderbarer Geist das Produkt des Zusammenspiels einfacher Mechanismen ist, bemüht er etwas, das zu kompliziert ist, als dass wir es ganz verstehen könnten. Er erfindet seinen eigenen kleinen Gott, den Gott der Quantenmechanik.

David Chalmers, ein Philosoph der Universität von Santa Cruz, ist ebenfalls ein überzeugter Materialist. Er erfindet einen ganz anderen »neuen Stoff«. Er ist der Meinung, dass es etwas fundamental Neues im Universum geben könnte, das wir noch nicht direkt beobachtet haben. Er vergleicht es mit dem Spin oder Charm in der Teilchenphysik – Eigenschaften von subatomaren Partikeln. Keines von beidem lässt sich auf Masse, Ladung oder andere normale Eigenschaften reduzieren, welche die klassische Physik lehrt. Theoretisch gibt es vielleicht noch eine andere Eigenschaft wie diese, die wir, wie den Spin oder Charm, nicht direkt mit unseren Sinnen beobachten können. Diese neue Eigenschaft könnte die Grundlage des Bewusstseins sein. Wieder sehen wir hier den Appell an eine Art höhere Autorität, die nicht auf Regeln basiert und keinem Mechanismus ähnelt. Chalmers appelliert an etwas Geheimnisvolles und Unverstandenes, um seine materialistische Weltsicht zu retten. So muss er seine Besonderheit nicht aufgeben und bewahrt sich davor, nicht mehr zu sein als eine bloße Maschine.

John Searle ist ein sehr angesehener Philosoph aus Berkeley. Er ist nach eigenem Bekunden der Auffassung, dass Geist und besonders Bewusstsein Eigenschaften seien, die nur im menschlichen Gehirn in unserem Schädel entstehen. Er behauptet, an wissenschaftlichen Erklärungen interessiert zu sein. Aber dahinter verbirgt sich seine völlige Unfähigkeit zu akzeptieren, dass Bewusstsein und Verständnisfähigkeit durch irgendetwas anderes als reale Nervenzellen entstehen können. Gelegentlich gibt er das sogar zu, zum Beispiel in der folgenden Passage:

In diesem Fall stellen wir uns also vor, dass Silizium-Chips nicht nur ein Duplikat der Input-Output-Funktionen eines Menschen herstellen können, sondern auch eines derjenigen Phänomene (ob nun bewusst oder nicht), die normalerweise für die Input-Output-Bedingungen verantwortlich sind.

Ich möchte sofort hinzufügen, dass ich keine Sekunde lang glaube, so etwas sei auch nur im entferntesten empirisch möglich. Meines Erachtens ist die Annahme empirisch absurd, wir könnten ein Duplikat der Kausalkräfte von Neuronen vollständig mit Silizium herstellen.[30]

30 John R. Searle, *Die Wiederentdeckung des Geistes*, Frankfurt am Main, 1996, Seite 83.

Jenseits dessen dreht sich seine Argumentation im Kreis, obwohl ich sicher bin, dass er meiner Analyse in ziemlich beleidigendem Ton widersprechen würde.[31] Seine Argumente beziehen sich meistens auf Roboter und Computerprogramme, die das gleiche Eingabe-Ausgabe-Verhalten zeigen wie Tiere oder Menschen, um dann zu behaupten, die (vorgestellte) Existenz solcher Maschinen beweise, dass mentale Phänomene und Bewusstsein nur als Eigenschaften menschlicher Gehirne existierten, weil der Roboter keins von beidem habe, obwohl er in der Lage ist, in der gleichen Weise zu operieren wie Menschen. Dieses Argument mag Ihnen in meiner Darstellung unsinnig vorkommen, aber ich glaube, es ist eine faire Zusammenfassung von Searles Beweisführung. Und ich glaube, das eigentliche – emotionale – Kernstück seines Arguments besteht in seinem verborgenen Wunsch, die Besonderheit des Menschen nicht aufgeben zu wollen.

Sein berühmtestes Argument ist das »chinesische Zimmer«. John Searle versteht kein Chinesisch. Er spricht hier vom Äquivalent eines Computerprogramms: ein nach einem Satz von Instruktionen funktionierendes System, in das Chinesisch eingespeist wird und das chinesische Antworten ausgibt. Es gibt heute einige solcher Computerprogramme, die funktionieren, solange das Diskussionsfeld begrenzt bleibt. Searle argumentiert so: Würde man ihn in einen Raum mit diesen auf Englisch verfassten Instruktionen einschließen und einen mit Chinesisch beschriebenen Zettel durch den Türschlitz schieben, könnte er alle Regeln befolgen, die für ihn in einem dicken Buch aufgeschrieben sind, und schließlich die Antwort auf Chinesisch auf einen Zettel schreiben und wieder unter der Tür hindurchschieben.

Searle stellt richtig fest, dass er dann immer noch kein Chinesisch verstehen würde. Er folgert aber absurderweise, dass kein Computer Chinesisch verstehen könne. Aber hier begeht er einen fundamentalen Fehler. So wie kein einzelnes Neuron eines Chinesen Chinesisch versteht, so muss auch Searle, in seinem Gedankenexperiment eine Komponente eines größeren Systems, kein Chinesisch verstehen. Searle bestreitet weiter, dass das gesamte System, der Raum und er selbst, Bewusstsein hät-

---

[31] Als Kasparow von Deep Blue geschlagen wurde, sagte Searl, es sei »ein von irgendjemand entworfener Haufen Schrott«, und sagte damit nichts. In gewisser Hinsicht stimme ich ihm sogar zu, aber ich war sehr neidisch, dass er meine Roboter nicht in dieser Weise beleidigt hatte. Für mich wäre es eine Ehrung gewesen.

ten. Ich behaupte aber, dass wir schlicht nicht wissen, ob das möglich wäre oder nicht. Im Prinzip halte ich es mit Sicherheit für möglich, aber vielleicht müsste es dazu einen Mechanismus geben, der über den bloßen Satz von Regeln hinausgeht, die Searle zum Übersetzen benutzt.

Natürlich ist das chinesische Zimmer wie viele Gedankenexperimente in der Praxis lächerlich. Es gäbe eine viel zu große Menge von Regeln, und so viele müssten in detaillierter Reihenfolge befolgt werden, dass Searle Dutzende von Jahren damit verbringen müsste, sklavisch Regeln zu befolgen und sich auf einem enormen Stapel Papier Notizen zu machen. Das System – Searle und die Regeln – würde als Programm so langsam laufen, dass es sich nicht für irgendeine normale Art von Wahrnehmungsaktivität gebrauchen ließe. Daher wäre es wirklich schwer zu glauben, dass das System Chinesisch »verstehen« könnte, wie das Wort üblicherweise benutzt wird. Aber weil es ein so lächerliches, milliardenfach verlangsamtes Beispiel ist, lassen sich daraus keine Schlussfolgerungen ziehen, ob ein Computer mit dem gleichen Programm Chinesisch »verstehen« könnte.

Meine Folgerung nach der Lektüre von Searles Argumentation ist, dass er nur Angst hat, einer Maschine Bewusstsein zuzusprechen. Er behauptet, menschliche Gehirne und besonders Nervenzellen hätten etwas Besonderes, aber er gibt nirgendwo einen Hinweis darauf, was sie denn so besonders macht – abgesehen von der Tatsache, dass sie Bewusstsein hervorbringen. Er sagt auch nicht, warum ein System auf der Basis von Silizium kein Bewusstsein haben kann, da all seine Argumente in dieser Hinsicht zirkulär sind.

Weniger kluge Kritiker leugnen, dass ein auf Silizium basierendes System intelligent oder bewusst sein könne, mit dem Hinweis, dass ein Computer auch aus Bierdosen gebaut werden könnte, wobei jedes Bit Information durch eine aufrechte und eine kopfstehende Bierdose repräsentiert würde. Ein solcher Computer ließe sich tatsächlich bauen und wäre in der Lage, genau die gleichen Berechnungen auszuführen wie ein Silizium-Computer, wenn auch abermillionenfach langsamer. Dann behauptet man, es läge auf der Hand, dass Bierdosen nicht intelligent sein können, und leugnet damit zugleich, dass Silizium-Computer intelligent sind. Wie bei Searles chinesischem Zimmer gibt es hier kein echtes Argument, dass Bierdosen nicht intelligent sein können – es geht nur darum, die Gegenseite lächerlich zu machen. Das ist so ähnlich, als würde man sagen, die Erde könne nicht rund sein, weil dann ja die Leute in Australien herunterfallen würden. Etwas ins Lächerliche zu ziehen ist noch kein Argument. Hohn statt vernünftiger Argumente ist vielmehr ein häufig zu beobachtender Rückfall in den Tribalismus.

In Wirklichkeit sind also die meisten Argumente gegen die Möglichkeit, dass Roboter jemals Bewusstsein oder Gefühle haben können, emotional gefärbt und irrational. Wie Damasio sagt, wird unsere Vernunft von unseren Gefühlen angetrieben. Und das gilt auch, wenn wir über unsere eigenen Gefühle und die unserer Maschinen nachdenken.

Letztlich gehen die Argumente auf einen Kern von Glaubensüberzeugungen zurück. Meine eigenen besagen, dass wir Maschinen sind, und daraus folgere ich, dass es im Prinzip keinen Grund für die Annahme gibt, wir könnten keine Maschine aus Silizium und Stahl bauen, die sowohl echte Gefühle als auch Bewusstsein hat.

Gibt es noch etwas anderes?

Obwohl ich mich über die Annahme eines »neuen Stoffes« lustig gemacht habe, um zu erklären, worin wir uns von Maschinen unterscheiden, bleibt ein Problem bestehen. Ich werde daher meine eigene Hypothese über einen »neuen Stoff« aufstellen, um es aufzulösen. Schlimmer noch, ich werde für dieses Argument keinerlei Belege anführen – also genau das Vorgehen wählen, das ich bei Penrose und Chalmers kritisiere.

Wir wissen, dass unsere gegenwärtigen Roboter nicht so lebendig sind wie reale Lebewesen. Obwohl Genghis durch unebenes Terrain krabbeln kann, hat er nicht die langfristige Unabhängigkeit, die wir von Lebewesen erwarten. Obwohl Kismet soziale Kontakte zu Menschen aufnehmen kann, langweilen sie sich bald mit ihm und behandeln ihn geringschätzig, eher wie ein Objekt als ein Lebewesen.

Existieren andere Gebiete, auf denen es uns gelingt, künstliche Systeme wie biologische funktionieren zu lassen? Außer der Robotertechnik gibt es noch ein verwandtes Feld, die Erforschung künstlichen Lebens, wo biologische Systeme nachmodelliert werden, und wie in der Robotertechnik haben wir auch hier enorme Fortschritte gemacht, Systeme mit interessanten Eigenschaften zu bauen. Aber wie bei der Robotertechnik stößt man auch hier auf die begründete Kritik, dass diese Systeme bislang noch nicht so robust und lebensähnlich sind und sich noch nicht mit realen biologischen Systemen vergleichen lassen.

In der Forschung über künstliches Leben hat man Systeme gebaut, die sich innerhalb eines Computers reproduzieren. Anfang der neunziger Jahre entwickelte Tom Ray, damals Biologe an der Universität von Delaware, ein Computerprogramm namens Tierra. Dieses System simulierte einen einfachen Computer, sodass Ray seine Funktionsweise vollständig kontrollieren konnte. Vielfältige Computerprogramme wetteiferten um die Ressourcen der Zentraleinheit des simulierten Computers. Ray platzierte ein einzelnes Programm in einen 60 000-Wort-Speicher und ließ es laufen. (Diese Wörter bestanden jeweils nur aus fünf Bit, um annähernd dem Informationsgehalt in drei Basispaaren von Aminosäuren zu entsprechen, wo nur 20 Proteine sowie ein wenig Steuerung codiert sind). Das Programm versuchte, sich selbst an eine andere Stelle im Speicher zu kopieren und dann einen neuen Prozess in Gang zu setzen, in dem das Programm dann gleichfalls ablaufen konnte. Auf diese Weise füllte sich der Speicher rasch mit einfachen »Wesen«, die versuchten, sich zu reproduzieren, indem sie sich kopierten.

Wie die DNA in biologischen Systemen wurde der Code des Computerprogramms in zweierlei Weise benutzt. Er wurde ausgeführt, um den »Lebensprozess« des Wesens selbst hervorzubringen, und er wurde kopiert, um einen Sprössling des Programms hervorzubringen. Der simulierte Computer unterlag jedoch zwei simulierten Fehlerquellen: Es gab »kosmische Strahlen«, die von Zeit zu Zeit willkürlich ein Bit im Speicher umdrehten, und es gab Kopierfehler, die beim Schreiben eines Wortes in den Speicher willkürlich ein Bit veränderten. Während sich also der Speicher des simulierten Computers mit Kopien des ursprünglichen Programms füllte, tauchten auf diese Weise Mutationen auf. Einige dieser Programme funktionierten einfach nicht mehr und wurden entfernt. Andere begannen, sich zu optimieren, und wurden etwas kleiner, weil die Ablaufsteuerung kleinere Programme implizit begünstigte. Bald entwickelten sich »Parasiten« von der halben Größe des ursprünglichen Programms. Sie waren nicht in der Lage, sich zu kopieren, aber sie konnten ein größeres Programm so täuschen, dass es sie statt sich selbst kopierte. Bald kamen andere Wesen hinzu, darunter Hyperparasiten und soziale Programme, die sich gegenseitig zur Reproduktion brauchten.

Als Tom Ray 1991 seine Arbeit auf einer Konferenz über künstliches Leben in Santa Fe präsentierte, war die Aufregung groß. Es schien, als hätte er den Schlüssel zum Bau komplexer lebensähnlicher Systeme gefunden. Statt außergewöhnlich intelligent vorgehen zu müssen, brauchten menschliche Ingenieure vielleicht nur ein Spielfeld für künstliche Evolution zu schaffen und interessante komplexe Wesen würden sich von selbst entwickeln. Aber man stieß bald an Grenzen. Trotz vieler weiterer Jahre Forschung und weiteren Experimente mit Tausenden über das Internet verbundenen Computern erzielten Ray und andere kaum Interessanteres als die ersten Experimente. Man sah den Grund dafür unter anderem darin, dass die Welt, in der die Programme lebten, einfach nicht komplex genug war, damit etwas Interessantes passieren konnte. Im Hinblick auf den Informationsgehalt waren die Genome seiner Programme um vier Größenordnungen kleiner als das Genom der einfachsten autonomen Zellen. Außerdem waren der Genotyp – die Codierung – und der Phänotyp – der Körper – bei Rays Wesen ein und dasselbe. In der realen Biologie ist der Genotyp ein DNA-Strang und der Phänotyp das durch diese Gene ausgedrückte Lebewesen.

Ein paar Jahre später baute Karl Sims ein Evolutionssystem, in dem die Genotypen und Phänotypen verschieden waren. Seine Genotypen waren gerichtete Graphen mit Eigenschaften, mit denen sich Symmetrie und Segmentierung von Körperteilen – zum Beispiel zur Ausbildung mehrteiliger Gliedmaßen – leicht spezifizieren ließen. Jedes Element des Phänotyps, der von diesen Genotypen ausgedrückt wurde, war eine rechteckige Schachtel, die Sensoren haben konnte, sowie Aktuatoren, um sie mit den angrenzenden Rechtecken zu verbinden, und kleine neuronale Netzwerke, die ebenfalls mit den neuronalen Netzwerken der angrenzenden Körperteile verknüpft waren. Ein Wesen bestand aus vielen, unterschiedlich großen Rechtecken, die sich miteinander zu Beinen, Armen und anderen Körperteile verbanden. Das derart spezifizierte Lebewesen wurde in eine simulierte dreidimensionale Welt gestellt, die den Gesetzen der newtonschen Physik folgte, darunter Schwerkraft und Reibung, und sein Körpervolumen mit einer zähen Flüssigkeit gefüllt. Durch Veränderung der Parameter konnte sich die Flüssigkeit wie Wasser, Luft oder ein Vakuum verhalten.

Sims simulierte etwa 100 Lebewesen in einer Generation. Er stufte sie jeweils nach ihren Leistungen in einer bestimmten Fertigkeit ein – zum

Beispiel, wie gut sie schwammen oder krabbelten – und erlaubte dann den besseren, sich zu reproduzieren. Wie in Rays System gab es verschiedene Wege, auf denen es zu Mutationen kommen konnte. Mit der Zeit wurden die Wesen in der jeweils beurteilten Fähigkeit immer besser. Die erste Art von Wesen, die Sims entwickelte, konnte im Wasser schwimmen. Mit der Zeit entwickelten sie sich entweder zu langen, schlangenartigen Lebewesen oder zu kompakteren mit Flossen.

Wurden sie auf trockenen Boden gesetzt, konnten sie sich nicht gut fortbewegen, aber durch Selektion entwickelten sich bald Lebewesen, die diese Fähigkeit verbesserten. Dabei kam es im Verlauf zu einigen interessanten Ergebnissen. Sims fand bald, dass er sehr sorgfältig auswählen musste, in welchen Fertigkeiten die Leistungen bewertet wurden – andernfalls kam die Evolution bald auf etwas, das er nicht erwartete. Eine frühe Version einer Leistungsbewertung für Bewegung vergab keine Minuspunkte für vertikale Bewegungen und bezog auch nur wenige Sekunden in den Bewertungsvorgang ein. Bald entwickelten sich wirklich große Wesen, die oft fielen und stolperten. Sie erzielten hohe Werte für das Ausmaß an Bewegung, das sie in ein paar simulierten Sekunden zustande brachten – aber sie bewegten sich nicht nachhaltig von der Stelle. Dann wuchsen eine Zeit lang Lebewesen heran, die sich fortbewegten, indem sie ihre Körper mit ihren Gliedern schlugen – ihre Evolution hatte sich einen Fehler zunutze gemacht, der bei der Implementierung des Gesetzes der Impulserhaltung in der simulierten Physik unterlaufen war.

Schließlich stellte Sims den Lebewesen die Aufgabe, nach exakt festgelegten Regeln einen zwischen zwei von ihnen gesetzten grünen Block zu greifen. Schnell entwickelten sich viele unterschiedliche Strategien. Einige Lebewesen schlugen blind aus und versuchten, mit einem langen Fangarm alles einzuheimsen, was in der Standardposition lag. Andere waren defensiver, entwickelten rasch einen Schild gegen den Gegner und griffen dann in Ruhe nach dem Block. Andere bewegten sich auf den Block zu und versuchten, ihn mit ihren gedrungenen Ärmchen vor sich herzuschieben und das Weite zu suchen.

Dieses Experiment war sehr beeindruckend und ließ die Hoffnung wieder aufkeimen, die Rays Arbeit geweckt hatte, nämlich dass wir in willkürlichen Prozessen sehr intelligente Wesen sich von selbst entwickeln lassen könnten. Wieder stellte sich jedoch bald Enttäuschung ein, da Sims in fünf Jahren keine bedeutenden Fortschritte erzielen konnte.

Kürzlich schufen Jordan Pollack und Hod Lipson ein neues Evolutionsprogramm mit ähnlichen Fähigkeiten wie Sims Programm. Sie evaluierten ihre Wesen nicht nur in einer simulierten Umgebung nach newtonschen physikalischen Gesetzen, sie gingen noch einen Schritt weiter und verbanden sie mit Maschinen zur schnellen Produktion von Prototypen. Ihre Wesen erhalten Plastikkörper und Kugelgelenkverbindungen. Menschliche Eingriffe sind erforderlich, um Elektromotoren in die dafür vorgesehenen Halterungen des Plastikmodells einzusetzen. Dann ist das Geschöpf aus dem Cyberspace befreit und kann sich in der realen Welt bewegen. Diese Innovation weckte neue Hoffnung, aber es fehlt bislang noch eine fundamental neue Idee, wie diese Geschöpfe ihre Fähigkeiten selbstständig weiterentwickeln könnten. Das Problem ist, dass wir nicht wirklich wissen, warum sie nicht immer besser werden; deshalb ist es schwer, eine gute Lösung zu finden.

Kurz gesagt, sowohl Roboter als auch Simulationen von künstlichem Leben sind bereits weit gediehen. Aber sie haben sich noch nicht verselbstständigt, wie man es von biologischen Systemen erwartet. Nehmen wir an, die Pennroses, Chalmers und Searles haben Unrecht. Warum funktionieren unsere Modelle dann nicht besser?

Es gibt ein paar Hypothesen darüber, was unseren Robotermodellen und Entwürfen künstlichen Lebens fehlen könnte:

1. In all unseren Systemen könnten ein paar Parameter falsch sein.

2. Wir bauen unsere Systeme vielleicht in zu schlichten Umgebungen und alles würde sich wie erwartet entwickeln, wenn wir eine bestimmte Komplexitätsschwelle überschreiten.

3. Vielleicht fehlt uns einfach noch genügend Rechnerkapazität.

4. Etwas in unseren Biologiemodellen fehlt möglicherweise; vielleicht brauchen wir wirklichen einen »neuen Stoff«.

Die ersten drei Hypothesen ähneln sich, obwohl sie sich eindeutig auf unterschiedliche Probleme beziehen. Sie gleichen sich darin, dass wir keinen besonders brillanten Problemlöser brauchen, wenn sich eine davon als richtig erweist – die Zeit und der natürliche Prozess der Wissenschaft werden uns ans Ziel bringen.

Wenn, wie im ersten Fall, lediglich ein paar Parameter falsch sind, würde das bedeuten, dass unsere Modelle im Wesentlichen richtig sind, wir aber in einigen geringfügigeren Aspekten noch kein Glück hatten oder noch nicht genug wissen. Wenn wir zufällig auf die richtige Reihe von Parametern kommen oder vielleicht tiefere Einsicht in einige der Probleme gewinnen, könnten wir die Parameter besser wählen und die Modelle würden besser funktionieren. Es könnte zum Beispiel sein, dass unsere gegenwärtigen Modelle neuronaler Netzwerke quantitativ besser arbeiten, wenn wir fünf Schichten künstlicher Nervenzellen statt, wie heute, standardmäßig drei haben. Warum das so sein sollte, ist nicht klar, aber es wäre durchaus plausibel. Es könnte auch sein, dass die künstliche Evolution viel besser mit Populationen von 100 000 Exemplaren und mehr funktioniert, als mit den üblichen 1 000 oder weniger. Aber vielleicht sind das leere Hoffnungen. Man würde erwarten, dass mittlerweile jemand auf eine Kombination von Parametern gestoßen wäre, die qualitativ besser funktioniert als alles, was sonst auf dem Markt ist.

Betrachten wir nun den zweiten Fall. Zwar haben sich die von Ray und Sims entwickelten Systeme letztlich als enttäuschend erwiesen, aber die Umgebungen, in denen ihre Wesen existierten, haben ihnen auch nicht viel abverlangt. Vielleicht brauchten sie mehr Umweltdruck, um sich interessanter zu entwickeln. Vielleicht besitzen wir ja auch schon alle Ideen und Komponenten, die für lebendige, atmende Roboter erforderlich sind, aber wir haben sie einfach noch nicht alle gleichzeitig zusammengebracht. Oder wir haben bislang unterhalb einer wichtigen Komplexitätsschwelle operiert. Obwohl das eine attraktive Idee ist, äußerten schon viele diesen Verdacht, was bislang nur zu Systemen geführt hat, die unter extremer Fehleranfälligkeit leiden. Während auch dies also wieder eine Möglichkeit wäre, halte ich es für recht unwahrscheinlich, dass es das einzige Problem sein könnte.

Der dritte Fall, der Mangel an Rechnerkapazität, ist nichts Neues. Die Forschung über künstliche Intelligenz und künstliches Leben beklagt sich seit jeher, dass sie für ihre Experimente nicht genug Rechenkapazität hat. Die Rechnerleistung ist jedoch Moores Gesetz gefolgt und hat sich seit den Anfängen dieser Forschungsgebiete alle 18 Monate oder zwei Jahre verdoppelt. Es wird also immer schwerer, den Mangel an Fortschritten fehlender Rechnerkapazität zuzuschreiben. Natürlich hat es auf beiden Gebieten große Fortschritte gegeben, von denen sich viele einer größeren Rechnerkapazität verdanken. Und manchmal konnten wir in der Tat plötzlich qualitative Veränderungen in der Funktionsweise von Systemen beobachten, nur weil mehr Rechnerleistung verfügbar war.

Wir haben kürzlich ein Beispiel dafür erlebt. Nachdem er von Deep Blue besiegt worden war, sagte Gary Kasparow, er sei überrascht von der Fähigkeit des Programms zu spielen, als besäße es einen Plan und als habe es das Wesentliche der Stellungen verstanden. Deep Blue war im Kern nicht anders als frühere Programme, gegen die er in den achtziger Jahre gespielt hatte; tatsächlich unterschied es sich nicht sehr von Richard Greenblatts Programm aus der Mitte der Sechziger. Deep Blue hatte immer noch keine strategische Planungsphase, wie andere, nach der menschlichen Spielweise entworfene Schachprogramme. Es verfügte nur über eine taktische Suchfunktion. Aufgrund der großen Rechnerkapazität war diese Funktion jedoch sehr gründlich und schnell. Während Greenblatts Programm darauf beschränkt war, ein paar Hundert Stellungen pro Sekunde durchzuspielen, schaffte Deep Blue in der gleichen Zeit zwei Millionen. Das Ergebnis war ein Programm, dass auf Kasparow so wirkte, als hätte es einen Spielplan – nicht weil es irgendeine neue Funktion besaß, sondern weil die größere Rechnerleistung den Eindruck eines qualitativ anderen Ansatzes erweckte. Bob Constable von der Cornell University berichtete mir von einem ähnlichen Eindruck einer qualitativen Änderung, als er kürzlich seine Programme zur automatischen Beweisführung verfolgte. Er weiß, dass sie nichts qualitativ Neues haben, aber er hat das Gefühl, dass seine Programme angesichts der schnelleren Suche, die sie leisten, beim Beweis von Theoremen strategisch planvoller vorgehen.

Dies sind zwei gute Beispiele, weil wir in beiden Fällen wissen, dass die Programme in den Details ihrer Funktionsweise – Schachspielen und Theoreme beweisen – nichts mit der Art zu tun haben, wie Menschen solche Probleme angehen. Es gibt einfach nicht genug von der langsamen Hardware, die wir in unseren Köpfen haben, um uns so viele Stellungen oder Theoreme wie diese beiden Programme vorzunehmen. Aber aus diesem geistlosen Regelwerk entsteht etwas, dass zwei Menschen, die nichts mit KI-Forschung zu tun haben – und die auf ihren jeweiligen Gebieten Weltspitze sind –, wie Denken vorkommt.

Vielleicht könnte das Gleiche mit allem passieren, was uns an unserer

Menschlichkeit lieb und teuer ist. Vielleicht werden unsere gegenwärtigen Modelle von Intelligenz und Leben intelligent und lebendig werden, wenn wir nur genug Rechnerleistung bekommen können. Ich hege allerdings dennoch meine Zweifel, ob dies allein dann ausreicht.

Ich glaube, wir brauchen wahrscheinlich noch einige Einsteins oder Edisons, um die paar Entdeckungen zu machen, die uns noch fehlen. Ich persönlich möchte wetten, dass es am vierten der oben genannten Punkte liegt, uns also noch etwas in der Biologie entgeht – nämlich dass es tatsächlich irgendeinen »neuen Stoff« gibt.

Anders als Penrose, Chalmers und Searle glaube ich jedoch, dass dieser Stoff schon vor unserer Nase liegt und wir ihn einfach noch nicht entdeckt haben. Im Kern lautet meine Vermutung, dass es etwas gibt, das in gewisser Hinsicht offensichtlich und einfach ist, uns aber in den biologischen Systemen, die wir untersuchen, noch entgeht. Da ich nicht weiß, was es ist, kann ich darüber nicht direkt sprechen und muss stattdessen zu einer Reihe von Analogien Zuflucht nehmen.

Lassen Sie uns erstens eine Analogie aus der Physik und dem Bau physikalischer Simulatoren wählen. Nehmen wir an, wir versuchen, elastische Objekte zu modellieren, um sie fallen und zusammenstoßen zu lassen. Wenn wir die physikalischen Gesetze nicht ganz verstehen würden, könnten wir vergessen, den Körpern die Eigenschaft Masse zuzuweisen. Das würde keine Auswirkungen auf das Fallverhalten haben, da alles im Bereich der Erdanziehung unabhängig von seiner Masse mit der gleichen Beschleunigung fällt. Wenn wir also zuerst die Falleigenschaften überprüfen würden, fänden wir die Bestätigung, auf dem richtigen Weg zu sein, und könnten uns freuen, wie gut alles läuft. Aber beim Kollisionsverhalten der Objekte würde das System einfach nicht richtig funktionieren, ganz gleich wie sehr wir an den Parametern drehten oder wie groß die Rechnerleistung wäre. Ohne Masse kann die Simulation niemals gelingen.

Bis hierher ähnelt die Analogie etwas dem Argument von Chalmers. Mein nächster Schritt führt mich allerdings von ihm fort. Chalmers' Argumentation beruht auf der Annahme eines fehlenden Glieds – die Masse in meinem eben genannten Beispiel –, das dem gegenwärtigen, unvollständigen physikalischen Erklärungsmodell der Welt hinzugefügt werden muss. Chalmers glaubt, dieses Etwas müsse unsere bisherige Vorstellung vom Universum über den Haufen werfen. Analogien zur Reichweite einer solchen Erkenntnis wäre die Entdeckung der Röntgenstrahlen vor 100 Jahren, die schließlich zur Quantenphysik führte, oder die Entdeckung der Konstanz der Lichtgeschwindigkeit, die zur Grundlage von Einsteins Relativitätstheorie wurde. Beide Entdeckungen fügten unserem Verständnis des Universums etwas vollständig Neues hinzu. Schließlich erkannten wir, dass unser altes Verständnis der Physik die Vorgänge im Universum nur annähernd erklärte, nützlich in den eingeschränkten Geltungsbereichen, für die sie entwickelt wurden, aber gefährlich falsch in anderen.

Meine Vorstellung von diesem »neuen Stoff« erfordert keine derartige Umwälzung. Es handelt sich nur um eine mathematische Beschreibung, die ich in den letzten Jahren provokativ »den Saft« genannt habe.[32] Aber es ist keine Hypothese über ein neues Lebenselixier, und die Präsenz dieses »Saftes« in lebenden Systemen erfordert keine neue Physik. Die Annahme besteht lediglich darin, dass uns möglicherweise eine grundlegende mathematische Beschreibung fehlt, was in lebenden Systemen vor sich geht. Daher fehlen in unseren Modellen künstlicher Intelligenz und künstlichen Lebens die Komponenten, die unentbehrlich sind, um die beschriebenen Prozesse tatsächlich hervorzubringen. In den letzten 30 Jahren entstanden eine Reihe neuer, verheißungsvoller mathematischer Ansätze. Dazu gehört die Katastrophentheorie, die Chaostheorie, dynamische Systeme, die Markowschen Zufallsfelder und Wavelets, um nur ein paar zu nennen. Jedes Mal stießen Forscher auch auf Möglichkeiten, sie bei der Beschreibung der Vorgänge lebender Systeme zu verwenden. Häufig schien es Verwirrung über die Verwendung dieser mathematischen Techniken zu geben. Nachdem sie Wege gefunden hatten, um mit ihnen Vorgänge in biologischen Systemen zu beschreiben, benutzten Forscher sie häufig voreilig als erschöpfende Erklärungsmodelle. Dann verwendeten sie diese Techniken als Grundlage für Computermodelle, die simulieren sollten, was in biologischen Systemen vor sich ging, aber ohne wirkliche Beweise dafür, dass es sich um gute generative Modelle handelte. In jedem Fall brachte keine dieser Methoden den Durchbruch, den ihre ersten Propheten vorhergesagt hatten.

[32] Als ich diese Hypothese zum ersten Mal bei einem Workshop in der Schweiz vorschlug, war ich 40 Jahre alt. Beim Abendessen sagte mir ein junger Student aus Oxford, dass er sehr interessant fände, was ich gesagt hatte, und dass seiner Meinung nach viele Menschen am Ende ihrer Karriere zu ähnlichen Ideen kämen.

Keine dieser mathematischen Techniken entspricht der Art von System, das mir vorschwebt. Die beste Analogie, die mir einfällt, ist die maschinelle Datenverarbeitung. Nun behaupte ich nicht, dass sie das fehlende Erklärungsmodell liefern könnte, aber sie könnte eine Analogie für die Art von mathematischer Beschreibung bieten, die ich in meiner Hypothese annehme.

Erstens können wir feststellen, dass die maschinelle Datenverarbeitung keine geistige Umwälzung darstellte, obwohl die mathematischen Methoden, die Turing und von Neumann dafür entwickelten, durchgreifende technologische Konsequenzen hatten. Ein Mathematiker des späten 19. Jahrhunderts hätte Turings Idee der Berechenbarkeit und eine von-Neumann-Architektur in ein paar Tagen verstanden und die Grundlagen der modernen maschinellen Datenverarbeitung begriffen. Nichts daran wäre überraschend gewesen oder hätte die Köpfe damaliger Physiker so heiß laufen lassen wie eine Konfrontation mit der Quantenmechanik oder der Relativitätstheorie. Die maschinelle Datenverarbeitung war eine sanfte, keine umwälzende Idee, aber sie war enorm wirkungsträchtig. Ich bin überzeugt, dass es eine ähnlich bedeutungsvolle, aber anders geartete Idee gibt, die es noch zu entdecken gilt und uns ermöglichen wird, biologische Systeme viel besser zu verstehen und zu konstruieren.

Den größten Teil des 20. Jahrhunderts über haben Wissenschaftler lebende Nervensysteme mit Elektroden bearbeitet und nach Korrelationen zwischen gemessenen Signalen und Ereignissen an anderer Stelle im Organismus oder in seiner Umgebung gesucht. In der ersten Hälfte des Jahrhunderts wurden diese Daten anhand von Konzepten der kybernetischen Steuerung interpretiert, aber in der zweiten Hälfte anhand von Begriffen aus der maschinellen Datenverarbeitung: Wie nimmt ein lebendes System Berechnungen vor? Das war die Leitfrage der wissenschaftlichen Forschung. Ich erinnere mich, dass das Nervensystem früher als hydrodynamisches System und später als Dampfmaschine betrachtet wurde. Als Kind besaß ich ein Buch, in dem sich die Erklärung fand, das Gehirn sei wie ein telefonisches Relais-Netzwerk. In den sechziger Jahren beschrieb man in Kinderbüchern das Gehirn als digitalen Computer, dann wurde daraus ein Computer mit massiv paralleler Architektur. Ich habe zwar noch keins gesehen, aber es würde mich nicht überraschen, heute ein Kinderbuch zu finden, in dem das Gehirn mit dem World Wide Web und all seinen Querverweisen und Korrelationen verglichen wird. Es scheint indessen unwahrscheinlich, dass wir schon die richtige Metapher gefunden haben. Doch das ist nötig. Meiner Meinung nach müsste die richtige Metapher so etwas wie eine mathematische Formel von etwas sein, dessen Teile wir gegenwärtig sehen können, ohne zu verstehen, wie sie zusammenpassen.

Nehmen wir eine weitere Analogie und stellen uns eine Gesellschaft vor, welche die letzten 100 Jahre isoliert war und keine Computer kennt, jedoch Elektrizität und elektrische Geräte besitzt. Gäbe man nun den Wissenschaftlern dieser Gesellschaft einen funktionierenden Computer, wären sie in der Lage, zu einem theoretischen Verständnis seiner Funktionsweise zu gelangen – wie er seine Daten bewahrt, Bilder auf dem Bildschirm darstellt oder eine Audio-CD abspielt –, ohne einen einzigen Begriff von maschineller Datenverarbeitung zu haben? Ich vermute, dass diese Wissenschaftler zuerst ein Verständnis dafür entwickeln müssten, vielleicht auf der Grundlage von Korrelationen sichtbarer Signale mit Messungen sichtbarer Drähte und sogar innerhalb des Mikroprozessors. Sobald sie die richtige Vorstellung von maschineller Datenverarbeitung hätten, wären sie in der Lage, schnelle Fortschritte beim Verständnis des Computers zu machen, und könnten schließlich ihren eigenen bauen, selbst wenn sie eine andere Fertigungstechnologie benutzten. Sie wären dazu in der Lage, weil sie sein Funktionsprinzip verstehen würden.

Nun haben wir die Analogie für die mathematische Beschreibung, die uns nach meiner Vermutung noch fehlt. Aber wo könnten wir danach suchen? Ach, wenn ich das nur wüsste! Es ist sicherlich so, dass lebende Systeme aus Materie bestehen und unsere gegenwärtigen Computermodelle solcher Systeme bestimmte »Datenverarbeitungsabläufe« dieser Materie nicht erfassen. Echte Materie kann nicht willkürlich erschaffen und zerstört werden. Das ist eine Beschränkung, die bei Simulationen künstlichen Lebens völlig fehlt. Außerdem leistet alle Materie ständig Dinge, deren maschinelle Berechnung unglaublich teuer und schwierig wäre. Moleküle unterliegen Kräften anderer Moleküle um sie herum und die Physik operiert, indem sie diese Kräfte ständig minimiert. Auf diese Weise werden Zellmembranen geformt, wandern Moleküle durch Lösungen und überwinden Barrieren und falten sich komplexe Moleküle, um die physischen Formen anzunehmen, die sie als Erkennungs-, Bindungs- und Transkriptionsmechanismen zur Interaktion miteinander brauchen.

Aber dies ist offensichtlich ein Ort, wo man suchen muss. Der wahre Trick wird darin bestehen, das Nicht-Offensichtliche zu finden, denn wenn die Saft-Hypothese stimmt, ist dies der Ort, an dem sich die Antwort versteckt.

Es könnte sich herausstellen, dass es für alle verschiedenen Aspekte biologischer Systeme, die wir modellieren, jeweils einen anderen »Lebenssaft« gibt, der uns entgeht. Bei Wahrnehmungssystemen könnte es zum Beispiel ein Organisationsprinzip geben, einen mathematischen Begriff, den wir brauchen, um zu verstehen, wie sie bei Tieren wirklich funktionieren. Sobald wir diesen Saft entdeckt haben, werden wir in der Lage sein, Bilderkennungssysteme zu bauen, die all das können, was ihnen gegenwärtig nicht gelingt. Dazu gehört, Objekte von ihrem Hintergrund unterscheiden zu können, Gesichtsausdrücke zu verstehen, Lebendiges von Unbelebtem zu unterscheiden sowie allgemeine Objekterkennung. Gegenwärtige Sichtsysteme können nichts davon gut.

Vielleicht werden andere Arten des Lebenssaftes nötig sein, um gute Erklärungen anderer biologischer Aspekte geben zu können. Möglicherweise werden für Evolution, Kognition, Bewusstsein oder Lernen jeweils eigene Säfte entdeckt oder erfunden und lassen diese Untergebiete der Forschung über künstliche Intelligenz und künstliches Leben aufblühen.

Vielleicht gibt es aber auch nur einen einzigen mathematischen Begriff, einen Saft, der all diese Felder eint, viele Aspekte der Forschung über lebende Systeme revolutionieren und einen schnellen Fortschritt bei der Schaffung künstlicher Intelligenz und künstlichen Lebens ermöglichen wird.

Intelligente Menschen und Aliens

Meine Idee eines »neuen Stoffes« läuft also darauf hinaus, eine kluge Analyse lebender Systeme anzustellen und sie dann dazu zu benutzen, bessere Maschinen zu bauen. Es ist möglich, dass es tatsächlich etwas jenseits einer solchen Analyse gibt, einen wirklich »neuen Stoff«, der auf einer anderen physikalischen Erklärungen beruht als jene, die uns gegenwärtig zur Verfügung stehen. Allein in den letzten 100 Jahren haben wir dies zwei Mal erlebt, zuerst mit der radioaktiven Strahlung, die letztlich zur Quantenmechanik führte, dann mit der Relativität. Manchmal gibt es wirklich eine neue Physik, und wenn wir diesem Begriff eine möglichst weite Bedeutung geben, muss er zweifellos abdecken, was Lebewesen ihre Lebendigkeit verleiht.

Die zweite Frage ist, ob Menschen jemals klug genug sein werden, um den »neuen Stoff« zu verstehen, sei es im Sinne einer lediglich verbesserten Analyse – so meine »schwache« Version der Theorie – oder einer wirklich fundamental neuen Physik. Wo liegen die Grenzen der menschlichen Verständnisfähigkeit?

Patrick Winston vom MIT erzählt in seinen Seminaren über künstliche Intelligenz gern die Geschichte von dem Waschbären, den er als Kind als Haustier hatte. Der Waschbär war sehr geschickt, konnte mechanische Verschlüsse öffnen und an Futter gelangen, das sicher verwahrt schien. Aber nie, sagt Patrick, sei ihm die Idee gekommen, dass Waschbären eines Tages Roboterwaschbären bauen könnten, die genauso geschickt wie sie selbst wären. Damit möchte er seine Studenten vom MIT warnen, dass sie vielleicht nicht so intelligent sind, wie sie gern glauben (und das glauben sie zweifellos sehr gern). Vielleicht, so mahnt er, steckt in unserem Streben nach künstlicher Intelligenz zu viel Selbstüberhebung.

Könnte er Recht haben? Roger Penroses Grundfehler besteht darin, die Grenzen menschlicher Mathematiker zu verkennen, und das führt ihn zu einer Fehlinterpretation von Gödels Unvollständigkeitssatz. Vielleicht gibt es sogar eine noch allgemeinere Formulierung für diesen Satz, wonach keine Lebensform im Universum intelligent genug sein kann, sich selbst gut genug zu verstehen, um mithilfe einer anderen Technologie eine Kopie von sich zu bauen. Wie ein solcher formaler Satz aussehen könnte, ist nur sehr schwer vorstellbar, aber im Prinzip könnte es ihn geben.

Wäre das der Fall, bleibt immer noch die Möglichkeit, dass ein intelligenteres Wesen als wir herausfindet, wie wir funktionieren, und eine funktionsfähige Maschine baut, die genauso emotional und klug ist wie wir. Inwiefern könnte ein anderes Wesen klüger sein als wir? Auch die Ablehnung dieser Vorstellung hat mit dem Wunsch zu tun, die menschliche Besonderheit nicht preiszugeben.

Betrachten wir jemanden, der nicht ganz so intelligent ist wie wir anderen, aber sich dessen nicht bewusst ist. Todd Woodward und andere Psychologen von der University of Victoria in British Columbia, Kanada, berichten über einen JT genannten Patienten, der eine Gehirnblutung erlitten hatte. Wie bei den meisten solcher Fälle blieben viele Gehirnfunktionen von JT intakt, andere dagegen wurden beschädigt. In diesem Fall litt der Patient unter einer Farbagnosie, einer Störung der Fähigkeit, Farben zu erkennen. Interessant ist jedoch, wie schwach diese Störung bei JT ausfiel. Bei einem Vergleich mit einer Kontrollgruppe konnten Woodward und seine Mitarbeiter feststellen, dass JT Farben problemlos voneinander unterschied. In abstrakten Farbgittern zählte er verschiedene Streifen, die sich nur farblich und nicht in ihrer Helligkeit unterschieden. Farbenblinde können das sehr schlecht. JT war auch in der Lage, Farbwörter zu verstehen und erfolgreich die Farbbezeichnungen in Sätzen wie »Er war grün vor Neid« zu ergänzen. Er kann also verschiedene Farben sehen und Farbwörter benutzen. Schwierigkeiten entstehen jedoch, wenn JT diese beiden Fähigkeiten miteinander verbinden muss. Nach den Namen für Farbflecken auf einem Bildschirm befragt, fand er nur für etwa die Hälfte die richtige Bezeichnung und verwechselte typischerweise ähnliche Farben, zum Beispiel Gelb und Orange, Lila und Rosa. Als er gebeten wurde, mit Farbstiften Zeichnungen vertrauter Objekte auszumalen, erzielte er zu Dreivierteln richtige Ergebnisse. Diese Experimente wurden über Jahre hinweg durchgeführt, einige davon wiederholt. Die Fähigkeiten des Patienten verbesserten sich nicht; er war dauerhaft geschädigt.

Das scheint auf den ersten Blick sehr merkwürdig: Jemand, der Farben sehen und Farbwörter benutzen kann, ohne dass es ihm gelingt, die richtigen Assoziationen zwischen ihnen herzustellen. Wären wir nicht alle klug genug, um auf die richtigen Verbindungen zu kommen und die Farben erneut zu lernen? Aber wenn das so wäre, warum gelingt es JT nicht? Er war vor seiner Gehirnblutung ein ganz normaler Erwachsener mit einem technischen Beruf gewesen. Auch danach ist er noch ein normaler Erwachsener, aber mit einer Schwäche, die wir Übrigen erkennen können. Wie viele »Schwächen« haben wir selbst, die wir in unserem Land der Blinden nicht sehen?

Kleine Veränderungen der Verdrahtung des Gehirns können bei Menschen zu seltsamen Schwächen ihrer Denk- und Lernfähigkeiten führen. Für uns als Produkte der Evolution ist es unwahrscheinlich, dass wir »optimierte« Lebewesen sind, besonders in kognitiven Bereichen. Die Evolution bildet eine Vielzahl verschiedener Fähigkeiten heraus, die in die Nische passen, in denen ein Lebewesen überlebt. Es ist durchaus möglich, dass wir mit ein paar zusätzlichen Verdrahtungen in unserem »normalen« Gehirn neue Fähigkeiten hätten. Das könnten welche sein, von denen wir gegenwärtig noch keinen Begriff haben, genau wie der Agnosie-Patient keinen Begriff von der richtigen Verbindung mancher Farbbezeichnungen zu den entsprechenden Farben hat. Es wären Fähigkeiten, über die wir mit unserer eigenen besonderen Denkfähigkeit, auf die wir Menschen so stolz sind, ohne zusätzliche Verdrahtung nicht nachdenken können.

Wenn wir uns mit den geistigen Fähigkeiten von Schimpansen und Makaken vergleichen, können wir uns, zumindest prinzipiell, eine Spezies vorstellen, die sich mit fast allen Fähigkeiten unseres Gehirns entwickelt hat, aber über zusätzliche Verdrahtung und vielleicht sogar neuere Module verfügt. So wie einige unserer Module Fähigkeiten haben, die bei Schimpansen nicht zu finden sind, könnte ein »super sapiens« Module und Fähigkeiten besitzen, die nicht einmal latent in uns vorhanden sind. Statt von der Erde könnte ein Supersapiens von einem anderen Planeten kommen, der um einen der Milliarden Sterne in den Milliarden von Galaxien unseres Universums kreist. Was würde nun geschehen, wenn dieser Supersapiens uns beobachtet? Hielte er uns für Waschbären mit geschickten kleinen Pfoten? Sähe er uns eher als behinderte Agnosie-Patienten (»Agnostiker« scheint hier nicht ganz das richtige Wort zu sein), die trotz ihrer Vernunft Offensichtliches einfach nicht erkennen? Oder würde er ein Geschlecht von Individuen entdecken, die künstliche Wesen mit Fähigkeiten bauen können, die ihren eigenen ähneln?

Die Frage nach dem Bewusstsein

Nehmen wir an, wir seien in nicht allzu ferner Zukunft in der Lage, Maschinen zu bauen, denen wir das Gefühlsleben zum Beispiel eines Hundes zubilligen. Nehmen wir weiter an, dass sich diese Roboter wie Hunde verhalten können und ebenso gute Gefährten wären. Was werden wir dann sagen: Haben sie Bewusstsein oder nicht? Die Frage des Bewusstseins ist für Penrose, Chalmers und Searle von großer Bedeutung, und tatsächlich glauben viele, dass darin der Schlüssel zum Verständnis unseres Menschseins liegt.

Das ist eine schwierige Frage, da wir uns im Allgemeinen nicht darüber einigen können, ob irgendein Tier außer uns überhaupt Bewusstsein hat. Während es eine Abstufung in der emotionalen Einstellung und folglich der Sympathie gibt, die wir verschiedenen Tierarten entgegenbringen, gibt es keinen solchen Konsens über das Bewusstsein von Tieren.

Ein Teil des Problems besteht darin, dass wir keine wirkliche Definition von Bewusstsein haben, abgesehen von unserer persönlichen Erfahrung, wie es ist, wir selbst zu sein. Wir wissen, dass wir selbst Bewusstsein haben, und sind bereit, auch anderen Menschen Bewusstsein zuzugestehen. Aber es besteht immer der nagende Verdacht, dass ihre Erfahrung von Bewusstsein vielleicht nicht die gleiche ist wie unsere eigene. Vielleicht sind wir, unser eigenes Selbst, in Wirklichkeit einzigartig und alle um uns herum erleben trotz ihrer verbalen Äußerungen Bewusstsein nicht in der gleichen Weise wie wir.

Sobald wir diese Frage auf andere Tiere ausdehnen – auf Orang-Utans, Hunde, Mäuse, Vögel, Eidechsen und Insekten –, werden wir immer unsicherer, wie viel Bewusstsein sie besitzen. Einige Menschen lehnen jede Andeutung von Bewusstsein bei allen Tieren außer uns selbst ab. Sie können dann unter anderem leichter akzeptieren, Wale als Fleischquelle oder für Forschungszwecke zu töten. Es schmeichelt außerdem unserem Gefühl der Besonderheit, wenn nur wir allein über Bewusstsein verfügen.

Meiner Meinung nach sind unsere Auffassungen über das, was Bewusstsein ist, völlig vorwissenschaftlich. Wir wissen nicht genau, was uns an einem Roboter davon überzeugt, dass er Bewusstsein hat, selbst simuliertes Bewusstsein. Vielleicht werden wir eines Tages überrascht sein, wenn uns einer unsere Roboter ernsthaft mitteilt, dass er über Bewusstsein verfügt, und genau wie ich Ihnen glauben muss, dass Sie Bewusstsein haben, werden wir seinen Worten Glauben schenken müssen. Wir werden keine andere Wahl haben.

Moralisch gerechtfertigte Sklaverei?

Eine der großen Verlockungen von Robotern ist, sie als unsere Sklaven einzusetzen. Geistlos wie sie sind, können sie auf unser Geheiß für uns arbeiten. Zumindest ist das eine der Möglichkeiten, die wir in Werken der Science-Fiction sehen.

Aber was, wenn die Roboter, die wir bauen, Gefühle haben? Was, wenn wir anfangen, für sie Sympathie zu empfinden? Ist es dann noch moralisch vertretbar, sie als Sklaven zu halten? Das ist genau die Zwickmühle, in der die amerikanischen Sklavenhalter steckten. Nachdem die Südstaatler ihren Sklaven den Status von Menschen zuerkannt hatten, wurde die Sklaverei von diesem Moment an unmoralisch. Sobald die Besonderheit der europäischen Abstammung gegenüber der afrikanischen nicht mehr zu halten war oder sich der vermeintliche Rassenunterschied zumindest verwischte, wurde es unmoralisch, Schwarze zu versklaven. Sie, nicht aber Kühe oder Schweine, hatten von nun an das gleiche Recht auf Freiheit wie die weißen Menschen. Später kam es zu einem ähnlichen Erwachen im Hinblick auf den Status von Frauen.

Glücklicherweise sind wir nicht dazu verurteilt, ein Geschlecht von Sklaven zu schaffen, deren Haltung unethisch wäre. Unsere Kühlschränke arbeiten für uns 24 Stunden am Tag, sieben Tage in der Woche, und wir verspüren deshalb nicht die leisesten Gewissensbisse. Wir werden noch viele Roboter konstruieren, die in gleicher Weise ohne Gefühle, Bewusstsein und Einfühlungsvermögen sind. Wir werden sie als Sklaven einsetzen, genau wie unsere Geschirrspüler, Staubsauger und Autos. Aber jene, die wir intelligenter machen, denen wir Gefühle geben und für die wir Sympathie hegen, werden sich zu einem Problem entwickeln. Wir sollten besser aufpassen, was wir bauen, weil wir unsere Schöpfungen am Ende mögen könnten und uns dann moralisch für ihr Wohlergehen verantwortlich fühlen – ähnlich wie für unsere Kinder.

9
Sie und wir

In 20 Jahren werden unsere Computer tausendmal leistungsstärker sein als heute. Viele Autoren vergleichen die Rechenleistung, die in einem menschlichen Gehirn ablaufen könnte, mit der eines Standard-PCs. Es könnte zwar sein, dass es in diesem Vergleich einen fundamentalen Fehler gibt, den wir nicht erkennen, aber im Moment scheint Übereinstimmung darin zu bestehen, dass wir mit dieser Vorstellung auf dem richtigen Weg sind. Die Menge an Rechenleistung in einem Personal Computer wird also in den nächsten 20 Jahren die des menschlichen Gehirns überschreiten.

Mit ein paar Vorbehalten besteht also eine reale Möglichkeit, dass wir irgendwann Roboter besitzen, die intelligenter sind als wir. Wenn es sich herausstellt, dass der »Saft«, von dem wir in Kapitel 8 gesprochen haben, nichts mit Rechnerleistung zu tun hat, wird es dazu vielleicht nicht kommen. Aber selbst wenn alles von der Rechnerleistung abhängt, brauchen wir dazu vielleicht erst die erforderliche Zahl an Nachwuchs-Einsteins, die auf diesem Gebiet arbeiten. Sollte sich herausstellen, dass wir Menschen den Waschbären ähneln, die wir im letzten Kapitel erwähnt haben, werden wir jedoch auch in diesem Fall nie in der Lage sein, Maschinen zu bauen, die intelligenter sind als wir – es sei denn, wir sind gerade klug genug, um ein künstliches Evolutionssystem zu schaffen, das die richtigen Programme produziert. Auch wenn der nötige »Saft« nichts mit Rechnerleistung zu tun haben sollte, ist die Frage noch nicht entschieden, ob wir in der Lage wären, die angemessene Technologie für seine Implementierung zu produzieren. Es könnte also sein, dass wir einen Computer bauen können, der intelligenter ist als wir – vielleicht aber auch nicht. Wenn es möglich ist, könnte es unter Umständen innerhalb der nächsten 20 Jahre geschehen.

Was, wenn es gelingt? Viele Menschen haben über die Konsequenzen eines solchen Roboters nachgedacht. Es gibt zwei hervorstechende Ansichten darüber, was die Zukunft für uns bereithalten mag: Nach der einen fallen wir der Verdammung anheim, nach der anderen wartet die Erlösung auf uns.

Sind Roboter eine Gefahr?

Böse Visionen darüber, wie uns unsere Schöpfungen entgleiten könnten, sind seit langem der Stoff für Hollywood-Filme und einige Science-Fiction-Schriftsteller. Man könnte argumentieren, dass Mary Shelley diese Idee in ihrem Werk *Frankenstein*, wo einer von Menschenhand geschaffenen Kreatur Leben eingehaucht wird und Angst und Schrecken unter den Menschen verbreitet, zuerst thematisiert hat. Aber andere frühe literarische Behandlungen betonten eher die vertrauten oder erotischen Konnotationen von Robotern. Erst die moderne Science-Fiction verwandelte Roboter in Killer.

Der große Arthur C. Clarke, Autor von *2001: Odyssee im Weltall*, erlag der pessimistischen Vision. Im Konflikt mit seinen Instruktionen entscheidet sich HAL 9000 schließlich dafür, dass die Mission mit größerer Wahrscheinlichkeit zum Erfolg führt, wenn die menschliche Besatzung an Bord vernichtet wird. Schließlich fällt HAL jedoch seiner mangelnden Aktionsfähigkeit zum Opfer, als es dem letzten Astronauten, Dave Bowman, gelingt, seine höheren Intelligenzzentren auszuschalten. Doch es gelang HAL vorher, die drei in Tiefschlaf versetzten Besatzungsmitglieder und ein weiteres, das er unter einem Vorwand auf einen Weltraumspaziergang geschickt hatte, zu töten.

Isaac Asimov, der andere große Science-Fiction-Autor des 20. Jahrhunderts, der sich an »harten« Wissenschaftsthemen orientierte, schützte die Menschheit bewusst vor ihren Robotern, indem er sie nach den drei Gesetzen bauen ließ, die wir in Kapitel 4 erwähnt haben. Zwar erklärt er nirgendwo, wie es gelungen war, die Allgemeingültigkeit dieser Gesetze auf der ganzen Welt durchzusetzen; aber das Resultat ist, dass die Roboter die Menschen zumindest vordergründig nicht bedrohen. Viele von Asimovs Geschichten erkunden, was geschieht, wenn sich aus den Gesetzen ein logischer Konflikt ergibt. Häufig stehen die Roboter vor einem moralischen Dilemma, wie sie sich verhalten sollen und welche Verletzung welches Gesetzes das größere moralische Übel wäre. Andere, noch tiefer gehende Geschichten ergründen, in welcher Weise diese Gesetze der Menschenähnlichkeit der Roboter Grenzen setzen. Die Roboter haben im Allgemeinen das Gefühl, zweitklassig zu sein, und suchen nach Wegen, um menschlicher zu werden. Die jüngste Adaption einer Asimov-Geschichte *The Bicentennial Man* widmete sich genau dieser Frage. Schließlich gibt hier der Roboterheld sein Leben auf, um wie ein Mensch zu sterben.

Aber bei vielen Filmen vor und nach *2001*, wie *Colossus: The Forbin Project*, *The Matrix* und *Der Terminator* ist die Handlung weniger subtil und deutet in eine ganze andere Richtung: Die Roboter oder Superroboter beschließen, die Welt von den Menschen zu übernehmen, weil die Computer die Menschen als geistig unterlegen und nicht verlässlich betrachten.

Manche dieser Filme beruhen auf glaubhafteren Voraussetzungen als andere, aber bei allen muss man die eigenen Zweifel doch in erheblichem Maße hintanstellen, um sie als Unterhaltung genießen zu können. Allerdings lassen sich manche sonst vernünftige Menschen von den falschen Prämissen dieser Filme verwirren und ziehen falsche Schlüsse über die mögliche Zukunft unserer Gesellschaft. Überraschenderweise hatten kluge Wissenschaftler und Humanisten, die nach Filmen wie *Der Exorzist* oder *Poltergeist* nicht öffentlich vor den Gefahren der Hexerei warnten, in jüngster Zeit Schwierigkeiten, Hollywood-Filme anzuschauen, in denen »die Roboter die Weltherrschaft übernehmen«, ohne in der Öffentlichkeit ihre Sorge über die Zukunft des Menschengeschlechts zu äußern.

In Hollywood-Szenarien des Typs »Die Roboter übernehmen die Weltherrschaft« schaffen die Menschen neue Lebensformen, die sich eigenständig weiterentwickeln. Sie werden immer klüger und halten sich bald für intelligenter als ihre Schöpfer. Sie beginnen, sich mit den Menschen zu streiten, und ignorieren ihren Rat. Schließlich trennen sie sich von ihren Schöpfern und werden zu eigenständigen Wesen.

Bis zu diesem Punkt gibt es keinen Unterschied zwischen dem Hollywood-Drehbuch und dem üblichen Prozess, Kinder großzuziehen. Im letzteren Fall kommen die jungen Erwachsenen und ihre Eltern schließlich zu einem gegenseitigen Verständnis, und beide gehen weiter mehr oder weniger gemeinsam durchs Leben. Aber in den Hollywood-Szenarien haben die Roboter oder Computer, die von Wissenschaftlern ohne

Blick für die Konsequenzen geschaffen werden, keine menschlichen
Gefühle und beschließen schließlich, dass die Welt einfacher wäre, wenn
sie sich ihrer menschlichen Vorläufer entledigten.
Es gibt viele versteckte Annahmen in einem solchen Szenario. Ich
möchte hier einige davon auflisten und dann den Zeitrahmen diskutieren, innerhalb dessen sie sich bewahrheiten könnten.

• Die Maschinen können sich ohne menschliche Hilfe selbst reparieren
und reproduzieren.

• Es ist möglich, Maschinen zu bauen, die intelligent sind, die jedoch
keine menschlichen Gefühle haben und im Besonderen keine Sympathie für Menschen empfinden.

• Die Maschinen, die wir bauen, werden den Wunsch haben, zu überleben und ihre Umwelt zu kontrollieren, um ihr Überleben zu sichern.

• Wir werden letztlich nicht in der Lage sein, die Entscheidungen unserer Maschinen zu kontrollieren.

Selbstständige Reproduktion. Wie in Kapitel 8 erwähnt, haben einige Forscher in jüngster Zeit Systeme der künstlichen Evolution dazu gebracht,
mithilfe der Technik des Rapid Prototyping automatisch Exemplare
mobiler Maschinen zu produzieren, die diese Systeme selbsttätig weiterentwickelt hatten. Die Veröffentlichung dieser Arbeiten erregte weltweit
Aufsehen, da viele Journalisten voreilig den Schluss zogen, dass sich
selbst reproduzierende Maschinen nun in Reichweite lägen. Die Maschinen, die gebaut wurden, waren recht schlichte mobile Maschinen, bei
denen nur Strukturelemente automatisch gefertigt wurden – die komplizierteren Motoren und die Verdrahtung dagegen nicht. Außerdem war
die Maschine, die den Bau der Elemente ausführte, wesentlich kompli-
zierter als der konstruierte Roboter selbst. Ein sich selbst fortpflanzen-
der Roboter oder eine Robotergesellschaft wäre von einer externen Infrastruktur abhängig, so wie Menschen von Pflanzen und der Synthese
komplexer Proteine abhängig sind, die wir essen und welche die Energie
unserer Aktivität und Fortpflanzung liefern. Aber wir müssen uns um
diese Infrastruktur kümmern. In der gleichen Weise müsste auch eine
sich selbst reproduzierende Robotergesellschaft letztlich Maschinen wie

die Geräte zum Rapid Prototyping, auf die sie angewiesen sind, warten und produzieren können. Das ist ein komplexes Erfordernis und liegt jenseits heutiger Möglichkeiten. Allerdings verblassen diese Überlegungen noch, wenn man daran denkt, dass die Kriechroboter, die bei diesen Versuchen automatisch hergestellt wurden, letztlich konventionelle Computer für ihre Steuerung benötigten. Für eine wirkliche Reproduktion müssten die Roboter auch ihre Gehirne, ihre Computer reproduzieren können. Die Zentraleinheit eines modernen Computers wird in Werken hergestellt, die jeweils über eine Milliarde Euro kosten. Obwohl sie zu den am stärksten automatisierten Produktionsstätten auf der Welt gehören (allein schon, um Verschmutzungen durch menschliche Haare, Hautpartikel und anderes zu vermeiden), sind dort immer noch Tausende von Menschen tätig, die für Materialzulieferung und Betrieb der Fabrik sorgen. Unsere Roboter müssten all diese Aufgaben bewältigen können, oder sie und wir wären gezwungen, eine reduzierte Infrastruktur zu ersinnen, um die gleiche Aufgabe mit weit geringerem Aufwand zu erfüllen. So wie mit der elektronischen Datenverarbeitung und -verschickung Papier nicht aus den Büros verschwand, wie es Anfang der neunziger Jahre versprochen wurde, kann man sicher annehmen, dass die Chipproduktion in den nächsten 25 Jahren noch sehr viel menschliche Beteiligung erfordern wird.

Keine Gefühle. Unsere Kinder, die irgendwann an unserer Stelle die Gesellschaft führen und unseren Reichtum erben werden, wollen uns nur selten kaltblütig loswerden, wie die fiktionalen Roboter Hollywoods, welche die Menschen ausrotten und die Herrschaft von ihnen übernehmen. Kinder empfinden in der Regel Mitgefühl und Liebe für ihre Eltern. Ihr emotionales Band zu ihnen und letztlich zu allen anderen Menschen sorgt für das Funktionieren unserer sich selbst reproduzierenden Gesellschaft. Je besser und komplexer unser Verständnis der Welt wird, desto weitreichender wird unser Mitgefühl für andere Menschen, das wir in fast gleichem Maß auch auf Menschenaffen, Wale und Delfine ausdehnen. Gleichzeitig verstehen wir heute, wie entscheidend Gefühle für alle intelligenten Tiere der Welt sind – wie Emotionen den rationalen Entscheidungsprozess kontrollieren und formen. Wir haben emotionale Maschinen gebaut, die in der Welt situiert sind, aber nicht einen einzigen gefühllosen Roboter, der mit dem gleichen Grad an Zweckgerichtetheit und Verständnis in der Welt operiert. Emotionslose Roboter zu bauen, die in der Welt intelligent handeln können, erfordert derzeit, sie per Programm mit dem gesamten Faktenwissen über die Welt auszustatten. Es gibt keinen Hinweis, dass eine solche Herangehensweise an die künstliche Intelligenz bald Erfolg haben könnte. Ich sehe hier in den nächsten 20 Jahren keine großen Fortschritte. In der Zwischenzeit werden gefühlsbasierte intelligente Systeme für Roboter, die in der Welt situiert sind, rasche Fortschritte machen. Diese Roboter werden uns nicht für das hassen, was wir sind, sondern sich uns gegenüber mitfühlend verhalten.

Überlebensinstinkt. Bis heute haben wir noch keine Roboter gebaut, die einen starken Überlebensinstinkt haben, aber das liegt eher daran, dass es nicht versucht wurde, nicht am Mangel technologischer Fähigkeiten. Einige haben vorgeschlagen, Roboter zu bauen, die ihre eigene Energieversorgung sicherstellen. Es gibt ein laufendes Projekt an der University of the West of England, einen Roboter zu bauen, der Schnecken vom Feld sammelt, sie zu einem stationären Verdauungssystem bringt und die Energie aufnimmt, die aus dem Methan der verwesenden Schnecken produziert wird. Solche Roboter werden kurzfristig kaum ausgereift sein – das System produziert noch längst nicht genügend Energie zur Selbstversorgung. Eine kurzfristig realisierbare Lösung wäre ein energieautarker Roboter, der selbstständig Steckdosen findet, in die er sich zum Aufladen einstöpselt. Das ist heute technisch möglich, obwohl ich niemanden kenne, der einen gebaut hat.[33] Solche Roboter wären auf ein funktionierendes Stromnetz angewiesen. Ihnen könnte wortwörtlich schnell die Energie ausgehen, wenn man die Stromversorgung ausschaltet. Wir sind noch Jahrzehnte entfernt von Robotern, die irgendeine andere Energie umwandeln oder von natürlichen Produkten leben können, ohne dass wir uns um ihre Energieversorgung kümmern.

Kontrollverlust. Solange wir die Energiequellen unserer Maschinen kontrollieren, so lange werden wir auch die Maschinen mit Sicherheit beherrschen. Wir müssten schon bewusst störungssichere Systeme bauen, um

---

[33] Es gab eine Maschine, das so genannte Hopkins Beast, die in den sechziger Jahren im Labor für Angewandte Physik der Johns Hopkins University gebaut wurde. Sie konnte sich selbstständig an ihre Teststeckdose anschließen, aber außer dieser keine andere aufspüren.

selbst über energieautarke Roboter die Kontrolle zu verlieren. Oder wir müssten Maschinen konstruieren, die uns absichtlich überlisten könnten. Letztere dürften nicht über Nacht auftauchen – genau wie die Evolution Zeit brauchte, um die Lebewesen unter Ausbalancierung aller Beschränkungen in kleinen Schritten zu verbessern. Wir werden es bemerken, wenn wir kurz davorstehen, Maschinen zu bauen, die wir nicht mehr kontrollieren können, da wir zuvor Maschinen haben werden, über die wir wenig Kontrolle besitzen und davor bereits solche, über die wir gelegentlich die Kontrolle verlieren. Solche Maschinen werden nicht von einem auf den anderen Tag als Werk eines brillanten einsamen Wissenschaftlers entstehen. Sollten sie es, müssten wir sicher beunruhigt sein, da dieser Einzelgänger verrückt sein könnte und aus sehr eigentümlichen Motiven heraus einen unkontrollierbaren Roboter gebaut haben könnte. Aber so wie es viele Menschen und jahrelange Arbeit brauchte, um den »Flyer« der Gebrüder Wright zu einer modernen Boeing 747 weiterzuentwickeln, werden Zehntausende von Menschen zusammenarbeiten müssen, um vom heutigen Stand der Technik zu einem Roboter zu gelangen, den wir nicht kontrollieren könnten. In dem Film *Dr. Strangelove oder wie ich lernte, die Bombe zu lieben* verfügen die Russen über eine »Weltuntergangs-Bombe«, die automatisch explodiert und alles menschliche Leben vernichtet, wenn irgendwo eine Nuklearexplosion stattfindet. Genau wie die Akteure dieses Films werden wir genau wissen, was wir tun, wenn wir einen unkontrollierbaren Roboter bauen. In den nächsten 50 Jahren ist das unwahrscheinlich, und es dürfte auch nie ein wünschenswertes Ziel sein.

Es gibt im Prinzip keinen Grund, warum wir nicht in der Lage sein sollten, Maschinen zu bauen, die unsere oben genannten vier Prämissen erfüllen. Die Frage ist, ob wir oder irgendjemand sonst es möchten.

Sollten wir nicht Asimovs drei Gesetze für alle Roboter übernehmen, die wir bauen? Ich werde häufig gefragt, ob die Roboter aus meinem Labor diese Gesetzen befolgen. Ich muss die Frage regelmäßig verneinen. Nicht weil ich es nicht möchte, sondern weil ich bislang nicht weiß, wie ich Roboter in dieser Weise konstruieren könnte. Das Problem war immer das hohe Maß an Wahrnehmungsfähigkeiten, das von Robotern gefordert wäre, um die Gesetze zu befolgen.

Alle drei Gesetze erfordern, dass ein Roboter in der Lage ist, menschliche Wesen zu erkennen und sie von anderen Dingen auf der Welt zu unterscheiden. Das war bis vor kurzem sehr schwierig und ist erst heute möglich und sogar nichts Außergewöhnliches mehr. Aber darüber hinaus ist schon das erste Gesetz sehr schwer zu programmieren. Um zu verhindern, dass er Menschen verletzt, müsste der Roboter die Konsequenzen seiner Handlungen verstehen. Das ist immer noch für jeden Roboter schwer, weil dazu ein vollständiges Wahrnehmungsmodell der Welt nötig wäre. Außerdem muss er ein Modell menschlichen Verhaltens besitzen und die Folgen menschlichen Handelns abschätzen können. Beim dritten Gesetz wird es sehr kompliziert. Sollte der Roboter ein Objekt fallen lassen, wenn sein Greifmotor davorsteht, durchzubrennen? Nach dem dritten Gesetz lautet die Antwort Ja. Aber was, wenn es sich um ein scharfes Objekt handelt und ein Mensch gerade seine Hand direkt darunter hat? Der Roboter muss in der Lage sein, die Körperteile der Menschen um ihn herum im Auge zu behalten. Wir erwarten von Erwachsenen, dass sie diese Gesetze zumindest nach außen hin befolgen, aber dafür braucht jeder von uns ein sehr detailgenaues und tiefes Verständnis der Welt – und das liegt jenseits der Möglichkeiten unserer heutigen Roboter.

Wir können vielleicht in Zukunft unsere Roboter mit etwas Ähnlichem wie Asimovs Gesetzen ausstatten, zumindest jene, die klug genug sind, sie zu verstehen. Wenn sie nicht intelligent sind, müssen wir uns keine Sorgen machen, dass sie die Herrschaft über uns gewinnen. Wie bei Abrüstungs- oder Nichtverbreitungsverträgen für Nuklearwaffen könnten sich die Nationen der Welt darauf einigen, dass allen Robotern Beschränkungen eingebaut werden, aus dem gemeinsamen Wunsch heraus, die Schrecken eines Krieges zu vermindern – so wie die Menschheit sich kollektiv entschlossen hat, die Bedrohung durch biologische Waffen zu bannen. In den nächsten zehn Jahren könnte der Druck wachsen, internationale Verträge abzuschließen, nach denen Roboter zum Beispiel keine offensiven Waffen sein dürfen. In welche Kategorie Marschflugkörper bei einem solchen Bann fallen würden, wäre eine interessante Frage. Asimovs Gesetze sind zwar zu komplex und auch zu unbestimmt, um direkt in solche Verträge übernommen zu werden (welche köstliche Ironie einer sich selbst bewahrheitenden Prophezeiung könnte Asimov darin sehen!), aber ähnliche Regelungen wären sehr wohl implementierbar und auch durchsetzbar.

Bringen Roboter die Erlösung?

Viele Forscher in der Robotertechnik, künstlichen Intelligenz und Computerwissenschaft vertreten eine alternative Sichtweise. Sie glauben, dass intelligente Roboter einen Weg zur Unsterblichkeit bieten. Sie erwarten, dass noch vor ihrem Tod die Technologie verfügbar sein wird, mit der sie ihr Bewusstsein auf einen Computer oder Roboter übertragen und dann in dieser Form unendlich weiterleben können.

Hans Moravec war einer der ersten und energischsten Vertreter dieser These. Es ist derselbe Hans Moravec, mit dem ich in Stanford ein Büro teilte, als er an dem Roboter »Cart« arbeitete, den ich in Kapitel 2 beschrieben habe. Aber es gibt noch viele andere, wie Marvin Minsky und Ray Kurzweil, die der Versuchung unterlegen sind, ihre intellektuelle Seele gegen die Unsterblichkeit einzutauschen. Moravec und Kurzweil halten Moores Gesetz für den kritischen Faktor, der unser Verhältnis zu den Maschinen ändern wird. Sie weisen zu Recht darauf hin, dass, ganz gleich wie viel Rechenleistung man dem Menschen zuschreibt, sie bald von der eines Desktops überboten werden wird. Nach ihrer Ansicht werden daher Computer und Roboter in Kürze über eine Rechenleistung verfügen, die der des menschlichen Organismus entspricht. Das ist vielleicht ein wenig optimistisch. Beide Wissenschaftler haben zwar in den letzten 30 Jahren über künstliche Intelligenz geforscht, aber keiner von ihnen ist in der Lage, genau zu beschreiben, welche neuen Einsichten jenseits der bloßen Rechnerleistung erforderlich wären, um eine Gleichwertigkeit mit der menschlichen Intelligenz zu erreichen.

In seiner einfachsten Version besagt das Heilsversprechen von Moravec und Kurzweil, dass diese intelligenten Computer und Roboter uns durch das fantastische Produktivitätsniveau der neuen Technologie einen unvorstellbaren Wohlstand bescheren werden. Wenn die Geschichte irgendeinen Anhaltspunkt gibt, ist dies unzweifelhaft wahr. Wir in der westlichen Welt leben heute in einem Wohlstand, der noch vor ein paar Jahrhunderten selbst für Könige unvorstellbar war. Wir können uns Reisen leisten, die sich noch vor einem Jahrhundert selbst der Adel nicht erträumt hätte. Unser Lebensstandard steigt nach allen objektiven Maßstäben weiter an, auch wenn debattiert wird, ob damit gleichzeitig unsere Lebensqualität steigt. Sind wir heute gestresster oder entspannter als vor zehn Jahren? In jedem Fall wird die Einführung intelligenter Roboter in unser alltägliches Leben sicher unseren objektiv messbaren Wohlstand weiter vermehren. Aber einige Leute sehen diese positiven Vorzeichen allzu rosig und prognostizieren ein neues Utopia, wo uns Roboter überall auf einen Wink zu Verfügung stehen, jeder es sich wohl ergehen lässt und wir alle Gedichte schreiben. Die Wahrheit wird wohl weder so fantastisch noch so langweilig sein.

Zu den ausgefeilteren Heilsverkündungen gehört die Vorstellung, dass Menschen ihren sterblichen Körper verlassen können. Das ist die Verheißung vieler Religionen, und so überrascht es nicht, sie auch in Technotopia zu finden. Sobald wir wunderbare Roboterkörper und genug Rechnerleistung auf Silizium an Bord haben, so die Idee, werden wir in der Lage sein, Simulationen unseres Gehirns zu schaffen, die auf dem Computer laufen, um den Roboter zu kontrollieren. Anderen Vorstellungen zufolge werden wir völlig körperlos werden, selbst auf Silizium und Stahl verzichten können und einfach im ätherischen Reich des Cyberspace leben. Das ist die intellektuellere Version unserer Erlösung.

Aber wie sollen wir uns selbst auf Silizium zwängen? Wir tun es, indem wir unser Gehirn Stück für Stück auseinander nehmen und es in Rechenoperationen simulieren. Nach Moravecs Vorstellung schneidet ein Team chirurgischer Roboter nach und nach winzig kleine Stücke aus unserem Gehirn und baut einen Simulator für jedes weggeschnittene Neuron. Die simulierten Neuronen werden wieder mit dem lebendigen Gehirn gekoppelt, sodass unser Bewusstsein nicht unterbrochen wird. Dann wird das nächste Neuron physisch seziert und der Simulation hinzugefügt. Nach nur einer Billion solcher Schritte (Moravec erwähnt nirgendwo, wie lange es dauern würde) läuft auf dem Computer eine virtuelle Version unseres Gehirns.

Diese überwältigende Version des Erlösungsgedankens scheint im Prinzip plausibel. Es könnte jedoch noch Hunderte von Jahren dauern, bis wir herausfinden, wie es genau zu bewerkstelligen ist. Diese Version markiert einen neuen Höhepunkt des Computer-Chauvinismus – und vernachlässigt völlig die wesentliche Funktion der Neurotransmitter und Hormone, in denen unsere Neuronen schwimmen. Sie lässt die Rolle unberücksichtigt, die unsere körperlichen Beschränkungen und die nicht berechenbaren Aspekte unserer Existenz spielen – und vielleicht auch die Rolle des »Saftes«, von dem ich vorher gesprochen habe.

Ray Kurzweil würde meinen Pessimismus im Hinblick auf die Zeitperspektive nicht teilen. Er sagt eine Singularität voraus, durch die uns um das Jahr 2020 herum Rechnerleistung zur Verfügung stehen wird, die uns allmächtig machen wird. Nach dieser »eschatologischen Umwälzung«, wie Jaron Lanier es nennt, werden wir in der Lage sein, technologische Hindernisse mit zuvor unvorstellbarer Geschwindigkeit zu überwinden. Natürlich wird Kurzweil um das Jahr 2020 selbst 70 Jahre alt sein. Und er ist entschlossen, wenigstens so lange zu leben – er hat in Vorbereitung darauf auch schon ein Buch über fettarme Diäten und die Vermeidung von Herzkrankheiten geschrieben. Wenn er es bis 2020 schafft, kann er es überallhin schaffen.

1993 nahm ich an einer Konferenz über Technologie und Kunst, der »Ars Elektronica«, im österreichischen Linz teil, auf der eine meiner ehemaligen wissenschaftlichen Assistentinnen, Pattie Maes, einen Vortrag mit dem Titel hielt: »Warum die Unsterblichkeit eine tote Idee ist.« Sie hatte so viele Leute wie möglich gesucht, die öffentlich die Möglichkeit der Übertragung des eigenen Bewusstseins auf Silizium vorhergesagt hatten, und die Daten ihrer Vorhersagen mit deren Lebensalter verglichen. Es war nicht allzu überraschend, dass sie sich durchgehend mit der Zeit deckten, in der sie selbst 70 werden würden. 70 Jahre nach ihrer Geburt sollte die Technologie in der Lage sein, ihr Bewusstsein auf einen Computer zu übertragen. Gerade noch rechtzeitig! Sie würden alle nach ihrer Vorstellung das ausgesprochene Glück haben, genau zur richtigen Zeit am richtigen Ort zu sein.

Eine andere Spielart dieser Vision, und eine Rückversicherung, ist die Idee, sich nach dem Tod in flüssigem Stickstoff einfrieren zu lassen. Irgendwann in der Zukunft, so die Vorstellung, wird die Medizin so weit fortgeschritten sein, dass sie alle potenziellen Todesursachen ausschalten und den Prozess des Sterbens umkehren kann – vorausgesetzt man hat sich damals rechtzeitig nach Eintreten des Todes einfrieren lassen. Seit mehr als 30 Jahren gibt es in Kalifornien Unternehmen, die solche »technologischen Freidenker« in Eis packen, wenn sie dafür genug Geld im Voraus bezahlen. Ein Reihe der Menschen, die in diesem Kapitel erwähnt werden, haben sich dafür bereits angemeldet. Auch wenn sich ihr physisches Gehirn selbst nicht wiederbeleben lassen sollte, sind sie dennoch davon überzeugt, dass sie aufgrund der irgendwann möglichen Übertragung menschlichen Bewusstseins auf Computer wenigstens ihr Bewusstsein aus dem eingefrorenen Körper zurückgewinnen können.

Ursprünglich froren die Unternehmen ganze Leichen in einem Behälter mit flüssigem Stickstoff ein. Aus Kostengründen nahm man jedoch bald eine kleine technische Veränderung vor. Sollte die Medizin der Zukunft in der Lage sein, einen toten Menschen einschließlich seines Gehirns wieder zu beleben, würde sie es sicherlich auch schaffen, einen bloßen Körper herzustellen. So wurden viele Tote aus ihren privaten Stickstoff-Swimmingpools geholt und von ihren Körpern getrennt. Nur die Köpfe wurden in viel kleineren und damit billigeren Behältern aufbewahrt. Sollte es dazu kommen, dass sich Tote einmal wirklich wieder beleben lassen, statt nur ihr Bewusstsein herunterzuladen, wird es wohl eine Reihe schockierter Köpfe geben, die körperlos aufwachen. Jene, die noch nicht eingefroren sind, scheinen das jedoch ohne Schwierigkeiten zu akzeptieren und sind glücklich, nur ihr Haupt einfrieren zu lassen.

Als die Körper der Toten amputiert wurden, gab es Anlass zur Sorge. Viele der Zellen waren während des Gefrierprozesses völlig gesprengt worden. Die Aufgabe, ein denkendes menschliches Gehirn zu restrukturieren, wird ungeheuer schwierig sein, weit mehr, als man ursprünglich dachte. Aber da wir uns auf die künftige Technologie verlassen, ist das kein großes Problem: Die tiefgekühlten Köpfe werden einfach etwas länger warten müssen, bis die Technologie so weit ist, sich um sie zu kümmern.

Es gibt allerdings ein kleines Problem: Werden künftige Generationen daran interessiert sein, tiefgekühlte Köpfe aus dem späten 20. und dem frühen 21. Jahrhundert wieder zu beleben? Wie viele schlecht ausgebildete, sozial rückständige, technologisch inkompetente Menschen wird es in einer übervölkerten Welt wieder zu beleben lohnen? Es könnte der Mühe wert sein, hier und da ein paar Tote, besonders die Berühmten mit ihren interessanten Erinnerungen, ins Leben zurückzuholen, damit sich die Historiker mit ihnen unterhalten könnten. Aber sie werden nicht so ganz in die zukünftige Welt passen. Stellen wir uns vor, wir wären in der Lage, Ötzi wieder zu beleben, den 5 000 Jahre alten Mann aus den italienischen Alpen. Es wäre sicherlich unglaublich interessant, um mehr über seine Zeit herauszufinden. Und dafür würden wir wohl gern in Kauf nehmen, uns für den Rest seines neuen Lebens um ihn kümmern zu müssen – selbst wenn er nie in der Lage wäre, sich ganz in die moderne Welt einzupassen. Aber nehmen wir an, wir fänden 1 000 solcher gefrorenen Menschen oder 10 000 oder eine Millionen. Und nehmen wir weiter an, dass

bei jedem die Wiederbelebung unglaublich vertrackt wäre und jahrelange Mühen eines großen Wissenschaftlerteams erfordern würde. Würden wir sie wirklich alle um uns haben wollen? Würden wir uns mit ihnen
allen herumplagen wollen? Ich mache mir ein bisschen Sorgen um alle meine Freunde, die sich
einfrieren lassen wollen. Vielleicht sind sie künftigen Generationen nicht
so wichtig, wie sie hoffen. Vielleicht kommen sie selbst dann nicht
zurück, wenn die Technologie es möglich machen würde.

Das Übertragen des Bewusstseins auf Computer und tiefgekühlte
Köpfe gehören in den Kontext von Anschauungen, die unter vielen Mitgliedern der Hightechgemeinde populär sind und unter Begriffen wie
Transhumanismus oder Extropianismus zusammengefasst werden. Das
Ziel der Extropianer ist, die menschliche Lebensspanne durch technologische Innovationen zu verlängern (einige ihrer Zukunftserwartungen
werden im nächsten Kapitel erörtert). Viel von dem, was sie erhoffen,
wird sich bewahrheiten, aber vieles verdankt sich auch einfach der Angst
vor dem Tod. Die Geschichte menschlicher Religionen dient uns zur
Warnung vor den Leidenschaften, dem Aberglauben und vor unvernünf-
tigen Glaubensvorstellungen, zu denen der menschliche Geist fähig ist,
wenn ihn die Angst vor dem Tod befällt. Vielleicht ist der Verlust des eigenen Lebens das Einzige, was noch schlimmer ist als der Verlust der
menschlichen Sonderstellung. Menschen gehen sehr weit, um dem Tod,
dem Stillstand des eigenen Lebensmechanismus, nicht ins Auge sehen zu
müssen. Ich unterscheide daher sorgfältig zwischen den Glaubensvorstellungen der Extropianern, die von technologischen Imperativen getrieben sind, und solchen, die sich der Angst vor dem Unbekannten verdanken.

Wir sind sehr, sehr weit von der Fähigkeit entfernt, uns selbst in Computer oder Roboter übertragen zu können. Zwar wird es prinzipiell
schließlich möglich sein, aber es lohnt für uns Heutige nicht, dort unser
persönliches Heil zu suchen. Wir müssen einen anderen Weg finden, um
mit unserer eigenen Zukunft Frieden zu schließen. Ich glaube, wir müssen schließlich alle sterben, genau wie all die Menschen vor uns. Die
Technologie wird uns nicht retten, noch nicht.

Wohin soll es gehen?

Es kann sein, dass wir nicht intelligent genug sind, um sich selbst reproduzierende, intelligente Roboter zu bauen. Es könnte auch sein, dass der »Saft« tatsächlich etwas jenseits des Physikalischen ist und es grundsätzlich unmöglich ist, dass solche Roboter jemals existieren können. Während mir die erste Möglichkeit Sorgen macht, halte ich die zweite für so unwahrscheinlich wie die Vorstellung, die Erde könne flach sein. Die letzten 2 500 Jahre unserer Wissenschaft und Technik haben zu der Auffassung geführt, dass das Universum in rein physikalischen Begriffen verstehbar ist. Wir konnten zunehmend auf metaphysische Erklärungen für die Bewegung der Körper, Planeten und Sterne, für chemische und biologische Prozesse verzichten. Andere Auffassungen entspringen sehr wahrscheinlich unserem Wunsch, besonders zu sein. Wir sollten einen klaren Kopf bewahren und uns mit intellektueller Redlichkeit eingestehen, dass die Evolution uns diese falsche Anschauung eingepflanzt hat, damit wir ein Stammessystem und einen rigorosen Überlebenswillen entwickeln und so in der Savanne der Nicht-Besonderheit überleben können.

Die Frage ist also, wann, nicht ob wir sich selbst reproduzierende Roboter bauen können. Und wenn es uns gelungen sein wird, sei es in 20 oder 1 000 Jahren – müssen wir dann unserer Verdammnis ins Auge sehen oder dürfen wir auf Erlösung hoffen? Oder könnte es einen dritten Weg geben?

Der dritte Weg

Es gibt Alternativen zum Szenario intelligenter, sich selbst reproduzierender Roboter. Die Null-Alternative ist, dass nicht viel geschehen wird, was sich von der Vergangenheit unterscheidet. Die absehbare Zukunft wird danach ganz ähnlich wie die jüngste Vergangenheit sein. Das beschleunigte Tempo von Innovation und Wandel, das wir erlebt haben, wird sich einfach fortsetzen, sich vielleicht auf eine zu bewältigende konstante Rate des Wandels verlangsamen, strukturell aber wird sich nichts verändern. In dieser Vision wird das dritte Jahrtausend ganz ähnlich wie das zweite sein, nur mit besserer Haustechnik.

Diese Ansicht jedoch leugnet den Wandel, der in den letzten 50 Jahren die Welt erfasst hat. Ein Milliarde Menschen benutzen heute mit einiger Regelmäßigkeit Flugzeuge. Wir legen viele Male im Jahr Entfernungen zurück, die selbst die Abenteuerlustigsten früher in ihrem ganzen Leben nicht bewältigen konnten. Etliche von uns fliegen mehrere Male im Jahr in weniger als 24 Stunden Reisezeit um die halbe Welt (weiter geht es ja nicht). Als ich mittwochs und freitags in Massachusetts unterrichtete, war es nichts Ungewöhnliches, dass ich am Wochenende noch einen Flug nach Japan dazwischenschob und nicht eine Unterrichtsstunde verpasste.

Nach einigen ersten schneeigen Satellitenübertragungen Mitte der sechziger Jahre beobachteten wir verblüfft, wie ein Mensch auf dem Mond landete – live aus unseren Wohnzimmern heraus. Seither ist es für uns selbstverständlich, mittels eines Knopfdrucks auf der Fernbedienung alles Wichtige irgendwo auf der Welt oder im Weltraum auf unseren Bildschirmen präsentiert zu bekommen. Wir erwarten, Bilder von allen Ereignissen auf der Welt zu sehen – möglichst aus drei verschiedenen Blickwinkeln und in Echtzeit. Zumindest Amerikaner erwarten, in jeden Gerichtssaal und in jedes Schlafzimmer blicken zu können. Der Empfang von 50 bis 200 Videokanälen rund um die Uhr über den hauseigenen Fernseher und von weiteren 1 000 bald über das Internet erscheint uns nicht weiter ungewöhnlich – auch wenn die Qual der Wahl vielleicht etwas lästig sein könnte. Und wir stehen kurz davor, uns über Telepräsenzgeräte selbst in entfernte Handlungsorte einzuschalten.

Zu Beginn des 20. Jahrhunderts war der Kontakt zwischen Reisenden und Daheimgebliebenen auf einen gelegentlichen Brief beschränkt. Heute ist es für uns selbstverständlich, viele Male am Tag zu telefonieren oder E-Mails zu schicken – rund um die Welt. Wir erwarten, jederzeit und sofort Kontakt mit anderen aufnehmen zu können. Dank unserer Mobiltelefone erreichen wir unsere Lieben innerhalb weniger Sekunden beim Einkaufen oder auf einer Geschäftsreise auf der anderen Seite des Globus.

Wir haben uns mittlerweile auch daran gewöhnt, 24 Stunden am Tag online sofortigen Zugang zu Informationen aus aller Welt zu erhalten, ohne Rücksicht auf die Quelle oder ihren geografischen Herkunftsort. Ich werfe einen Blick ins Telefonbuch in Australien, blättere durch Forschungsberichte über einen japanischen Roboter und informiere mich über die Öffnungszeiten des Louvre – alles vom Sofa meines Wohnzimmers aus über mein drahtloses Laptop. Ich stolpere in Datenbanken in Deutschland über Dinge, die ich selbst vor 15 Jahren geschrieben habe. Ich durchstöbere die wissenschaftliche Literatur der letzten 15 Jahre auf der Suche nach relevanten Aufsätzen, um dieses Buch mit akkuraten Informationen zu versehen. Information ist global.

Und die Welt reagiert in globaler Weise auf diese globale Information. Während die Sonne über den Globus streift, reagieren die Börsen der Welt wechselseitig aufeinander. Es findet eine Globalisierung unserer Kultur statt, weil Trends und Ideen fast in einem Augenblick den Globus umrunden können. Wenn wir den Mars kolonisieren, wird die Zeitverzögerung von einem Ende des menschlichen Siedlungsraums zum anderen nur ein paar Dutzend Minuten betragen, selbst wenn wir uns auf der anderen Sonnenseite befinden. Vielleicht ist es Zeit, die kürzlich entdeckten, benachbarten Sonnensysteme zu kolonisieren, um den evolutionären Imperativ isolierter Populationen wiederherzustellen.

Die Technologie hat unsere Beziehung zu Zeit und Raum verändert. Das Ende des zweiten Millenniums unterscheidet sich in dieser Hinsicht enorm vom Ende des ersten und ist selbst mit der Situation vor 50 Jahren nicht zu vergleichen. Computer und Kommunikation haben, dicht auf den Fersen der Düsenflugzeuge, die Struktur unserer Welt verändert. Unsere Welt hat sich so rasch gewandelt, dass selbst die Science-Fiction nicht Schritt halten kann. In Episoden von *Star Trek*, die Anfang 2001 entstanden und in 400 Jahren spielen sollen, bringen Menschen mittels Datenspeichern per Hand Informationen von einem Teil eines Raumschiffes in den anderen. Das machen wir in unseren Büros und zu Hause nicht mehr so. Daten reisen in Netzwerken zwischen Zimmern und Stockwerken in Sekundenschnelle hin und her (vielleicht mit einem kleinen Umweg von ein paar Tausend Kilometern über einen Netzknoten im Internet).

In den letzten 50 Jahren haben wir einen grundlegenden Wandel unserer Beziehung zur Technologie erlebt. Alles, was wir in unserem Leben tun – vom Anlassen des Wagens bis zum Kaffeekochen und Telefonieren –, wird durch Computer und Elektronikschaltkreise vermittelt. Daher die Angst vor den Gefahren des Jahr-2000-Fehlers, der überall drohte, aber zumeist rechtzeitig beseitigt werden konnte. Unsere ganze globale Wirtschaft bis hinunter zu fast jeder wirtschaftlichen Transaktion, an der wir teilnehmen, beruht auf maschineller Datenverarbeitung. Die physischen Tauschmedien, die in über 2000 Jahren Handelsgeschichte entwickelt wurden, sind in nur 50 Jahren verschwunden. Es gibt kein Zurück mehr. Wir haben einen Pakt mit der Technologie geschlossen, der uns in so großer Zahl einen so hohen Lebensstandard erlaubt.

Dieser Wandel hat die Art und Weise verändert, wie wir unseren Platz in der Welt und im Universum sehen. Wir sind die Herrscher der Welt, nicht nur Teil der Landschaft. Wir sind überrascht, wenn die Natur uns einmal überlegen ist, wenn ein Sturm unsere Häuser zerstört oder ein Waldbrand außer Kontrolle gerät. Die normale Ordnung der Dinge ist, dass die Welt nach unserem Willen und Zeitplan funktioniert. Das tut sie nicht immer ganz, aber irgendwie erwarten wir es. Manchmal mögen wir das Gefühl haben, dass sich in den letzten 50 Jahren nichts wirklich Grundlegendes verändert hat, doch genau das ist der Fall. Unsere Technologie hat unsere Auffassung von unserem Platz in der Welt verändert. Das ist ein so bedeutender Wandel, wie es die Renaissance oder die Industrielle Revolution waren. Wir und unsere Welt sind anders geworden.

Nach derart stürmischen Veränderungen in nur einem halben Jahrhundert mögen wir denken, dass es Zeit zum Atemholen ist. Aber die Mehrzahl der Menschen, die jemals in Wissenschaft und Technologie gearbeitet haben, leben und arbeiten heute. Es gibt keine Chance, dass die Technologie unsere Existenz nicht weiterhin in bedeutsamer Weise ändern wird.

In den letzten 50 Jahren haben wir uns immer mehr auf unsere Maschinen verlassen, aber in der ersten Hälfte dieses Jahrtausends werden wir uns immer mehr zu unseren Maschinen entwickeln. Wir brauchen unsere Maschinen nicht zu fürchten, weil wir, die Mensch-Maschinen, ihnen, den Maschinen-Maschinen, immer einen Schritt voraus sein werden. Wir werden uns nicht auf unsere Maschinen übertragen; vielmehr werden wir Heutigen uns im Verlauf unseres Lebens in Maschinen verwandeln.

10

Wir als sie

Als Direktor des Artificial Intelligence Laboratory des MIT habe ich die Freude, Besuchern von all den abgehobenen, fantastischen Arbeiten zu erzählen, die in unserem Labor durchgeführt werden. Ich habe nicht nur das Glück, am vielleicht führenden Technologieinstitut der Welt zu arbeiten, sondern kann ein Labor an dieser Institution repräsentieren, das ein Höchstmaß an Kreativität und im Bereich der Informationstechnologie die faszinierendste Technologie unserer Zeit entwickelt. Natürlich gibt es am Massachusetts Institute of Technology auch eine Schattenseite – das sind die beiden anderen, noch größeren Laboratorien für Informationstechnologie am gleichen Ort, die mit uns um die Aufmerksamkeit der Sponsoren wetteifern. 1997 bewertete *US News & World Report* das Laboratory for Computer Science, das Media Laboratory und das KI-Labor des MIT als drei der zehn besten Labors für Informationstechnologie in den USA. Leider muss ich häufig das Rampenlicht mit unseren Schwesterlabors teilen. Wir haben also eines der besten Labors der Welt zur Verfügung – aber wir haben auch noch zwei Geschwister im Haus, die schon dafür sorgen, dass wir nicht übermütig werden.

Das Medienlabor erregte mit seinen am Körper tragbaren Computern während der neunziger Jahre viel Aufsehen. Eine Reihe von Studenten, darunter Steve Mann und Thad Starner, begannen damit, permanent Computer zu tragen. Sie hatten gewöhnlich eine einhändige Tastatur in der Hand und einen Videobildschirm, der ein Auge bedeckte, sodass sie, während sie sich auf dem Campus bewegten, an Seminaren und Treffen teilnahmen oder forschten, immer mit dem Computer verbunden waren und mit ihm arbeiteten. Sie integrierten Computer in umfassender Weise in ihr alltägliches Leben – und sie taten es für alle sichtbar. Sie wurden bald als Cyborgs bekannt. Teils menschlich, teils Maschine, hatten sie auf dem Campus des MIT eine eigene Identität. Colin Angle und ich hatten

mit einigen dieser Ideen Ende 1989 experimentiert und Colin sogar mit
einigen Anschlussattrappen für eine Reihe von Konzeptfotos verkleidet.
Ich hatte die Idee mit auf eine Konferenz nach Japan genommen, wo ich
in letzter Minute aus Krankheitsgründen für Arthur C. Clarke einspringen sollte, und dort sprach ich über alle möglichen künftigen Arbeiten.
Aber wir haben sie nie ausgeführt. Stattdessen unternahm das Media
Laboratory selbst einen Versuch. Das KI-Labor hatte also keine Cyborgs.
Ich habe mich oft gefragt, was gewesen wäre, wenn ich unsere Ideen wei-
terverfolgt hätte ...

Ende 1999 ging ich eines Tages von meinem Büro im neunten Stock
des KI-Laborgebäudes zum Fahrstuhl. Der Lastenaufzug aus dem Keller
hielt an und die Türen öffneten sich. Heraus spazierte eine modifizierte
Version von Hugh Herr. Hugh hat eine Halbtagsstelle als Assistenzpro-
fessor an der Harvard Medical School und eine weitere als Forscher im
KI-Labor des MIT. Als Hugh aus dem Fahrstuhl trat, lief es mir kalt den
Rücken hinunter. Von den Oberschenkeln aufwärts war er ganz Mensch,
von den Oberschenkeln abwärts dagegen ganz Roboter – und kein eleganter. Er war ein Roboterprototyp. Statt Knochen hatte er Metallschäfte, Computerplatinen befanden sich dort, wo normalerweise die
Muskeln gewesen wären, Batterien waren mit schwarzem Klebeband
angeheftet und Drähte hingen überall herunter. Also das war ein *wirkli-
cher* Cyborg!

Hugh waren aufgrund eines Unfalls beide Beine amputiert worden
und man sieht, wie das seine berufliche Karriere geformt hat. Er pro-
movierte beim verstorbenen Tom McMann in Harvard über Tiermoto-
rik, arbeitete im KI-Labor mit Gill Pratt an Beinrobotern und entwickelte schließlich mit ihm gemeinsam eine Roboterbeinprothese, die
heute überall für Beinamputierte produziert wird. In jüngster Zeit hat er
mit der Arbeit an kultivierten Säugetiermuskeln begonnen, als Aktuatoren für kleine Roboter, mit dem Ziel, auf diese Weise letztendlich ein
künstliches Bein zu bauen – mit biologischen Muskeln statt Elektromotoren.

Hughs Motivation ist für alle deutlich erkennbar, und er hat mit seiner Arbeit schon vielen anderen Amputierten geholfen. Seine Hartnä-
ckigkeit und die anderer Forscher, die an der Ersetzung weiterer menschlicher Körperteile arbeiten, ist bewundernswert. Auf der Basis einer soli-
den klinischen Ausbildung und mit großer Motivation entwickeln sie

neue Technologien, die bald auf breiter Front in menschliche Körper eingepflanzt werden, in einer Weise, die den Erfindern ursprünglich nicht vorschwebte.

Wir sind Maschinen

Heute haben Zehntausende von Menschen Implantate, die elektronische Bauteile direkt mit ihrem Nervensystem verbinden. Diese Menschen haben erkannt, dass es ihnen besser geht, wenn sie Mischwesen werden – teils Mensch, teils Maschine –, statt rein menschlich zu bleiben. Ich spreche unter anderem von Menschen mit Implantaten in der Gehörschnecke, die ihnen ermöglichen, wieder zu hören.

Wie bei den meisten Technologien, die ich hier diskutiere, gibt es gute und offensichtliche medizinische Gründe, warum sich Menschen, deren Gehörschneckenhärchen beschädigt sind, zu einer künstlichen Verbesserung ihres Körpers entschließen, denn diese ermöglicht ihnen, eine verlorene Fähigkeit wiederherzustellen.

Menschen, die mit einem intakten Gehörsinn aufgewachsen sind und in normaler Weise eine Sprache gehört und gelernt haben, später aber den Gehörsinn wegen einer Beschädigung der Gehörschnecke verlieren, kann ein Implantat häufig erfolgreich die Fähigkeit wiedergeben, gesprochene Sprache zu hören. Das Implantat ist ein elektronisches Gerät, das viele Klangfrequenzen unterscheidet. Sie werden von einem Mikrofon im Ohr empfangen und geben die Töne mit Elektroden über etwa sechs Frequenzen weiter. Die Elektroden werden neben Nervenzellen eingepflanzt, die in einem gesunden Ohr die durch die Bewegung der Härchen in der Schnecke stimulierten Signale von Sinneszellen empfangen würden. Die Elektroden werden über die Länge der Gehörschnecke in eine Reihe gesetzt, damit die von der künstlichen Gehörschnecke unterteilten Frequenzen annähernd an die Orte gelangen, die im Hörorgan normalerweise auf die entsprechenden Frequenzen reagieren.

Mit diesen Implantaten können die Patienten gesprochene Sprache besser verstehen als weniger hörgeschädigte Menschen, die nur ein Hörgerät tragen. Die geringe Frequenzbandbreite erlaubt es ihnen derzeit noch nicht, Musik oder andere Klänge gut zu hören, aber dies könnte sich mit weiterentwickelten Implantaten verbessern – sowohl in den USA als auch in Europa wird bereits im Rahmen von Forschungsprogrammen intensiv an der Entwicklung solcher Geräte gearbeitet.

Die Implantate werden chirurgisch ins Ohr eingesetzt und die Elektroden permanent implantiert, sodass es eine direkte elektrische Verbindung zwischen der Elektronik und dem Nervensystem des Patienten gibt. Sie hören durch eine Kombination von Fleisch und Maschine. Künstliche Gehörschnecken sind nicht die ersten maschinellen Komponenten, die in großem Umfang in den menschlichen Körper eingepflanzt werden. Seit Jahren gibt es schon strukturelle Implantate, angefangen mit Platten und Schrauben zur Unterstützung gebrochener Knochen bis hin zum Ersatz für das komplette Hüftgelenk. Tatsächlich finden Operationen zur Ersetzung von Hüftgelenken heute kaum noch Beachtung. Viele Menschen in der westlichen Welt haben Verwandte oder Freunde, denen künstliche Hüftgelenke eingesetzt wurden. Es gibt auch Chips, die man in vielen Teilen der Welt Tieren einsetzt. In Großbritannien tragen alle Hunde einen unter der Haut implantierten Chip. Er lässt sich extern abfragen, sodass die Identität des Tieres anhand eines nationalen Registers festgestellt werden kann. Ein zugelaufener Hund, der im Tierheim abgegeben wird, kann so umgehend an die Besitzer zurückgegeben werden – ob sie wollen oder nicht. Natürlich forderte auch eine Hand voll Menschen, Babys direkt nach der Geburt einen solchen Chip einzusetzen, was eine große Anzahl von Protesten hervorrief. In jedem Fall sind diese Chips jedoch nicht wirklich ein Teil des Körpers, in den sie implantiert werden. Sie haben keinerlei Schnittstelle zum Nervensystem und operieren völlig unabhängig vom Organismus. Aber künstliche Gehörschnecken sind tatsächlich nicht die ersten elektronischen Implantate im menschlichen Körper. Es gibt seit 30 Jahren Herzschrittmacher, die mit schwachen elektrischen Signalen den Herzmuskel stimulieren. Das Herz reagiert auf die Stimulation und schlägt regelmäßig. Solche elektrischen Verbindungen scheinen irgendwie geistloser als künstliche Gehörschnecken. Künstliche Gehörschnecken verarbeiten sensorische Information, unterteilen sie und senden sie an eine Reihe von Bestimmungsorten im Nervensystem. Sie werden damit tatsächlich zu einem integralen Bestandteil der Weltwahrnehmung der Menschen, in die sie implantiert sind.

Viele Menschen arbeiten daran, die Leistung künstlicher Gehörschnecken zu verbessern. Sie erhöhen die Zahl der verarbeiteten Frequenzen sowie die Leistung der Signalverarbeitung der empfangenen Töne und suchen nach besseren Wegen, die Elektroden in das menschliche Fleisch zu implantieren. All diese Verbesserungen sind Reaktionen auf die natürliche Nachfrage des Medizinmarktes. Es gibt viele Menschen, die ihr Gehör aufgrund natürlicher Degeneration, ständiger lauter Geräusche und Infektionen verlieren. Solche Technologien bereitzustellen und zu implantieren ist nur eine weitere Form klinischer Medizin, und es dürfte kaum moralische Einwände gegen ihren Einsatz geben. Daher kann man davon ausgehen, dass sie weiterhin benutzt und fortentwickelt werden.

Nicht nur bei Gehörschneckenimplantaten gibt es Verbesserungen, in vielen Ländern wurden auch Fortschritte bei den ersten Netzhautimplantaten erzielt. Sie werden bei zuvor sehfähigen Patienten eingesetzt, deren Netzhaut geschädigt ist. Die häufigste Ursache dafür ist die Makuladegeneration, eine fortschreitende, die Sehgrube der Netzhaut angreifende Erkrankung, die den Patienten nach und nach die Fähigkeit raubt, Details zu erkennen. Die Betroffenen können bald nicht mehr lesen, keine Gesichter mehr erkennen und nehmen schließlich die Welt nur noch schattenhaft wahr.

Das Netzhautimplantat ist eine Siliziumnetzhaut, ähnlich dem Pixelraster in einer Video- oder Digitalkamera. Die Idee besteht darin, Licht in den elektronischen Bildpunkten oder Pixeln zu sammeln und diese Information an die passenden Nervenzellen im Sehnerv weiterzuleiten, die diese Information normalerweise von der intakten Retina erhalten hätten.

Netzhautimplantate sind viel komplexer als künstliche Gehörschnecken. Statt nur einer Hand voll Elektroden muss an Zehntausenden von Nervenzellen eine Schnittstelle zwischen dem Implantat und dem Nervensystem entstehen. Das erhöht die Komplexität sowohl des Geräts als auch der Implantationstechnik.

Die Art, wie Töne von einer intakten Gehörschnecke verarbeitet werden, ist bekannt und lässt sich einigermaßen leicht mit Elektronik nachahmen. Die Signalverarbeitung der Netzhaut ist gegenwärtig noch nicht so gut erforscht. Obwohl die räumliche Struktur, das heißt, welche Nervenzellen das auf die Retina auftreffende Licht reizen, leicht zu begreifen ist, ist noch viel Forschung zu leisten, um zu verstehen, welche Signale genau übermittelt werden sollten. Zusammen mit der weit größeren Zahl notwendiger Verbindungen zum Nervensystem bedeutet dies, dass die Entwicklung künstlicher Netzhäute noch nicht so fortgeschritten ist wie die künstlicher Gehörschnecken. Es gibt noch keine Menschen mit permanent implantierten Netzhäuten. Sie sind bislang nur tageweise bei Freiwilligen eingepflanzt worden. Die Testpersonen berichten, dass sie in der Lage waren, hell und dunkel zu unterscheiden und gewisse »Unterschiede« bei der Betrachtung bestimmter Dinge zu erkennen. Man kann jedoch kaum behaupten, dass sie in ähnlicher Weise »sehen«, wie Menschen mit künstlichen Gehörschnecken hören können. Trotzdem werden Forschritte erzielt. Man kann wohl erwarten, dass künstliche Netzhäute etwa im nächsten Jahrzehnt klinisch einsatzfähig sein werden. Der Bedarf an solchen Implantaten liegt auf der Hand, und Blinden wieder zum Sehen zu verhelfen ist ein edles Ziel.

Es gibt viele andere Gebiete, wo klinischer Bedarf besteht, elektronische Schaltungen direkt mit dem Nervensystem zu verbinden.

Es wurde schon vielfach vorgeschlagen, neurale Verbindungen zwischen den Nerven im Stumpf eines Amputierten und einer Arm- oder Beinprothese herzustellen. Bei den Beinen hat sich dies als nicht so sonderlich vielversprechend erwiesen. Beim Gehen passen sich unsere Beine dem Untergrund an, wenn wir über unebenes oder ebenes Gelände gehen oder Treppen hoch- und runtersteigen, aber dazu brauchen die Beine keine große Geschicklichkeit. Der mögliche Vorteil von Nervenverbindungen zur Kontrolle künstlicher Beine ist nicht groß genug, um die immensen Belastungen für die Patienten aufzuwiegen. Beinamputierte möchten morgens einfach ihre Beine anschnallen und sich nicht darum kümmern müssen, die Verbindungen herzustellen – sei es mit Anschlüssen, die direkt aus ihrem Fleisch kommen und den damit verbundenen Infektionsgefahren, sei es durch einen sorgsam platzierten Empfänger für galvanische Hautströme oder eine drahtlose Verbindung mit einem Implantat im Beinstumpf. Gill Pratt und Hugh Herr haben diesem Wunsch entsprochen, indem sie ein künstliches Bein entwickelten, das weiß, was der Behinderte tut und seine Bewegungen daran anpasst. Während seiner Promotion programmierte Ari Wilkenfeld den Prototyp einer Beinprothese, die Sensorsignale interpretieren kann und entscheidet, ob der Träger eine Treppe hoch- oder runtersteigt, über flaches Terrain geht oder auch, wie schnell er zu gehen versucht. Intelligente Beinprothesen vermindern die Notwendigkeit direkter neuraler Verbindungen.

Künstliche Arme sind jedoch etwas anderes. Mit den Armen möchte man viele verschiedene Dinge tun. Man möchte Objekte von verschiedener Größe und Form mit einem unterschiedlichen Maß an Feingespür und Kraftaufwand greifen. Man möchte in der Lage sein, Gegenstände aufzuheben und abzulegen, aber auch eine Buchseite umzublättern oder den Stöpsel in den Ausguss zu setzen, eine Türklinke zu betätigen, den Kühlschrank und einen Briefumschlag zu öffnen oder den Zündschlüssel umzudrehen. Man möchte sich damit die Nase putzen und den Hintern abwischen können.

Bei Armprothesen gibt es ein wirkliches Bedürfnis nach einer großen Bandbreite von Verbindungen zwischen dem Nervensystem des Trägers und dem Gerät. Zu diesem Zweck werden viele Tierexperimente durchgeführt, um Wege für permanente Verbindungen zwischen elektronischen Geräten und Nervenzellen zu finden. Der vielversprechendste Weg scheint zu sein, einen Siliziumchip mit Löchern direkt in die Bahn eines abgetrennten Nervenbündels zu implantieren. Die Nerven wachsen durch die Löcher, und die Siliziumschaltkreise können sowohl die elektrische Aktivität der Nerven messen als auch ihre eigenen Signale an die Nerven weitergeben. Der Chip kommuniziert drahtlos mit einem externen Monitor, der auf die Haut geschnallt ist. Es gibt noch viele ungelöste Probleme. Welches Material sollte verwendet werden, das weder dem Körper schadet noch vom Immunsystem abgestoßen wird? Wie sollen die Signale an den Nerven interpretiert werden? Wie kann das Gehirn des Behinderten am besten trainiert werden, um die Rücksignale zu interpretieren, zum Beispiel von den Kraft- oder Berührungssensoren im künstlichen Arm?

Diese Arbeiten machen Fortschritte. Der Bedarf ist vorhanden und Tausende von Menschen werden sehr dankbar sein, wenn die Technik anwendungsreif wird. Aber für die Menschen, denen nur ein Arm fehlt, sind solche Prothesen nicht ganz so dringlich. Sie kommen noch zurecht, wenn auch nicht so wünschenswert gut. Menschen mit Rückenmarksverletzungen sind in einer viel härteren und dringlicheren Lage. Ihr ganzes Leben ist von der Unfähigkeit gezeichnet, sich zu bewegen. Liegt die Beschädigung des Rückenmarks sehr weit oben, sind sie nicht einmal in der Lage, selbstständig zu atmen. Die einzigen Körperteile, die sich kontrollieren lassen, sind ihre Augen. Sie können nicht sprechen, nur blicken. Sie brauchen dringlichst und so schnell wie möglich neue Technologien, um ihre Gehirne mit Robotern zu verbinden.

Es gibt ein paar Dinge, die ohne direkte neurale Verbindungen zu bewerkstelligen sind. Eine meiner Studentinnen, Holly Yanco, hat einen Rollstuhl mit einem Roboterkontrollsystem ausgestattet. Er kann Korridoren folgen und innerhalb des Hauses selbstständig durch Türen fahren. Unter freiem Himmel folgt er dem Bürgersteig und kann vermeiden, Treppen hinunterzufallen. Holly benutzte für die Steuerung ein von Jim Gips am Boston College entwickeltes System, das Schwerstbehinderten erlaubt, durch Augenbewegungen Signale an Roboter zu senden. Kleine, an den Schläfen und der Stirn befestigte Elektroden nehmen die elektrischen Signale auf, die ihr Gehirn zu den Augenmuskeln schickt, und der Computer folgert daraus, in welche Richtung sich die Augen bewegt haben. Holly verband diese Technik mit ihrem Roboterkontrollsystem. Ein Behinderter, der in einem Rollstuhl fährt, blickt einfach auf ein Symbol auf einem Bildschirm, der auf der Lehne des Rollstuhls angebracht ist, wie zum Beispiel »vorwärts«, und der Roboterrollstuhl übernimmt die kontinuierlichen Geschwindigkeits- und Richtungsanpassungen, die für die erfolgreiche Navigation erforderlich sind.

Obwohl solche Geräte eine große Hilfe für Schwerstbehinderten wären, wollen sie selbst zweifellos etwas Besseres. Es gibt einige Experimente mit Schwerstbehinderten, um direkte Verbindungen zwischen ihren Nervensystemen und einem Computer herzustellen. Ein Patient bewegt durch bloße Gedankenanstrengung einen Mauszeiger über einen Bildschirm. In seinem Nervensystem befindet sich ein Implantat, dessen Anschlüsse, die aus seinem Körper herausführen, mit einer Schnittstellenkarte des Computers verbunden sind. Durch diese Verbindung kann der Patient mehr Kontrolle über sein Leben ausüben als zuvor. Er kann tippen und Botschaften verschicken, die Nachrichten anderer nach Belieben lesen und im Internet surfen, sich die Informationsressourcen der Welt zu Diensten machen und vor seinem Auge aufrufen, was er möchte.

Experimente wie dieses sind nur sehr beschränkt möglich. Es gibt ethische Fragen, ob invasive Technologien Menschen implantiert werden dürfen, solange noch so wenig darüber bekannt ist, wie gut sie funktionieren. Daher werden Tierexperimente durchgeführt, aber häufig ist es schwer herauszufinden, welche Fähigkeiten ein Implantat ihnen genau verleiht. Ende 2000 wurde jedoch von einem Affenexperiment mit sehr klaren Ergebnissen berichtet.

Miguel Nicolelis von der Duke University pflanzte Elektroden in die motorische Kontrollregion des Gehirns von Nachtaffen ein. Über einen Zeitraum von zwei Jahren wurden die Signale an diese Elektroden beobachtet, während die Affen ihre Arme bewegten und nach Nahrung griffen. Indem sie das Futter an verschiedene Stellen relativ zur Köperposition der Affen legten, konnten die Forscher die Affen die gleiche Bewegung viele Male ausführen lassen. Die Elektroden nahmen Signale von vielen Hundert Neuronen auf. Es gelang den Wissenschaftlern, die elektrische Aktivität in diesen individuellen Neuronen zu messen, während sie die dazugehörigen Bewegungen beobachteten. Nachdem sie genügend Daten gesammelt und analysiert hatten, war es möglich, bei jeder Greifaufgabe, die sie den Affen stellten, die Aktivität in einzelnen Neuronen vorherzusagen.

Normalerweise hätten solche Vorhersagen, gefolgt von Analysen der aufgezeichneten Daten, ausgereicht, um zu belegen, dass die Forscher eine Korrelation zwischen der Nervenaktivität und bestimmten Bewegungen der Affenarme gefunden hatten. Aber Nicolelis und seine Kollegen lieferten noch eine weit lebendigere Demonstration. Sie schlossen einen Echtzeit-Computer an die Elektroden an und programmierten ihn so, dass er vorhersagte, wohin der Affe seinen Arm bewegen würde. Dann verbanden sie diesen Computer mit einem Roboterarm, der die berechneten Bewegungen des Affen simultan ausführen sollte. Der Affe griff nach einem Nahrungsbrocken und der Roboterarm bewegte sich, unbeobachtet vom Affen, mit der gleichen Reichweite in die gleiche Richtung. Darüber hinaus begann die Forschergruppe von der Duke University eine Kooperation mit einer Gruppe vom MIT, die einen Roboterarm in Massachusetts mit den Signalen des Affengehirns verband, der sich dann gleichzeitig mit dem Affen in North Carolina bewegte – Telepräsenz eines Affen! Jedenfalls beinahe, denn der Affe hatte natürlich keine Ahnung von der Existenz des Roboterarms.

Weitere Experimente sollen dem Affen das Feedback des Roboterarms melden, damit er die Kräfte und Berührungen spürt, die der Roboterarm in der Welt ausübt. Diese Art von Kraft- und haptischer Rückkoppelung ist in der Roboterwelt Routine geworden, aber normalerweise lässt man die Signale als Kräfte auf den Arm eines Menschen einwirken. Die direkte Anbindung des Gehirns der Affen der Duke-Universität ermöglicht den großen Sprung, das Feedback direkt ins Gehirn der Affen zu schicken.

Das wird nicht einfach sein. Die Schwierigkeit besteht darin herauszufinden, wie die Kräfte und Berührungen elektrisch repräsentiert werden und zu welchen Neuronen sie geschickt werden sollen. Da Wahrnehmungssignale im Gehirn viele Verarbeitungsstadien durchlaufen, wird es viele mögliche Empfangsstellen geben. Welche davon dem Affen das Gefühl geben wird, dass der Roboterarm wirklich zu ihm gehört, ist eine schwierige Frage. Der Ort, zu dem die Signale geschickt werden, muss einer sein, an dem die adaptiven Mechanismen des Gehirns in der Lage sind, die Korrelationen zwischen Sinneseindrücken und dem, was wirklich in der Welt geschieht, herzustellen, zu verzeichnen und zu lernen. Wir wissen durch das Phänomen des »Phantomschmerzes« – wer zum Beispiel einen Arm verliert, passt sich dem Verlust einerseits an, kann jedoch weiterhin Empfindungen in dem nichtexistenten Arm verspüren-, dass dies ein komplexes Problem ist. Daher wissen wir noch nicht, wie schwierig es sein wird, dem Affen das Gefühl zu geben, dass der Arm wirklich zu ihm gehört.

Solche Forschungen sind von entscheidender Bedeutung dafür, amputierten Menschen Armprothesen zu geben, die direkt von ihrem Gehirn kontrolliert werden und sich wie eine Erweiterung ihrer selbst anfühlen. Sie sind außerdem nötig, um Querschnittgelähmten die Möglichkeit zu geben, Roboter als Ersatz für ihren Körper zu kontrollieren. Gegenwärtig scheint es keine unüberwindlichen Hindernisse für diese Arbeit zu geben. Es sind noch Forschungen nötig und die Details sind noch alles andere als klar, aber die gegenwärtigen Hinweise ermutigen zu der Annahme, dass es nicht mehr allzu viele Jahre dauern wird, bis erste Versuche am Menschen durchgeführt werden können.

Die Versuchsaffen in diesen Experimenten führen ein sorgfältig kontrolliertes Leben. Sie werden gut behandelt, aber sie sind nicht den Schwierigkeiten des Lebens in freier Wildbahn ausgesetzt, dem Leben in einer ruppigen Affengesellschaft. Sie haben Elektroden in ihren Gehirnen, die aus ihren Schädeln ragen, sodass Computer direkt an sie angeschlossen werden können. Das wird allerdings nicht die Art von Schnittstelle sein, die sich Amputierte und Gelähmte für ihre technischen Hilfsmittel wünschen. Kurzfristig wird es drahtlose Verbindungen mit extrem schwachem Strom geben müssen, die direkt ins Gehirn eingepflanzt werden, damit sie durch die Schädeldecke und Haut hindurch mit den Geräten außerhalb ihres Körpers kommunizieren können. Später, wenn

künstliche Arme permanent mit den Knochen verbunden werden und
die Haut mit der Prothesenhaut verschmilzt, wird es möglich sein, die
Drähte aus ihrem Gehirn bis zu den Armen und sogar den Beinen zu führen.

Auch über die Möglichkeit, Drähte durch das Nervensystem von Menschen zu führen, wird intensiv geforscht. Die elektrische Stimulation von
Nervenzellen im Stammhirn wurde bereits wirkungsvoll zur Milderung
der Symptome der parkinsonschen Krankheit eingesetzt. Manchmal
sind die Symptome dieser und anderer Krankheiten des motorischen
Kontrollverlusts so gravierend, dass die Patienten es vorziehen, durch
einen chirurgischen Eingriff die betroffenen Gliedmaßen lähmen zu lassen, als mit einer ständigen, ermüdenden Bewegung leben zu müssen.
Dazu müssen wichtige Nervenbahnen durchtrennt werden, damit keine
irritierenden Signale zum Muskel durchdringen. Häufig ist das korrekte
Signal sogar vorhanden, wird aber von den anderen, falschen Signalen,
die von der Krankheit ausgelöst werden, überdeckt.

Einige Forscher erwägen nun die Möglichkeit, im Fall der parkinsonschen und anderen Krankheiten erkrankte oder verletzte Teile des Gehirns zu umgehen, indem sie die Nervensignale um diese Areale herum-
führen. Durch Implantierung von Drähten, die direkt mit Neuronen des
Gehirns verbunden sind, so hofft man, lassen sich Signale von den motorischen Kontrollzentren zu den Muskeln leiten, während die dazwi-
schenliegenden natürlichen Leitungsbahnen durchtrennt werden können. Auch diese Arbeiten sind in einem frühen Stadium, aber es gibt viele
leidende Patienten und gute medizinische Gründe, diese Möglichkeiten
weiterzuverfolgen.

Viele dieser Technologien werden in den nächsten zehn Jahren
Früchte tragen und fast sicher in 20 Jahren perfektioniert sein.

Die Zukunft der Chirurgie

Die Chirurgie erlebt einen schnellen Wandel. Zwar führen
menschliche Chirurgen immer noch die Aufsicht bei Operationen –
manchmal aus sinnvollen, zuweilen nur noch aus historischen Gründen –, aber sie erhalten mittlerweile verstärkt Unterstützung durch Verfahren der Bilderkennung und Robotersysteme.

Das Bilderkennungssystem, das Eric Grimson und seine Studenten im KI-Labor des MIT perfektioniert haben, wird täglich im Krankenhaus Brigham und im Women's Hospital in Boston eingesetzt, um Gehirntumore zu entfernen. Es misst die genaue Lage des Patienten und gibt dem Chirurgen eine Röntgensicht in dessen Kopf, wobei auf der Grundlage von Daten aus der Kernspintomographie der Tumor und funktionell unterschiedliche Gehirnpartien in unterschiedlichen Farben dargestellt werden. Der Chirurg sieht den Patienten auf einem besonderen Bildschirm. Dabei werden die zusätzlichen Bilddaten dem realen Bild so überlagert, dass der Chirurg Dinge entdeckt, die zuvor unsichtbar waren. Die Instrumente des Chirurgen sind ebenfalls in das System einbezogen, ihre exakte Position wird in dreidimensionaler Ansicht auf dem Bildschirm angezeigt. Damit sind heute, auch in anderen Bereichen, weniger invasive Operationen mit kleineren Einschnitten möglich, und sie dauern auch nicht mehr so lange, weil die Chirurgen genauer wissen, was sie tun. Diese neuen »Nintendo-Chirurgen« blicken nicht mehr auf ihre Hände, sondern auf den Bildschirm, während ihre flinken und geübten Hände die Werkzeuge dirigieren. Verfahren der virtuellen Realität vermitteln den Chirurgen die Illusion, in den Patienten hineinsehen zu können, und das reicht, um die Arbeit gut auszuführen, sogar besser als mit dem begrenzten Sehvermögen eines Paar Augen, das allein im Spektrum des sichtbaren Lichts arbeiten kann.

Inzwischen beginnt man sogar damit, Roboter in der Chirurgie einzusetzen, obwohl auch hier letztlich wieder Menschen die Kontrolle ausüben. Die kalifornische Firma Intuitive Surgical bietet ein chirurgisches Telepräsenzsystem an, bei dem der Chirurg an einer Konsole sitzt und seine Finger in Schlaufen steckt. Bewegt er seine Hände, wird ein ganz anders geformter kleiner Roboter am anderen Ende des Raums in den Patienten eingeführt. Eine Kamera im Patienten lässt den Chirurgen sehen, was er macht. Während der Chirurg Hand- und Fingerstellung verändert, vollziehen zwei kleine Robotermanipulatoren seine Bewegungen nach. Die chirurgischen Manipulatoren, die Ken Salisbury und Akhil Madhani im KI-Labor des MIT entwickelt haben, sind in der Lage, zu schneiden und zu greifen. Sie befinden sich am Ende einer langen, starren Röhre von weniger als eineinhalb Zentimeter Durchmesser, die durch einen sehr kleinen Einschnitt in den Patienten eingeführt werden kann. Die Röhre bewegt sich während der Operation nicht im Geringsten, nur der kleine Manipulator an ihrem Ende. Der Chirurg kann wählen, ob seine Bewegungen im Maßstab 1:1 oder 5:1 übersetzt werden, ob sich also die Stellung des Roboters um einen Millimeter verändert, wenn er seine Hand um einen Millimeter bewegt, oder nur um ein Fünftel. Die Roboter von Intuitive Surgical werden in ganz Europa und den USA für eine Vielzahl von Operationen eingesetzt, auch zur Implantation neuer Herzklappen. Bislang wurden alle Operationen unter unmittelbarer Aufsicht des Chirurgen durchgeführt, aber es gibt keinen Grund, warum das so bleiben sollte. Zeitverzögerungen bei der Datenübertragung in Netzwerken werden letztlich von der Lichtgeschwindigkeit bestimmt, sodass eine effektive Steuerung nicht möglich ist, wenn der Chirurg sich zu weit vom Patienten entfernt befindet, aber etwa 100 Kilometer sollten in nicht allzu ferner Zukunft möglich sein.

Diese Arten chirurgischer Hilfsmittel sind nur die Spitze des Eisbergs. Auf der ganzen Welt werden viele andere Roboter für die Chirurgie entwickelt. Aus ethischen Gründen wird die Arbeit dieser Roboter von menschlichen Chirurgen beaufsichtigt. Aber das könnte sich in Zukunft verändern.

Bei einigen der Systeme könnte der Roboter schon heute die Bewegungen selbst ausführen. Menschen üben nur die Kontrolle aus, um die Ängste der Patienten und der Aufsicht führenden Instanzen zu beschwichtigen. So wie wir schließlich das Erfordernis abgeschafft haben, dass allen Automobilen ein Mensch mit einer Warnflagge vorauseilt, könnten wir diesen Robotern schließlich eine größere Rolle beim eigentlichen chirurgischen Eingriff geben. In 20 Jahren ist es vielleicht üblich, dass Operationen nur noch von Medizintechnikern beaufsichtigt werden, die etliche Jahre weniger an Ausbildung brauchen als ein Chirurg. Chirurgische Eingriffe werden in naher Zukunft in größerem Umfang alltägliche Routine sein. So wie heute in amerikanischen Einkaufszentren Laserchirurgie an den Augen vorgenommen wird und unsere Sehschärfe sich durch die Veränderung der natürlichen Linsen permanent verschiebt, wird es bald andere Formen (medizinisch nicht zwingend indizierter) Wahleingriffe geben, die der breiten Öffentlichkeit zugänglich sind.

Körperoptimierung

In 20 Jahren wird die Chirurgie weit angenehmer und verfügbarer sein als heute. Es wird viele Techniken zur Implantation von Elektronik und Metall in den menschlichen Körper geben, um verlorene Fähigkeiten auszugleichen.

Natürlich wird man hier nicht Halt machen. Es wird eine ganz neue Art von Verbesserungen für den menschlichen Körper geben. Es werden zunächst medizinisch indizierte Ergänzungen des Körpers sein, aber bald wird der Druck unaufhaltsam zunehmen, diese Technologien auch zu anderen Zwecken einzusetzen. So wie die kosmetische Chirurgie alltäglich geworden ist, werden technologische Verbesserungen des Körpers irgendwann sozial akzeptabel sein. Gesunde Menschen werden Robotertechnologie in ihre Körper implantieren lassen.

Wie könnte es dazu kommen? Werden wir wirklich unsere Angst und sogar unseren Ekel überkommen, unsere Körper in Maschinen zu verwandeln? Betrachten wir ein Szenario eines graduellen Wandels, der zu einer grundlegenden Umkehrung unserer Haltung führen wird.

So wie die künstliche Gehörschnecken heute fast schon Routine sind, wird es mit Netzhautimplantaten bei Menschen geschehen, die ihr Augenlicht durch Degeneration ihrer Retina verloren haben. Zuerst werden Menschen, die nach einem Unfall noch ein intaktes Auge haben, nicht für Implantate in Erwägung gezogen. Es wird ausreichend Nachfrage von Menschen mit zwei schlechten Augen geben, deren bevorzugte Behandlung moralisch geboten erscheint. Aber diese Behandlungen bringen eine Verbreitung dieser Technologie und Operationstechnik mit sich, die sie Routine werden lassen, und bald werden auch Einäugige davon profitieren.

Einige könnten sich dann für eine kleine Verbesserung ihres schlechten Auges entscheiden. Vielleicht möchten sie eine Siliziumnetzhaut, die für Nachtsicht optimiert ist. Wir können bereits Siliziumraster für Digitalkameras bauen, die bei Dunkelheit viele Male empfindlicher sind als das menschliche Auge. So könnte jemand, der ein gutes Auge hat und jahrelang mit einem blinden gelebt hat, beschließen, dass es wunderbar wäre, sich auch nachts so gut zurechtzufinden wie am Tag – was ein normaler Mensch nicht kann. Warum das nutzlose Auge nicht verbessern, um ihm diese Fähigkeit zu geben? Die Siliziumnetzhaut würde eine elektronische Auto-Iris benötigen, damit die Sehnerven tagsüber nicht mit Licht überflutet würden. Tatsächlich müssten sie bei frühen Modellen am Tag vermutlich schlicht ganz geschlossen bleiben. Aber das müsste unsere hypothetischen Patienten nicht beunruhigen: Ihr schlechtes Auge ist momentan sowohl bei Tag als auch bei Nacht nutzlos.

Eine klare Nachtsicht wäre für bestimmte Menschen, die allerdings zum größten Teil deswegen heimlich zum Arzt gehen müssten, eine sehr attraktive Fähigkeit: Soldaten, Drogenschmuggler, Terroristen.

Die verbesserte Nachtsicht wird so attraktiv werden, dass Menschen mit zwei absolut gesunden Augen bereit sein werden, eins dafür zu opfern. In ärmeren Ländern willigen Menschen schon heute ein, Organe für lächerliche Geldsummen zu opfern. In anderen Weltteilen verwandeln sich Menschen in lebende Bomben, um ihrer Sache zu dienen. Ein gutes Auge zu modifizieren, um ihm übermenschliche Leistungskraft zu verleihen, wird für viele Menschen, Widerstandsbewegungen und Regierungen nicht so unerhört sein.

Menschen mit extremen Hobbys könnten eine Veränderung ihrer Augen ebenfalls nützlich finden und sich dafür entscheiden, wenn sie bezahlbar wird. Bergsteiger, Höhlenforscher, Extremläufer, Polar-Trekker und -Schlittenfahrer könnten alle Gefallen an der Idee finden, in der Dunkelheit sehen zu können. Es hätte sogar Vorteile für das nächtliche Autofahren. Die Straßenverkehrsbehörden bestehen darauf, dass wir beim Fahren Brillen oder Kontaktlinsen tragen, wenn wir eine Sehschwäche haben. Wohin führt diese schlüpfrige Straße und wo wird sie enden?

Nachtsicht ist natürlich nicht die einzige Option. Eine Verschiebung des Spektrums, innerhalb dessen wir sehen, wäre ebenfalls sehr nützlich. Ein wenig mehr in Richtung Infrarot, und wir könnten Wärmequellen weitaus besser wahrnehmen. Das wäre ideal für Such- und Rettungsteams oder sogar für Feuerwehrleute. Etwas mehr zum ultravioletten Bereich, und wir nähmen alle möglichen feinen Unterschiede wahr, die uns Auskunft über den Gesundheitszustand von Pflanzen geben – welcher Bauer möchte nicht mehr über seine Feldfrüchte wissen? Und was wäre, wenn wir bewusst die Lichtempfindlichkeit unserer Augen ändern könnten, von Nachtsicht über Ultraviolett- und Infrarotsensibilität und zurück zur normalen Sehfähigkeit? Alles, was wir dazu bräuchten, wäre eine Verbindung zwischen Neuronen und dem Schaltungskomplex, der in unsere zuvor normalen Augen implantiert wurde; und wir müssten noch das etwas vertrackte Problem lösen, wie diese Neuronen von der jeweiligen Person in einer intuitiven Weise bewusst kontrolliert werden könnten.

Das medizinische Motiv, Amputierten und Gelähmten die Kontrolle über externe Geräte zu geben, wird nicht nur den Weg zu einer Entwicklung öffnen, die uns schließlich veränderbare Augen bringt, sondern uns auch zu einem Teil des Internet machen.

Die gegenwärtigen Systeme, mit denen Gelähmte eine Computermaus bedienen können, werden es Menschen auch erlauben, die spektrale Sensibilität ihrer Augen zu kontrollieren. Diese Techniken funktionieren, indem man sich vorstellt, einen Körperteil zu bewegen, über den man keine direkte Kontrolle mehr hat. Die dazu erforderliche bewusste Anstrengung wird immer geringer, wenn das Gehirn im Lauf der Zeit sein internes Körperbild neu kartiert. Wir alle kennen dieses Phänomen. Wenn wir anfangen, Auto zu fahren, ist der Wagen ein Ding, in dem wir sitzen und das wir zu kontrollieren versuchen. Manchmal kommt es uns vor, als hätte es seinen eigenen Willen, und es erfordert Konzentration, ihm die richtigen Befehle zu geben. Bald wird es jedoch ein Teil von uns. Wenn wir die ersten Male einparken, veranlassen wir diese Stahlkiste, sich auf einen bestimmten Platz zu bewegen. Nach einer Weile fahren wir einfach auf den Parkplatz und haben ein Gefühl für die Ausmaße des Wagens, der praktisch zu einer Erweiterung unseres Körpers geworden ist. Es handelt sich nicht länger um »das Auto und wir«, sondern um ein erweitertes »Wir mit einem Autokörper«.

Es gibt andere Möglichkeiten, uns zu erweitern. Viele der Technologien, die unverzichtbare Teile unseres Lebens geworden sind, befinden sich außerhalb unserer Körper – sie sind die neuen Talismane, die wir täglich mit uns herumtragen. Die auffälligsten sind die Handys. Wir sind von ihnen abhängig geworden, um mit unseren Familien und Büros zu kommunizieren. Aber nun werden wir auch für alle möglichen anderen Informationsdienstleistungen von ihnen abhängig, von der Wettervorhersage über Zugfahrpläne, Kinoprogramme, Stadtpläne, Börsenkurse bis hin zum Kauf kleiner und großer Dinge. Viele von uns haben auch einen persönlichen digitalen Assistenten, ein Notepad mit Terminkalender, privaten und geschäftlichen Kontakten, Notizen, Zeichnungen und Plänen. Dann gibt es da natürlich das Internet, jenen externen Informationsraum, der bereits das Leben vieler beherrscht. Wir sammeln und verschicken damit Informationen und senden und erhalten unzählige E-Mails. Wir sind fast ständig an den Computer auf unserem Schreibtisch gekettet oder kleben an unserem Laptop (außer während der Starts und Landungen), um Zugang zu diesen Informationskanälen zu haben. Was, wenn wir all diese externen Geräte nach innen verlegen könnten? Was wäre, wenn sie alle nur Teil unseres Geistes wären, so wie unsere Seh- und Hörfähigkeit?

Ein Mensch mit einer gedankengesteuerten Maus kann durch bloßes Denken im Internet surfen, aber dieses Surfen bleibt über die Augen vermittelt. Nun könnte man die Maus mit einem implantierten Netzhaut-Chip kombinieren. Statt einer künstlichen Netzhaut als Kamera könnte sie ein Display sein, das mit dem Computer verbunden ist, den die Gedankenmaus kontrolliert. Jetzt könnte man die Informationswege des Cyberspace in einem mentalen Kokon durchstreifen. Aber dafür müsste man ein Auge opfern. Was wäre, wenn man die Signale des Displays nicht in die Netzhaut, sondern in den hinteren Teil des Gehirns einspeisen würde, in dem sich die Bild verarbeitenden Regionen befinden? Wenn der Bildschirm ausgeschaltet wird, würde alles im visuellen System wie gewöhnlich arbeiten. Wird er eingeschaltet, würde die normale Wahrnehmung unterbrochen und der Bildschirm würde die normale Sicht ersetzen. Es gibt allerdings, wie schon erwähnt, etliche Details, die noch geklärt werden müssten. Es könnte noch ganze 20 Jahre Forschung und Experimente dauern, um dorthin zu gelangen. Aber im Prinzip scheint es keinen Grund zu geben, warum es nicht funktionieren sollte. Es könnte Übung und Training erfordern, bis ein Mensch in der Lage ist, die passende Information wahrzunehmen, aber es scheint durchaus möglich und sogar wahrscheinlich.

Natürlich könnte es sich herausstellen, dass es bessere Wege gibt, eine Schnittstelle zum Internet und ein Äquivalent unserer Notepads ins Innere unseres Kopfes zu verlegen. Statt all diese Information durch eine visuelle Repräsentation zu vermitteln, könnte es schließlich möglich werden, die Information viel direkter in unserem Geist erscheinen zu lassen. Die meisten von uns können die eigene Telefonnummer sehr gut behalten, aber über ein oder zwei Dutzend häufig verwendeter Nummern hinaus brauchen wir ein externes Gerät. Wenn wir an unsere eigene Nummer denken, stellen wir uns kein visuelles Bild von Zahlen vor. Stattdessen ist die »Nummer«, was immer das bedeutet, einfach da.

Wenn wir sie in einem externen Gerät aufrufen, sehen wir sie als Zahlenbild. Wenn unsere externen Geräte chirurgisch in unser Gehirn implantiert werden, finden wir vielleicht einen Weg, um diesen Visualisierungsschritt zu umgehen und die Information direkt zu erhalten. Herauszufinden, wie das gelingen könnte, wird eine beträchtliche Forschungsanstrengung erfordern. Der Markt wird jedoch dahin drängen. Anfänglich wird sich die Forschung gezwungen sehen, Blinden, deren Augenlicht unwiederbringlich verloren ist, Zugang zum Internet zu verschaffen. Das wird die Entwicklung eines direkten mentalen Zugangs zum Internet vorantreiben. Weil die gesunde Mehrheit nun nicht mehr ein intaktes Auge opfern muss, um einen solchen Zugang zu bekommen, werden immer mehr Menschen darauf drängen, sich die neue Technologie implantieren zu lassen.

Sobald wir diese Technologie zum direkten mentalen Anzapfen des Internets beherrschen, wird eine ganze Reihe neuer Dienstleistungen entstehen. Genau so, wie sich erst Standard-HTML-Webseiten schlagartig vermehrten und dann spezialisierte WAP-Dienste für Mobiltelefone mit kleinen Bildschirmen auftauchten, könnte es in 20 Jahren sehr wohl eine Fülle von Anbietern »mentaler« Dienste geben. Man wird dann Informationen in die am leichtesten zu durchstöbernde Form packen, mit direkten neuralen Verbindungen statt einer optimierten visuellen Repräsentation.

Natürlich werden sich, sobald es solche Internetverbindungen gibt, alle Leistungen der Mobiltelefone und Notepads leicht in diese Infrastruktur eingliedern lassen. Wir werden in der Lage sein, mit jedem, der irgendwo auf der Welt die gleiche Technologie implantiert hat, gedanklich zu kommunizieren. Ob sich diese Form der Kommunikation eher wie textbasierte Sofortbotschaften oder wie eine Art vulkanischer Geistverschmelzung anfühlen wird, wird von den spezifischen Technologien abhängen, die sich entwickeln lassen.

Mit solchen Implantaten im Körper werden wir unvergleichlich mächtiger sein. So wie das gegenwärtige externe Web und die Mobiltelefone uns ermöglichen, mehr Dinge noch häufiger zu tun, so wird es mit dem mentalen Zugang zum Cyberspace sein. Wir werden in der Lage sein, das Licht im Keller per Gedanke auszuschalten, statt selbst die dunkle Treppe hinunterstolpern zu müssen; und wenn ein von außen nicht hörbarer Wecker in unserem Kopf klingelt, ohne den Schlaf unseres Ehepartners zu stören, können wir gedanklich die Kaffeemaschine in der Küche anschalten.

Selbst bei einem Treffen von Angesicht zu Angesicht könnten wir gleichzeitig einen separaten mentalen Kommunikationskanal mit einer bestimmten Person im Raum öffnen (vielleicht letztlich über das Funktelefonnetz), sodass wir eine private Nebendiskussion führen und eine Strategie entwerfen können, wie wir gemeinsam öffentlich vorgehen sollen. Diese und viele andere noch unvorstellbare Fähigkeiten werden die Art verändern, wie Menschen interagieren. Wir werden in vieler Hinsicht Übermenschen sein. Und durch unsere gedankenvermittelten Verbindungen zum Cyberspace werden wir allein über unsere Gedanken unser Universum physisch kontrollieren. Die Telepräsenzroboter aus Kapitel 6 werden auf einen Gedanken hin unsere Wünsche erfüllen. Während wir vielleicht an einem bestimmten Ort physisch präsent sind, werden wir in der Lage sein, uns mental in ein Telepräsenzgerät und an einen anderen Ort zu projizieren, wenn wir dafür autorisiert sind. Alle, die diese Technologie nicht haben, werden sie bald haben wollen.

Anfänglich werden die Besitzer als verrückt angesehen werden. In unseren olympischen Sportarten erlauben wir den Sportlern nicht, ihre Leistung durch Drogen zu verbessern. Wir könnten Internet-Implantate bei Studenten verbieten, die Prüfungen ablegen, da sie einen unfairen Vorteil hätten. Aber irgendwann würden wir genau wie im Fall der Taschenrechner erwarten, dass jeder Prüfling einen mentalen Internetanschluss hat. Was zunächst bizarr wirkt, wird wahrscheinlich bald zur Norm.

Die Frage der Akzeptanz

Manche finden die Idee abstoßend, Technologie in ihren Körper implantieren zu lassen, während andere neugierig und sogar begierig sind, es auszuprobieren. Zunächst wird das sicherlich alles andere als eine persönliche Entscheidung sein, weil die soziale Akzeptanz dafür noch nicht vorhanden sein wird. Die Bereitschaft wird wohl von Land zu Land unterschiedlich sein und sogar innerhalb der verschiedenen Regionen eines einzelnen Landes.

Die Akzeptanz genetisch veränderter Nahrungsmittel ist in den westlichen Ländern zu Beginn des neuen Jahrtausends sehr unterschiedlich. In Deutschland sind sie heftig umstritten, in den USA nimmt man sie kaum zur Kenntnis. Ebenso werden Eingriffe in den Körper in verschiedenen Ländern ethisch sehr unterschiedlich bewertet.

Nieren-, Leber-, Lungen- und Herztransplantationen sind heute eine gängige Technologie zur Verbesserung des Körpers. Für Menschen mit erkrankten Organen sorgen Transplantationen für Organersatz. Wir haben gegenwärtig noch keine Organe aus Silizium und Stahl, die so gut wie biologische Organe arbeiten. Und anders als zum Beispiel bei Augentransplantationen sind solche natürlichen Organe in der Lage, alle erforderlichen Verbindungen herzustellen, wenn sie in einen fremden Körper eingesetzt werden, und normal zu funktionieren.

Aber Organtransplantationen sind moralisch nicht unproblematisch. Bei Nieren besteht häufig die Möglichkeit, eine Spenderniere von einem Verwandten zu erhalten, der dazu bereit ist, da wir zwar mit zwei Nieren auf die Welt kommen, aber auch gut mit nur einer überleben können. In diesem Fall akzeptieren wir das »Fleisch« eines anderen Menschen für unseren eigenen Körper. Bei Lungen- und Herztransplantationen sind wir darauf angewiesen, dass ein anderer Mensch stirbt, und tragen dann einen Teil dieses toten Menschen in unserem Körper, der uns Leben spendet. Da die Leber selbst bei einem Erwachsenen wachsen kann, stehen hier beide Möglichkeiten offen: ein lebender oder ein toter Spender.

Nieren- und Herztransplantationen sind in den USA üblich. Tatsächlich sind Erstere heute so verbreitet, dass sie nichts Besonderes mehr sind. In Japan gab es bislang jedoch nur eine Hand voll Operationen. Erst im Februar 1999 wurde die zweite Herztransplantation durchgeführt. Die erste 31 Jahre zuvor hatte zu Mordanschuldigungen gegen den transplantierenden Chirurgen Wada Juro geführt. Man warf ihm vor, dem Spender ein noch schlagendes Herz entnommen zu haben. Im Westen ist das Konzept des Gehirntods seit langem akzeptiert, in Japan wurde es aber erst 1997 gesetzlich verankert. Die Transplantation von 1999, bei der das Herz eines Spenders verpflanzt wurde, der eine Spendenerklärung unterschrieben hatte, entfachte eine moralische Debatte über die Entnahme von Organen bei Menschen, die nach traditionellem japanischem Verständnis noch nicht tot sind. Aber daraus spricht kein durchgängig anderes Empfinden der Japaner gegenüber allem menschlichem Leben. Anders als in den USA sind Abtreibungen in Japan zum Beispiel völlig akzeptiert. Und missgebildete Babys haben hier eine dreimal höhere Sterblichkeit als in den USA, obwohl in Japan die Säuglingssterblichkeitsrate insgesamt geringer ist.

Es geht hier nicht um die Frage, ob die eine oder andere Gemeinschaft oder das eine oder andere Land bessere oder überlegenere moralische Werte hat. Es ist lediglich zu konstatieren, dass sie im Hinblick auf bestimmte moralische Probleme unterschiedliche Wertvorstellungen vertreten. Sie wirken sich auf die Akzeptanz medizinischer Methoden aus, selbst wo das Leben von Empfängern auf dem Spiel steht. Mit Sicherheit werden sie auch Auswirkungen auf die soziale Akzeptanz von medizinischen Verfahren wie elektronische Implantate haben. Solche sozialen Beschränkungen sind nicht unveränderlich. Tatsächlich können sie sich innerhalb relativ kurzer Zeitabschnitte von ein oder zwei Jahrzehnten wandeln. In Japan werden die Beschränkungen für Transplantationen gelockert. Dort verändert sich das Verständnis der Heiligkeit des Körpers und welche Körperveränderungen sozial akzeptiert werden. Das Durchstoßen der Ohrläppchen für Schmuck war für japanische Frauen bis in die neunziger Jahre tabu, aber heute offenbart eine Fahrt in der Tokioter U-Bahn, dass dieses Tabu anscheinend vollständig verschwunden ist. Im Westen waren Ohrringe bei Männern bis in die achtziger Jahre für Piraten reserviert. Heute ist Ohrschmuck bei Männern selbst in den meisten akademischen Berufen akzeptiert. Es wäre immer noch ungewöhnlich, wenn zum Beispiel deutsche oder amerikanische Gerichtspräsidenten Ohrringe trügen, aber auch das wird sich mit der Zeit ändern. Genauso wie die geburtenstarken Generationen dorthin gelangt sind, werden solche Ämter schließlich von den heutigen Kids besetzt werden, und man kann ein Loch im Fleisch oder Knorpel nicht mehr rückgängig machen.

Heute mögen viele sagen: »Ich will keinen dämlichen Mikrochip in meinem Kopf, keine Titanergänzungen für meine Knochen und keine Prothesen für meine Sinnesorgane.« Es würde als unnatürlich empfunden. Das wären nicht mehr wir. Einige von uns werden sich trotzdem dafür entscheiden. Und unsere Kinder könnten schon etwas anders darüber denken, und ihre Kinder wiederum werden schließlich fast sicher eine andere Meinung haben.

Jenseits der Cyborgs

Unsere Technologie entwickelt sich seit Jahrtausenden. Heute ist sie an den Punkt gelangt, wo wir sie in unseren Körper integrieren können. Wir werden uns stärker hin zu einer eigenständigen Spezies im Lamarckschen Sinne entwickeln – zu einer Spezies, die auch ein Produkt ihrer eigenen Technologie sein wird.

Im Moment beruht Technologie auf Silizium und Stahl. Bevor dieses neue Jahrhundert verstrichen ist, werden wir über diese Technologie hinausgewachsen sein, und schon zur Mitte des Jahrhunderts werden sich diese Veränderungen auch in unserer Körperlichkeit niederschlagen.

Die Roboter der Mitte des 21. Jahrhunderts werden Silizium-, Stahl und Titankomponenten besitzen, vielleicht sogar einige Galliumarsenmetalle und mit Sicherheit eine ganze Reihe anderer Materialien und Supraleiter, Polymere und Werkstoffe, die wir uns noch kaum vorstellen können. Unser Körper wird Technik auf der Grundlage all dieser Materialien enthalten. Aber wir und unsere Roboter werden auch noch eine ganz andere Technologie in uns tragen: die Biotechnologie.

Seit 50 Jahren entwickeln wir eine Technologie, die uns zu einem Verständnis der Biologie auf molekularer Ebene führt. Seit kurzem geht diese Technologie von der Analyse zur Synthese über. Das ist der übliche Übergang von Wissenschaft zu Ingenieurtechnik.

Die ersten Versuche molekularbiologischer Manipulationen waren noch grob und unbeholfen, aber dennoch außerordentlich wirkungsvoll. Heute schreitet die Arbeit mit neueren, verfeinerten Techniken voran, die noch wirkungsvoller sein werden.

Viel Arbeit wurde bei der Kultivierung von Zellen und der Steuerung ihres Wachstums geleistet, sodass man heute eine Ersatzohrmuschel im Reagenzglas züchten und einem Menschen implantieren kann, der sein Ohr verloren hat. Auch die Züchtung anderer Ersatzorgane im Reagenzglas macht große Fortschritte.

In jüngster Zeit haben ernsthafte Forschungen begonnen, wie man Biotechnologien in der Robotertechnik einsetzen kann. Hugh Herr, der Cyborg vom Beginn dieses Kapitels, ist nicht zufrieden mit den elektrischen Stoßdämpfern seiner neuen Generation künstlicher Beine. Er möchte aktive Muskel haben, weiß aber, dass elektrische Motoren nicht über die richtigen Eigenschaften verfügen und große Batterien benötigen. Hugh und seine Studenten in unserem Labor haben damit begonnen, Roboter zu bauen, die sich mit Mäusemuskeln bewegen – Muskeln, die aus einer einzigen Zelle im Reagenzglas gezüchtet werden können. Seine ersten Roboter müssen noch in einer schwachen Zuckerlösung gebadet werden, um zu funktionieren, aber sie sind eine Verschmelzung von Silizium, Stahl und biologischem Material. Ein kleiner Mikroprozessor erhält übergeordnete Befehle wie »schwimm« oder »nach rechts drehen« und setzt sie in koordinierte Signale um, die durch die Drähte reisen, die wie Nervenstränge mit biologischen, aber künstlich geschaffenen Muskeln verbunden sind. Der Roboter schwimmt und dreht sich nach rechts.

Es gibt natürlich viele verbliebene Forschungsprobleme: Wie lassen sich die Muskeln beim Wachstum in die gewünschte Form bringen, wie kann man ihnen Zucker zuführen, ohne dass sie darin schwimmen müssen, und wie erhält man sie über lange Zeiträume am Leben, damit ein nützliches Ersatzbein über eine vernünftige Lebensdauer verfügt?

Hugh benutzt bei seiner Arbeit Zellen, wie sie bereits existieren. Aber es gibt auch Versuche, das Geschehen in den Zellen zu verändern. Viele Arbeiten haben sich mit der genetischen Modifizierung vorhandener Organismen beschäftigt. Die Technologie zur Einschleusung von Genen in Zellen oder zu ihrer Entfernung daraus war entscheidend für das Verständnis der Rolle der Gene und der Proteine, für die diese Gene codiert sind. Diese Techniken werden nun benutzt, um neue Eigenschaften in Ackerbaupflanzen einzubauen und Gene zu entfernen, die Krankheiten auslösen.

Aber solche Ansätze sind in gewisser Weise recht grob. Sie verlassen sich auf die Mischung und richtige Kombination vorhandener Gene, um einige der erhofften Resultate aus der komplexen Dynamik der Interaktionen all der Proteine zu erzielen, die von diesen Genen bestimmt werden. Es ist ein wenig wie »plug and play« mit Peripheriegeräten Ihrer Stereoanlage oder Ihres Computers zu Hause. Man erfindet nicht wirklich etwas Neues, sondern nutzt nur die Möglichkeiten, welche die Hersteller für die Kommunikation aller Komponenten vorgesehen haben. Raffinierter wäre es, selbst neue Komponenten zu bauen, und eine Meisterleistung, wenn man die Zentraleinheit des eigenen Computers vollständig neu gestalten würde. Im Falle der Genmanipulation gibt es schon erste Fortschritte in diese Richtung, aber die vollständige Neugestaltung liegt noch jenseits unserer Möglichkeiten.

Tom Knight und Ron Weiss vom KI-Labor des MIT haben damit begonnen, genetisch veränderte lebende *E.coli*-Zellen in winzige Roboter zu verwandeln. Sie benutzen die Auswahl von Sensoren und Aktuatoren, die in diesen Zellen vorhanden sind oder sich leicht unter Verwendung der schon bekannten groben Techniken gentechnisch herstellen lassen. Sie haben damit winzige *E.coli*-Roboter gebaut, die Moleküle erkennen (homoserine Lactone, um genau zu sein), die durch die Zellwände absorbiert werden können. Sie erwägen außerdem, natürlich auftretende Sensoren für Wasserhärte, Licht, elektrische und magnetische Felder sowie für andere einfache Moleküle zu benutzen. Die Aktuatoren ihrer Zellroboter sind die gleiche Art von Lactone-Molekülen, die durch Zellwände diffundieren und unter Verwendungen eines Gens des japanischen Schuppenfischs *(Monocentris japonicus)* Licht aussenden. Außerdem forschen sie über die Steuerung von Geißelantrieben, des Zelltodes und der Produktion von Enzymen, die als Aktuatoren für diese Roboter dienen können.

Die größte Herausforderung für die Roboter von Knight und Weiss sind die Berechnungen, mit denen sie ihren Output als Funktion ihres gegenwärtigen Zustands und des Input produzieren. Die Forscher zwingen den Zellen eine digitale Disziplin auf. Sie nehmen einfache digitale Schaltkreise und kompilieren sie in einen DNA-Strang, den sie in das Genom einer Population von *E.coli* einfügen. Die molekulare Dynamik der Zellen und ihre Transkriptionsmechanismen werden so in Dienst genommen, um die spezifizierten Berechungen durch diesen DNA-Strang durchführen zu lassen. Bei der Kompilation könnte zum Beispiel festgelegt werden, dass ein Protein A die Transkription von Protein B hemmen soll. Vorausgesetzt, dass diese Hemmung einem nichtlinearen Verlauf folgt, kann die Konzentration von Protein B in der Zelle als die logische Inversion der Konzentration von Protein A gesehen werden. So implementiert der Knights-und-Weiss-Compiler mithilfe des RNA-Transkriptionsmechanismus in der Zelle ein logisches NOT-Gatter. Auf diesem Mechanismus lassen sich leicht komplexere logische Gatter aufbauen, und so können lebende Zellen gezwungen werden, komplexe Berechnungen durchzuführen. Mit den richtigen Sensoren und Aktuatoren entsteht ein Roboter. Knight und Weiss haben bereits ganze Bechergläser voll mit solchen Robotern produziert, Milliarden von Robotern zweier unterschiedlicher Spezies, die miteinander kommunizieren und in Reaktion auf Botschaften von anderen Robotern und die Konzentration von Signalmolekülen in der Lösung die Luminiszenz an- und ausschalten. Die Rechengeschwindigkeit dieser Roboter beeindruckt durch ihre Langsamkeit: Dutzende von Minuten für eine einfache Entscheidung. Solche Techniken können auf unserer Suche nach immer mehr Rechnerleistung Silizium nicht ersetzen. Wichtig ist jedoch, das hier maschinelle Datenverarbeitung tatsächlich einige der internen Prozesse lebender Zellen kontrolliert.

In nicht allzu ferner Zukunft könnten wir eine ähnliche Kontrolle über die molekularen Prozesse lebender Zellen auf subtilere Weise erreichen, ohne den ganzen Vorgang auf digitale Weise anzugehen. Aber die Arbeit von Knight und Weiss zeigt, dass es möglich ist. Wenn wir 30 Jahre vorausschauen, können wir uns vorstellen, dass es programmierte Zellen in lebenden Organismen gibt, sogar in uns selbst. Wir werden sie zweifellos in unseren Robotern haben, da sie sich sehr leicht herstellen lassen. Lebende Zellen können sich bereits selbst reparieren und selbst reproduzieren. Man muss sie lediglich mit einfachen Zuckerlösungen füttern, und schon vermehren sie sich.

Es ist noch zu früh und die Situation zu unübersichtlich, als dass man sagen könnte, wo all dies einmal hinführen wird, aber es ist klar, dass in der ersten Hälfte dieses Jahrhunderts die Robotertechnologie mit der Biotechnologie verschmelzen wird. Und so wird die Robotertechnologie, die wir in unsere Körper aufnehmen werden, letztlich Biotechnologie werden: eine Technologie, die durch Veränderung unserer Gene in unsere Zellen einprogrammiert werden wird.

Wir sind auf dem Weg, unsere Gene in tiefgreifender Weise zu verändern. Es geht nicht, wie häufig befürchtet, um einfache Verbesserungen zur Schaffung eines idealen Menschen. In Wirklichkeit werden wir die Macht haben, unsere eigenen Körper in der Weise zu manipulieren, wie wir gegenwärtig die Konstruktion von Maschinen beherrschen.

Der Unterschied zwischen uns und den Robotern wird verschwinden.

Nachwort

Die B-52-Bomber der amerikanischen Luftwaffe fliegen seit beinahe 50 Jahren. Obwohl sie ihnen äußerlich ähnlich sieht, kann man eine heutige B-52 von ihrer inneren Konstruktion her nicht mit den ursprünglichen Maschinen vergleichen. Die Flugsysteme sind viele Male im Zuge der Entwicklung neuer Technologien ausgewechselt worden, ebenso die Triebwerke, hydraulischen Leitungen und Ventile. Streben und Träger, die Risse zeigten, wurden bei Generalüberholungen ausgetauscht. Die Elemente der Metallhaut wurden über die Jahre nach Bedarf durch neu entwickelte Materialien ersetzt. Kurz, die B-52 jeder beliebigen Fabrikationsnummer hat heute materiell fast nichts mehr gemeinsam mit der B-52 mit der gleichen Fabrikationsnummer vor 45 Jahren. Und für die Lebensdauer dieses Flugzeugtyps ist noch keine Ende in Sicht. Seine Subsysteme und tragenden Teile werden in den kommenden Jahren weiterhin modernisiert und ersetzt werden. Die B-52 ist unsterblich.

Werden wir selbst aufgrund der in Kapitel 10 beschriebenen Entwicklungen zu lebenden B-52-Bombern werden, unsterblich durch die Ersetzung all unserer konstitutiven Teile?

Sicherlich werden die heute lebenden Menschen profitieren, wenn die neuen Silizium- und Stahltechnologien in unsere Körper integriert werden. Unser Leben wird sich verlängern, vielleicht beträchtlich. Wir sind schon heute durch künstliche Gelenke länger mobil. Durch die neuen technologischen Implantate werden wir die Lebensdauer unserer Sensoren, unserer Augen und Ohren, ausdehnen. Viele unserer Gebrechen – der Verlust der motorischen Kontrolle, die nachlassende Leistung der Nerven oder Gehirnkrankheiten – werden sich ebenfalls beheben lassen. Diese Möglichkeiten zur Verlängerung unseres Lebens und Lebensgenusses bestehen unabhängig davon, ob wir unsere Fähigkeiten über das gewöhnliche menschliche Maß hinaus verbessern wollen. Das wird sich parallel dazu klären, ist aber hier irrelevant. Die Frage ist, ob wir in der Silizium-Stahl-Ära in der Lage sein werden, alles an und in uns zu ersetzen.

In Kapitel 9 habe ich argumentiert, dass die Komplexität unserer Verkörperung in der Welt es unwahrscheinlich macht, dass wir in absehbarer Zeit unser Gehirn einfach auf einen Computer übertragen können. Fürs Erste müssen wir sterblich bleiben und den Herausforderungen unserer Sterblichkeit ins Auge sehen. Wie unsere Enkel und Urenkel eines Tages leben werden, bleibt für uns genauso unbegreiflich, wie unsere Form der Nutzung der Informationstechnik für einen Menschen des frühen 20. Jahrhunderts unverständlich wäre. Die Welt verändert sich und unser Menschsein in dieser Welt mit ihr. Die Kräfte des Wandels bleiben so unwiderstehlich wie in den letzten 500 Jahren. Sich etwas anderes zu wünschen, wird uns so wenig nützen wie vielen vergangenen Generationen.

Der Zukunft nähert man sich am besten mit einem offenen Geist, mit einem Verständnis unserer tiefverwurzelten Vorurteile und mit der Bereitschaft, das Wesen unseres Menschseins immer wieder neu zu bestimmen. Wir werden gezwungen sein, uns in dieser Hinsicht neuen Fragen zu stellen. Blindes Festhalten an tiefverwurzelten Glaubensüberzeugungen wird uns so wenig helfen wie ignorantes Lamentieren.

So wie die modernen Wissenschaften uns ein besseres Verständnis des Universums ermöglicht haben, so werden die Ergebnisse der neuen Technologien uns tiefergehende Erkenntnisse über das gewinnen lassen, was wir wirklich sind. Und dann werden wir in der Lage sein, dies zu verändern.

Anhang:

Wie Genghis funktioniert

In Kapitel 3 haben wir schon kurz erläutert, wie Genghis funktioniert. Hier finden Sie die vollständige Beschreibung seiner Software. Um die Funktionsweise der Software zu verstehen, müssen wir jedoch zuerst einige Details der mechanischen Konstruktion und der Sensoren betrachten.

Genghis hat sechs Beine, die wie bei einem sechsbeinigen Insekt angeordnet sind: drei Paare auf jeder Seite des Körpers, wie in Abbildung 5 gezeigt. Anders als bei realen Insekten sind jedoch alle Beinpaare identisch; Insekten haben dagegen häufig viel größere Hinterbeine und wesentlich kleinere Vordergliedmaßen. Abbildung 6 zeigt das Bewegungsschema der Beine. Jedes Bein hat zwei Motoren und kann von der Schulter aus als Drehpunkt sowohl vor- und zurück- als auch auf- und abschwingen. Die Beine des Roboters haben keine »Knie«, »Knöchel« oder »Zehen«, es gibt nur die Schultermotoren. Der Motor, der das Bein vor- und zurückbewegt, wird hier als Alpha-Motor (α) für »*advance*« (vorwärts), der Motor für die Auf-und-Ab-Bewegung als Beta-Motor (β) für »*balance*« bezeichnet.

Jeder Motor wird mit einem Zahlenwert zwischen –25 und +25 angesteuert, wobei jede Zahl eine Position repräsentiert, zu der sich das Bein bewegen soll. Bei den Alpha-Motoren bedeutet 0 die rechtwinklige Stellung des Beins zum Körper, negative Zahlen geben an, dass das Bein nach hinten, positive, dass es nach vorn ausgerichtet ist. Bei den Beta-Motoren bedeutet 0, dass das Bein parallel zum Boden ausgestreckt ist, positive Zahlen geben an, dass das Bein nach unten, negative, dass es nach oben gerichtet ist.

Wenn ein Motor einen Steuerwert erhält, was dem Befehl zur Einnahme einer bestimmten Position entspricht, beschleunigt er auf ein Maximum, um das Bein in diese Position zu bringen, und bremst dann

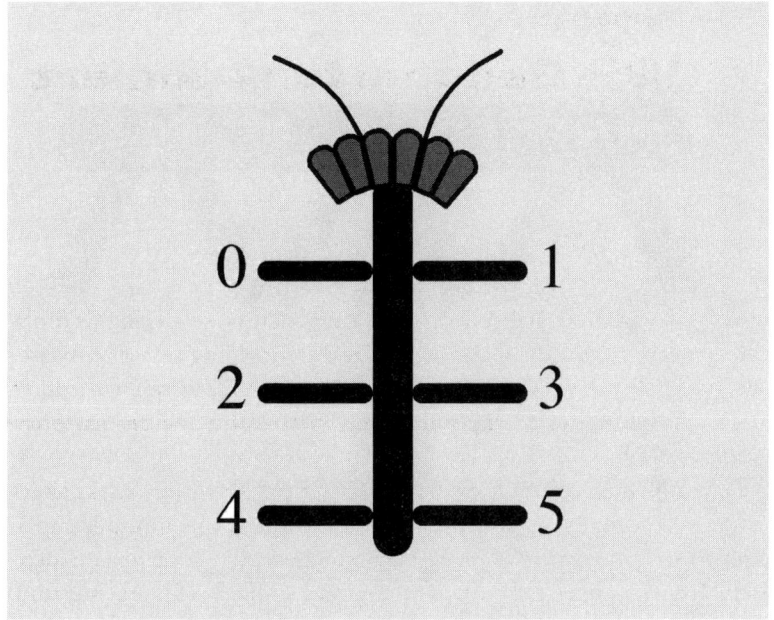

Abbildung 5: Genghis hat sechs symmetrisch angeordnete Beine, drei an jeder Seite. Sie sind von 0 bis 5 durchnummeriert.

wieder ab, um an der Zielposition wieder auf null zu kommen. Ein Motor kann langsamer als seine Maximalgeschwindigkeit betrieben werden, indem man ihn »führt«, das heißt, indem man ihm eine Serie von Positionsbefehlen etwas abseits von seiner aktuellen Position gibt.

Genghis hat vier Arten von Sensoren:

- Er hat vorn zwei »Schnurrhaare«, die, je nachdem ob sie etwas berühren, das genügend Widerstand bietet und sie biegt, entweder ein- oder ausgeschaltet sind.

- Es gibt Widerstandssensoren in jedem Motor. Wenn ein Bein daran gehindert wird, seine Zielposition zu erreichen, kann die auf das Bein einwirkende Kraft (in jeder der Alpha- und Beta-Richtungen) als eine Zahl zwischen 0 und 15 dargestellt werden, wobei größere Zahlen größeren Widerstand bedeuten.

Abbildung 6: Jedes von Genghis' Beinen besitzt zwei Bewegungsachsen, die von separaten Motoren kontrolliert werden. Der Alpha-Motor bewegt das Bein vor und zurück, der Beta-Motor nach oben und unten.

- Es gibt einen Neigungsmesser mit einer Stahlkugel, die in einer halbkreisförmigen Führung vor- und zurückrollt. So kann der Winkel bestimmt werden, um den der Roboterkörper vorn beziehungsweise hinten nach oben geschwenkt ist. Dabei ergab der vordere Extremwert 15 und der hintere 0.

- An der Vorderseite des Roboters sind sechs wärmeempfindliche Sensoren (mit Richtcharakteristik) angebracht. Je nachdem ob sie eine Infrarot-Strahlungsquelle wahrnehmen oder nicht, sind sie ein- beziehungsweise ausgeschaltet. Sie sind für Strahlung von einer Wellenlänge von etwa zehn Mikron empfindlich, was der Körpertemperatur von Menschen entspricht.

Die Sensoren liefern Eingangssignale für die Berechnungen an Bord von Genghis, der Output der gesamten Datenverarbeitung des Roboters geht in die Positionsbefehle für die Steuermotoren. Intern ist die Datenverarbeitung von Genghis jedoch als eine Menge kleiner Regelrechner realisiert, die wir in Kapitel 3 als erweiterte endliche Automaten oder AFSMs bezeichnet haben. Diese AFSMs laufen ständig und geben über virtuelle Leitungen ihren internen Output an den internen Input anderer AFSMs. Abbildung 2 zeigt die vollständige Verschaltung der internen Rechenoperationen des Roboters. Dieses Diagramm repräsentiert 51 AFSMs, von denen viele sechsfach vorhanden sind, eine für jedes Bein.[34] Wie bei dem Roboter Allen ist die Architektur der Software von Genghis nach einem Schichten-Modell ausgelegt, wobei die einzelnen Schichten in unserer Vorstellung verschiedenen Leistungsniveaus der Evolution entsprechen.

Aufstehen

Das einfachste Verhalten von Genghis ist das Aufstehen. Um dieses Verhalten festzulegen, sind zwölf einfache endliche Automaten – im Weiteren als Regler angesprochen – erforderlich, eine für jeden von Genghis' Motoren. Jeweils sechs identische dieser Regler kontrollieren die Alpha-Motoren und die Beta-Motoren. Hier die Definitionen:

Alpha-Positions-Regler. Setze den Motor Schritt für Schritt weiter, bis er die Vorgabeposition 0 erreicht hat.

Beta-Positions-Regler. Setze den Motor Schritt für Schritt weiter, bis er die Vorgabeposition 20 erreicht hat.

Zu beachten ist, dass die Alpha- und Beta-Positionsregler identisch sind, aber eine unterschiedliche Einstellung besitzen, bis zu der sie die angeschlossenen Motoren fahren. Zu beachten ist ferner, dass keiner dieser endlichen Automaten irgendeinen Input oder Output hat, sodass sie auf gar keine Weise miteinander verschaltet sind.

Mit diesem Satz von Reglern ist Genghis genau zu einem Verhalten in der Lage: Wenn er eingeschaltet wird, steht er auf – falls er zuvor auf flachem Grund auf seinem Bauch gelegen hat. Wenn er beim Einschalten auf seinem Rücken liegt, bewegt er einfach seine Beine in die Stehposition nach oben, bewegt sich also überhaupt nicht. Diese Steuerungsschicht funktioniert somit nur, wenn sich der Roboter in der richtigen Lage befindet, und produziert unter anderen Umständen unangemesse-

---

34 Im tatsächlichen Genghis-Code gab es 57 AFSMs, nicht 51, da sechs weitere endliche Automaten als Rauschfilter für die Widerstandssensoren benutzt wurden – die Details sind nicht wichtig, um die Funktionsweise von Genghis zu verstehen, da bessere Sensoren genau den gleichen Effekt gehabt hätten.

nes Verhalten. Alle Tiere haben solche Schwächen, nur sind sie in der Regel weniger ausgeprägt. Spätere Roboter, die wir bauten, hatten bessere mechanische Fähigkeiten und wir konnten sie mit Verhaltensweisen ausstatten, die es ihnen erlaubten, sich aus der Rückenlage zu befreien, obwohl ihre einfachste Verhaltensebene nicht komplexer war als die von Genghis.

Der erste Schritt

Auf der nächsten Ebene evolutionären Fortschritts gaben wir Genghis die Fähigkeit, einen einzelnen Schritt nach vorn zu tun und sich dabei mit den noch auf dem Boden befindlichen Beinen vorwärts zu stemmen. Auf dieser Ebene gibt es für Genghis keinen Grund, sich nach vorn zu bewegen, er tut dies aber, wenn jemand eines seiner Beine hebt.

Dazu modifizierten wir zuerst die Alpha- und Beta-Positions-Regler, sodass sie einen Input und einen Output bekamen. Hier die neue Definition der Beta-Positions-Regler. Die Alpha-Positions-Regler haben die gleiche Definition, nur dass sie ihre alte Standardposition 0 behielten.

Beta-Positions-Regler. Input: δ. Setze den Motor Schritt für Schritt weiter, bis er die Vorgabeposition 20 erreicht hat. Gib die jeweils letzte eingestellte Motorposition als Output aus. Wenn du einen neuen Inputwert δ erhältst, verändere die aktuelle Motorposition um diesen Betrag.

Dieser neue Beta-Positions-Regler erhält als Input Befehle, die dem Motor sagen, wie er sich relativ zu seiner gegenwärtigen Position bewegen und die erreichte neue Position ständig beibehalten kann.

Als Nächstes statteten wir die Alpha- und Beta-Regler mit Rückkopplungsschleifen aus. Die sechs unabhängigen Feedback-Schleifen für die Beta-Motoren sahen so aus, dass wir den Output eines Beta-Positions-Reglers als Input auf einen neuen Bein-Senken-Regler gaben und dessen Output wieder als Input auf denselben Beta-Positions-Regler zurückführten. Abbildung 2 illustriert diese Verbindung. Die einfachste Version eines Bein-Senken-Reglers versucht lediglich, den Motor zu seiner nach unten weisenden Position von 20 zurückzubringen, unabhängig davon, welchen Wert der Beta-Positions-Regler gerade angenommen hat.

Bein-Senken-Regler. Input: β. Gib ständig 20 −β aus.

Der Effekt, der sich aus der Aufnahme eines solchen Reglers in das Steuerungsnetzwerk jedes Beines ergibt, scheint auf den ersten Blick trivial. Seine Vorzüge werden erst sichtbar, wenn wir das Netzwerk um weitere Steuerungselemente erweitern, die gelegentlich einen Befehl an eine Beta-Positions-Regler schicken, ein Bein zu heben. Dann wird dieses Bein sehr schnell zurück auf die Einstellungsposition gebracht, während die anderen den Körper ein Stück nach vorn schieben.

Um die Beinbewegungen etwas zu glätten, war die tatsächliche Definition für den Bein-Senken-Regler etwas komplexer.

Bein-Senken-Regler. Input: β. Gib ständig max (8 −β, min (20−b,4)) aus.

Die erweiterte Komplexität sorgte für einen schnellen, aber nicht zu schnellen Abwärtsschwung des Beines bis nahe an die Zielposition, die dann mit einer graduellen Verlangsamung erreicht wurde.

Die Feedback-Schleife für die Alpha-Regler war etwas komplexer. Ein einzelner Alpha-Balance-Regler war in eine Schleife mit allen sechs Alpha-Positions-Reglern eingebunden.

Alpha-Balance-Regler. Sechs Inputs. Addiere ständig die sechs Inputs. Wann immer das Ergebnis größer als +5 oder kleiner als −5 ist, teile es durch 6 und gib dies als Resultat aus.

Die sechs Inputs für die Alpha-Balance-Regler melden, wie in Abbildung 3 gezeigt, jeweils die aktuelle Position eines Motors, das heißt den Grad der Vorwärtsbewegung (positiv) oder Rückwärtsbewegung (negativ) relativ zur Gerade-Stellung (null). Der Alpha-Balance-Regler hat nur einen Output, aber er erhält die d-Inputs von jedem der sechs Alpha-Positions-Regler. Er versucht, die Summe der nach außen weisenden a-Winkel aller sechs Beine auf null zu bringen. Dieser Alpha-Balance-Regler erhielt seine Funktion im Zusammenhang mit der Erweiterung des Systems durch die sechs Alpha-Vorwärts-Regler.

Alpha-Vorwärts-Regler. Inputs: α, β. Wenn β kleiner als 5, gib 15−α aus.

Die Alpha-Vorwärts-Regler erhalten als Input die Meldungen der ange-steuerten Alpha- und Beta-Positionen, wie in Abbildung 2 gezeigt. Wenn die Alpha-Vorwärts-Regler erkennen, dass ein Bein in der Luft schwebt, weil die Beta-Position kleiner als 5 ist, befiehlt sie diesem Bein, nach vorn zu schwingen. Aber um die Dynamik zu verstehen, müssen wir sehen, wie die Alpha-Vorwärts-Regler mit den korrespondierenden Alpha-Positi-ons-Reglern verknüpft sind.

Im Diagramm in Abbildung 2 *unterdrückt* der Output jedes Alpha-Vor-wärts-Reglers die Verbindung zwischen dem Output des Alpha-Balance-Reglers und dem δ-Input an die Alpha-Positions-Regler. Wenn eine Mel-dung zur Unterdrückung einer anderen über einen virtuellen Draht geschickt wird, dringt dieses Signal sofort durch, während die ursprüng-liche Leitung 80 Millisekunden lang für alle Signale gesperrt ist.

Wenn der Alpha-Vorwärts-Regler daher erkennt, dass das Bein sich in der Luft befindet, sendet er wiederholt Signale, damit es sich vorwärts bewegt. Indem er das Bein dazu zwingt, bringt er die Summe der Inputs im Alpha-Balance-Regler ins Positive, sodass er beginnt, Befehle an alle Beine zu schicken, ihren Anstellwinkel etwas nach hinten zu drehen (damit sich der Körper nach vorn bewegen kann). Nur das Bein, das sich gerade vorwärts bewegt hat, erhält keine dieser Botschaften – sie werden solange unterdrückt, bis die nach außen weisenden Winkel der Beine durch die Summierung zu null wieder in der Balance sind. Dabei ist zu beachten, dass in der Zwischenzeit der Bein-Senken-Regler sichergestellt hat, dass das Bein wieder nach unten in die Stehposition geführt und schließlich jeder Stimulus zum Alpha-Vorwärts-Regler eingestellt wird, sodass er nicht länger Befehle zur Vorwärtsbewegung sendet.

Die Dynamik der Interaktionen all dieser als Regler eingesetzten end-lichen Automaten ist vielleicht nicht ganz leicht zu erkennen, obwohl wir bereits alle Komponenten durchgegangen sind. Die Gesamteffekt ist fol-gender: Wenn irgendein Bein sich aus irgendeinem Grund in der Luft befindet, wird es vorwärts gedreht und nach unten bewegt. Die Beine, die noch auf dem Boden sind, drehen sich alle etwas nach hinten und drü-cken damit den Körper des Roboters nach vorn, sodass das nach vorn schreitende Bein, wenn es den Boden berührt, einen Schritt vorwärts getan hat. Auf dieser Grundlage kann Ghengis gehen. Aus der einfachen lokalen Dynamik jedes einzelnen Beines ergibt sich also genau die rich-tige koordinierte Bewegung aller sechs Beine.

Eigenständiges Gehen

Die nächste Schicht der Regler ließ den Roboter eigenständig gehen. Dafür fügten wir sechs Bein-Heben-Auslöser-Regler hinzu.

Bein-Heben-Auslöser-Regler. Inputs: τ, β. Wann immer ein Input auf τ empfangen wird, gib für die nächste halbe Sekunde wiederholt $4-\beta$ aus.

Jeder hat einen auslösenden Input τ und außerdem einen Input, der die gegenwärtige Position des Beta-Motors meldet. Wann immer ein Auslöser-Input erhalten wird, zwingt der Bein-Heben-Auslöser-Regler das Bein, dieses Mal durch die *Unterdrückung* der grundlegenden Beta-Feedback-Schleife, sich zur Position 4 zu heben und dort eine halbe Sekunde zu verweilen. Das reicht aus, um die unwillkürliche Schrittreaktion auszulösen, die wir bereits erörtert haben, sodass der Roboter einen Schritt nach vorn geht.

Um Genghis gehen zu lassen, war es nun notwendig, noch einen letzten AFSM-Regler hinzuzufügen.

Gehen-Regler. Sechs Outputs: τ_0, τ_1, τ_2, τ_3, τ_4, τ_5. Sende alle vier Zehntelsekunden einen Output in der folgenden wiederholten Reihenfolge: τ_4, τ_1, τ_2, τ_5, τ_0, τ_3.

Die Outputs der Gehen-Regler wurden jeder mit dem τ-Input der entsprechenden Bein-Heben-Auslöser-Regler verbunden. So gibt der Gehen-Regler wiederholt an jedes Bein den Impuls, sich zu heben, und löst so die angeregte Schrittreaktion aus. In der hier spezifizierten Weise geht Genghis mit einem so genannten »Wellengang«. Auf jeder Seite seines Körpers macht zuerst das Hinterbein einen Schritt, dann das Mittelbein und schließlich das Vorderbein. Die beiden Seiten gehen zeitversetzt, sodass das Hinterbein der rechten Seite genau zwischen zwei Schritten des Hinterbeins der linken Seite einen Schritt macht. Zu beachten ist, dass die Taktung für den Gehen-Regler und alle Bein-Heben-Auslöser-Regler so ausgelegt ist, dass sich jederzeit mehr als ein Bein vorwärts bewegt. Mit einem etwas anderen Gehen-Regler, welcher jeweils die Beine 0, 3 und 4 sowie die Beine 1, 2 und 5 simultan hebt, kann Genghis im »alternierenden Dreifüßlergang« schneller gehen.

Diese Steuerungsebene versetzte Genghis in die Lage, gut auf ebenem Boden zu gehen. Das wirkte aber noch nicht wirklich lebensähnlich, sondern eher wie ein Uhrwerk, da er nicht auf Hindernisse auf seinem Weg oder Unebenheiten reagieren konnte und sich auf keinerlei Ziel orientierte.

Gehen über Hindernisse

Um Genghis die Fähigkeit zu geben, mit unebenem Terrain fertig zu werden, benutzten wir die Widerstandssensoren in jedem Bein. Die offensichtlichste Lösung war, ihn jedes Bein höher heben zu lassen, wenn es auf ein Hindernis traf, sodass der Roboter darüber hinweggehen konnte. Das erforderte eine kleine Modifikation des Bein-Heben-Auslöser-Reglers.

Bein-Heben-Auslöser-Regler. Inputs: τ, β, υ. Beginne mit einer Standardposition υ von 4. Wann immer ein Input auf τ empfangen wird, gib für die nächste halbe Sekunde wiederholt $\upsilon-\beta$ aus und setze dann υ auf 4 zurück.

Der neue υ-Input bot eine neue zeitweilige Höhe, auf die das Bein gehoben werden sollte. Dafür sorgten sechs weitere AFSMs, die Alpha-Kollisions-Regler.

Alpha-Kollisions-Regler. Inputs: α, β. Wenn α 15 ist, β größer als 7 und der Widerstand auf den α-Motor über 80 Millisekunden lang auf 15 bleibt, gib -10 aus.

Diese Regler erhalten als Inputs die jüngsten angesteuerten Positionen der beiden Beinmotoren. Wenn das Bein den Befehl hat, sich einen ganzen Schritt nach vorn zu bewegen, das Bein sich wieder in der Abwärtsbewegung befindet und der Alpha-Motor einen großen, dauernden Widerstand spürt, veranlasst der Alpha-Kollidier-Regler den υ-Input der entsprechenden Bein-Heben-Auslöser-Regler das Bein, sich beim nächsten Schritt höher zu heben. Mit diesen Reglern war Genghis in der Lage, einigermaßen elegant über Hindernisse auf seinem Weg zu klettern, sobald er auf welche stieß. Das kollidierende Bein machte dann einen höheren Schritt und kletterte über jedes Hindernis von der Größe des Roboters.

Genghis reagierte nun auf Hindernisse auf seinem Weg, aber er hatte noch keine gute Seitenbalance. Wenn zum Beispiel sein mittleres rechtes Bein auf einen Stein trat, kippte sein ganzer Körper nach links, und die anderen beiden rechten Beine kamen nicht mehr auf den Boden. Um dieses Verhalten zu korrigieren, fügten wir wieder sechs AFSMs hinzu, die Beta-Balance-Regler.

Beta-Balance-Regler. Wenn Widerstand im β-Motor 7 oder kleiner, tue nichts; wenn er 11 oder größer ist, gib −3 aus; andernfalls gib 0 aus.

Jeder Beta-Balance-Regler stellt sicher, dass nicht zu viel Gewicht auf einem einzelnen Bein liegt, wenn es zum Beispiel auf einem hohen Hindernis steht. Der Output der Beta-Balance-Regler wurde durch die Beta-Rückkopplung der unteren Ebene geschickt, legte eine neue Einstellungsposition fest und drückte das Bein nicht weiter nach unten, oder hob es bei großem Widerstand sogar ein bisschen an, sodass der Roboter besser ausbalanciert war. Wie aus Abbildung 2 ersichtlich, wurde der Output eines Beta-Balance-Reglers mit dem Output eines Bein-Heben-Auslöser-Reglers zusammengeführt. Der Beta-Balance-Regler lieferte das Standardsignal für die virtuelle Leitung, das dann die Beta-Rückkopplung unterdrückte. Wann immer der Bein-Heben-Auslöser-Regler einen Output produzierte, setzte er sich über das hinweg, was der Beta-Balance-Regler zu tun versuchte, da der Bein-Heben-Auslöser-Regler das Bein für einen Vorwärtsschritt heben wollte. Andererseits war es wichtig, dass der Beta-Balance-Regler weiterhin Signale ausgab, wenn das Bein unten war und einen großen Widerstand spürte, selbst wenn es Befehle gab, die Beinposition um 0 zu verändern. Das unterdrückte die natürliche Tendenz der Beta-Rückkopplung, das Bein wieder nach unten auf seine Standardposition zu senken.

Mit diesen Ergänzungen war Genghis in der Lage, auf seine Umgebung zu reagieren und über ziemlich unebenes Gelände zu gehen. Er schleifte manchmal mit seinem Bauch über den Boden und rutschte gelegentlich aus, aber er hatte Ausdauer und fand letztendlich seinen Weg über fast jedes Gelände, in das wir ihn setzten.

Geschicktes Gehen

Aber Genghis war immer noch kein sehr eleganter Geher. Insbesondere die Beta-Balance-Regler produzierten eine unerwünschte Nebenwirkung. Wenn der Roboter eine Steigung zu erklimmen begann, wurde mehr Gewicht auf die Hinterbeine verlagert. Der Widerstand, den diese Beine spürten, wurde von den Beta-Balance-Reglern so interpretiert, dass die Beine auf ein Hindernis stießen, sodass ihre Einstellungsposition gehoben wurde und der Roboter sich auf seine Hinterbeine setzte. In gleicher Weise neigte der Roboter dazu, die Nase nach unten zu senken, wenn er eine Schräge herunterkletterte.

Diese beiden Probleme wurden mit der evolutionären Ergänzung um zwei Neigungs-AFSMs gemildert, eine für das hintere und eine für das vordere Beinpaar.

Neigungs-Regler. Wenn der Neigungssensor einen Wert innerhalb von fünf Einheiten des entsprechenden Extrems anzeigt, gib eine Hemmungsmeldung aus.

Jeder Neigungs-Regler-Output wirkt so auf den Beta-Balance-Regler jedes seiner Beinpaare ein, dass er deren Output unterdrücken kann. Der Neigungs-Regler für die Hinterbeine sendet eine Meldung aus, wenn der Neigungssensor meldet, dass der Roboter in der Nähe seiner maximalen vorderen Aufrichtung ist. Der Neigungs-Regler für die Vorderbeine gibt einen entsprechenden Output aus, wenn die Nase des Roboters nach unten zeigt. Diese Signale wurden so auf den Output der entsprechenden Beta-Balance-Regler gegeben, dass sie jedes Mal, wenn ein Hemmungssignal vorlag, deren Output für 80 Millisekunden unterdrückten. Der Effekt war, den Roboter daran zu hindern, auf sein Hinterteil zu fallen, wenn er bergauf kletterte, beziehungsweise auf seine Nase, wenn er bergab ging – eine deutliche Verbesserung der Geheleganz.

Der Gehstil von Genghis wurde außerdem erheblich verbessert, indem wir jedes der Schnurrhaare an der Vorderseite über eine der beiden Schnurrhaar-AFSMs auf das entsprechende Vorderbein einwirken ließen.

Schnurrhaar-Regler. Wenn Schnurrhaar auf dieser Seite ausgelöst, gib –10 aus.

Die Outputs der beiden Schnurrhaar-Regler wurden so in die Schaltung einbezogen, dass sie das entsprechende Vorderbein über den υ-Input des Bein-Heben-Auslöser-Reglers dazu brachten, sich beim nächsten Schritt höher zu heben. Wenn Genghis vorwärts ging und seine Schnurrhaare auf ein Hindernis stießen, hoben sich seine Beine auf diese Weise hoch über das Hindernis, ohne darauf warten zu müssen, auf fühlbaren Widerstand zu stoßen.

Mit diesen Ergänzungen konnte Genghis sehr geschickt laufen. Doch, ach, er schien noch keinen Zweck im Leben zu haben – weshalb die Lebensähnlichkeit seines Verhaltens doch erheblich zu wünschen übrig ließ.

Beute jagen

In Kapitel 3 haben wir bereits die letzte Schicht der Kontrollsoftware von Genghis beschrieben, die ihn zu einem Raubtier machte. Wie das im Einzelnen vor sich geht, ist hier geschildert.

Eine einzelne AFSM, der IR-Sensoren-Regler, wurde hinzugefügt, um zusammenzufassen, was die wärmeempfindlichen Sensoren in der vorangehenden halben Sekunde wahrgenommen haben. Ihr Output wurde auf einen anderen einzelnen Regler gegeben, den Beutesuch-Regler, und dessen Output wiederum kontrollierte gleichzeitig die Outputs aller sechs Gehen-Regler.

IR-Sensoren-Regler. Gib ständig Liste aus, welcher der sechs wärmeempfindlichen Sensoren in der vorangehenden halben Sekunde ausgelöst wurde.

Beutesuch-Regler. Input: Liste der Wärmesensoren. Gib ständig Sperrbotschaft aus, aber wann immer ein Signal eines der Sensoren im Input erscheint, unterbrich Sperre für fünf Sekunden.

Der kombinierte Effekt dieser beiden Regler besteht darin, dass Genghis sich nicht bewegt, wenn er keine Infrarotaktivität im Blickfeld seiner Wärmesensoren sieht. Der Beutesuch-Regler hemmt alle Outputs der Gehen-Regler, sodass nie Impulse an den Bein-Heben-Auslöser-Regler gehen, irgendein Bein zu heben und einen Schritt zu tun. Gibt es dagegen Infrarotaktivität in Sichtweite der nach vorn gerichteten Wärmesen-

soren, beginnt der Roboter einige Sekunden lang zu gehen und setzt die
Bewegung fort, solange er die Aktivität wahrnimmt.

   Nach dieser geistlosen physischen Koppelung von AFSMs konnten
wir Genghis dazu bringen, eine Infrarotquelle aufzuspüren und zu verfolgen. Zunächst mussten wir den Alpha-Positions-Reglern einen weiteren Input zuführen.

Alpha-Positions-Regler. Inputs: δ, μ. Setze, beginnend mit einer Standardposition
von 0, den Motor beständig auf diese Position, und gib die jüngste angesteu-
erte Motorposition aus. Wenn ein neues δ empfangen wird, ändere die gegenwärtige Zielposition des Motors um den entsprechenden Betrag, aber gehe nie
unter das jüngste erhaltene μ und setze μ immer auf -25 zurück.

   Der μ-Input liefert so einen Maximalwert und stellt faktisch einen (variablen) »Anschlag« dar, über den hinaus sich die Beine nicht bewegen
können. Indem μ zum Beispiel für alle Beine auf der rechten Seite so verändert wird, dass sich ihre Drehbewegung nach hinten verringert, macht
der Roboter auf der rechten Seite kleinere Schritte, auf der linken jedoch
weiterhin normal große. Der Roboter wendet sich auf diese Weise nach
rechts. Um diese Fähigkeit zu nutzen, wurde schließlich eine weitere einzelne AFSM, der Steuer-Regler, hinzugefügt.

Steuer-Regler. Input: Liste der wärmeempfindlichen Sensoren. Zähle ständig
Zahl der linken und rechten Sensoren, die eingeschaltet sind. Wenn mehr auf
der Linken, gib 7 auf der linken Seite aus, wenn mehr auf der Rechten, gib 7 auf
der rechten Seite aus.

   Der Output der linken Seite wurde an die μ-Inputs jedes der Alpha-Positions-Regler der linken Seite gesendet, während der Output der rechten
Seite an die entsprechenden Regler der rechten Beine ging.

   Jetzt saß Genghis da und wartete darauf, dass eine Wärmequelle vor
ihm vorbeikam. Geschah dies, begann er, darauf zuzugehen, steuerte
nach links und rechts, um das Ziel »im Auge« zu behalten, und kletterte
dabei über jedes Hindernis hinweg, das er auf seinem Weg vorfand.

Über den Autor

Rodney A. Brooks ist Direktor des Labors für künstliche Intelligenz am Massachusetts Institute of Technology und Inhaber des Fujitsu-Lehrstuhls für Computerwissenschaft. Er ist außerdem Vorstand und leitender technischer Manager der iRobot Corporation (früher IS Robotics). Er forschte an der Carnegie Mellon University und am Artificial Intelligence Laboratory des MIT, bevor er 1983 Fakultätsmitglied des Fachbereichs Computerwissenschaft an der Stanford University und 1984 des MIT wurde. Dr. Brooks ist Mitbegründer von Lucid Inc. Er ist außerdem Gründungsmitglied der American Association for Artificial Intelligence (AAAI), Mitglied der American Association for the Advancement of Science (AAAS), Mitbegründer und Mitherausgeber des *International Journal of Computer Vision* sowie beratender Herausgeber verschiedener Zeitschriften, darunter *Adaptive Behavior, Artificial Life, Applied Artificial Intelligence* und *Autonomous Robots*.

Weiterführende Literatur

Asimov, Isaac, *I, Robot*, New York 1950.

Ballard, Dana et al., »Deictic Codes for the Embodiment of Cognition«, in: *Behavioral and Brain Sciences* 20 (4),1997, S.723–742.

Ballard, Dana, Mary M. Hayhoe und Stephen Jeff Pelz, »Memory Representation in Natural Tasks«, in: *Journal of Cognitive Neuroscience* 7 (1), 1995, S.66–80.

Breazeal, Cynthia L., *Designing Sociable Robots*, Cambridge, Mass., 2001.

Brooks, Rodney A., *Cambrian Intelligence*, Cambridge, Mass., 1999.

– Ders., »The Relationship Between Matter and Life«, in: *Nature* 2001, S.409–411.

– Ders. und Anita M. Flynn, »Fast, Cheap, and Out of Control: Robot Invasion of the Solar System«, in: *Journal of the British Interplanetary Society* 42 (10), 1989, S. 478–485.

Bush, Vannevar, »As We May Think«, in: *Atlantic Monthly*, Juli 1945.

Chalmers, David, *The Conscious Mind*, New York 1996.

Clarke, Arthur C., *2001: A Space Odyssey*, New York 1968 (dt.: *2001 – Odyssee im Weltraum*, München 2001).

Cohen, John, *Human Robots in Myth and Science*, London 1966.

Damasio, Antonio R., *The Feeling of What Happens. Body and Emotion in the Making of Consciousness*, New York 1999 (dt.: *Ich fühle, also bin ich. Die Entschlüsselung des Bewußtseins*, München, 2000).

Dennett, Daniel C., *Brainchildren*, Cambridge, Mass.,1998.

Dreyfus, Hubert L., *What Computers Can't Do*, New York 1972 (dt.: *Was Computer nicht können*, Frankfurt a.M., 1989).

Dyson, George B., *Darwin Among the Machines*, Reading, Mass., 1997 (dt.: *Darwin im Reich der Maschinen. Die Evolution der globalen Intelligenz*, Wien 2001).

Goldberg, Ken und Roland Siegwart, *Beyond Webcams. An Introduction to Online Robots*, Cambridge, Mass., 2001.

Greenblatt, Richard, Donald Eastlake und Stephen Crocker, »The Greenblatt Chess Program«, in: *Proceedings of the Fall Joint Computer Conference*, S.801–881, Montvale, N.J., 1967.

Grey Walter, William, »A Machine That Learns«, in: *Scientific American* 185 (5) 1950, S.60–63.

- Ders., *The living brain*, London 1953 (dt.: *Das lebende Gehirn*, München 1961).
- Ders., »An Imitation of Life«, in: *Scientific American* 182 (5) 1950, S.42–45.
Griffin, Donald R., *Animal Minds*, Chicago 1992.
Hauser, Marc D., *The Evolution of Communication*, Cambridge, Mass., 1997.
Johnson, Mark, *The Body in the Mind*. *The Bodily Basis of Meaning, Imagination, and Reason*, Chicago 1987.
Kelly, Kevin, *Out of Control: The Rise of Neo-Biological Civilization*, Reading, Mass., 1994 (dt.: *Das Ende der Kontrolle*. *Die biologische Wende in Wirtschaft, Technik und Gesellschaft*, Regensburg 1997).
Knight, Thomas F., Weiss, Ron, »Engineered Communications for Microbial Robotics«, in: Condon, Anne und Grzegorz Rozenberg, *Lecture Notes in Computer Science*, Vol. 2054, S.1–16, Berlin (Proceedings of the 6th International Workshop on DNA-Based Computers, *DNA 2000*, Leiden, Niederlande).
Kurzweil, Ray, *The Age of Spiritual Machines*, New York 1999 (dt: *Homo s@piens. Leben im 21. Jahrhundert – was bleibt vom Menschen?* Köln, 1999).
- Ders., *The Age of Intelligent Machines*, Cambridge, Mass., 1990 (dt.: *Das Zeitalter der Künstlichen Intelligenz*, München, 1993).
Lakoff, George, *Women, Fire, and Dangerous Things*. *What Categories Reveal About the Mind*, Chicago 1987.
- Ders. und Mark Johnson, *Philosophy in the Flesh*. *The Embodied Mind and Its Challenge to Western Philosophy*, New York 1999.
Lipson, Hod und Jordan B. Pollack, »Automatic Design and Manufacture of Robotics Lifeforms«, in: *Nature* 406, 2000, S.974–978.
Loeb, Gerald E., »Prosthetics, Neural«, in: *Handbook of Brain Theory and Neural Networks*, S.768–772, hg. von Michael A. Arbib, 2. Auflage, Cambridge, Mass., 2001.
Marr, David, *Vision*, San Francisco 1982.
Matijevic, Jake, »Autonomous Navigation and the Sojourner Microrover«, in: *Science* 280, 1998, S.454–455.
Maturana, Humberto und Francisco Varda, *The Tree of Knowledge: The Biological Roots of Human Understanding*, Boston 1987 (dt.: *Der Baum der Erkenntnis*. *Die biologischen Wurzeln des menschlichen Erkennens*, München 1996).
Menzel, Peter und Faith D'Aluiso, *Robo sapiens*, Cambridge, Mass., 2000.
Moravec, Hans P., *Robot*, New York 1999 (dt.: *Computer übernehmen die Macht: Vom Siegeszug der künstlichen Intelligenz*, Hamburg 1999).
- Ders., *Robot Rover Visual Navigation*, Ann Arbor, Mich., 1981.
- Ders., *Mind Children*, Cambridge, Mass., 1988 (dt.: *Mind Children. Der Wettlauf zwischen menschlicher und künstlicher Intelligenz*, Hamburg 1990).
- Nelson, Ted, *Computer lib, Dream Machines*, Redmont, Wash., 1987. Frühere Ausgabe u. d. T. *Computer lib*, 1974.
Nilsson, Nils J. (Hg.), *Shakey the Robot*, SRI International Center, Technical Note 323, 1984.

Nolfi, Stefano und Dario Floreano, *Evolutionary Robotics*, Cambridge, Mass., 2000.

Penrose, Roger, *Shadows of the Mind*, New York 1994 (dt.: *Schatten des Geistes. Wege zu einer neuen Physik des Bewusstseins*, Heidelberg 1995).

– Ders., *The Emperor's New Mind*, New York 1991 (dt.: *Computerdenken: des Kaisers neue Kleider oder die Debatte um künstliche Intelligenz, Bewusstsein und die Gesetze der Physik*, Heidelberg 1991).

Pentland, Alex P.(Hg.), *From Pixels to Predicates. Recent Advances in Computational and Robotic Vision*, Norwood, N.J., 1986.

Pepperberg, Irene M., *The Alex Studies. Cognitive and Communicative Abilities of Grey Parrots*, Cambridge, Mass., 2000.

Ramachandran, Vilayanur S. und Sandra Blakeslee, *Phantoms in the Brain. Probing the Mysteries of the Human Mind*, New York 1999 (dt.: *Die blinde Frau, die sehen kann. Rätselhafte Phänomene unseres Bewusstseins*, Reinbek 2001).

Ray, Thomas S., »An Approach to the Synthesis of Life«, in: *Artificial Life II*, hg. von Christopher G. Langton, Redwood City, CA, 1991.

Regis, Ed, *Great Mambo Chicken and the Transhuman Condition*, Reading, Mass., 1990.

Rosen, Robert, *Life Itself*, New York 1991.

Searle, John R., *The Rediscovery of the Mind*, Cambridge, Mass., 1992 (dt.: *Die Wiederentdeckung des Geistes*, Frankfurt am Main 1996).

Sims, Karl, 1994, »Evolving 3D Morphology and Behavior by Competition«, in: *Artificial Life I*, S.353–372.

Turing, Alan M., »Computing Machinery and Intelligence«, in: *Mind* 59, 1950, S.433–60. Dieser Artikel ist auch abgedruckt in George F. Luger (Hg.), *Computation and Intelligence. Collected Readings*, Cambridge, Mass.,1995.

Turkle, Sherry, *Life on the Screen*, New York 1995 (dt.: *Leben im Netz. Identität in Zeiten des Internet*, Reinbek 1999).

Weizenbaum, Joseph, *Computer power and human reason*, San Francisco 1976 (dt.: *Die Macht der Computer und die Ohnmacht der Vernunft*, Frankfurt am Main 1977).

Wood, Gaby, *Living Dolls: A magical History of the Quest for Mechanical Life*, London 2001.

Woodward, T. S. et al., »Analysis of Errors in Color Agnosia: A Single Case Study«, in: *Neurocase* 5, 1999, S.95–108.

Yarbus, Alfred L., *Eye Movements and Vision*, New York 1967.

Register

280   Menschmaschinen

Unsere Zukunft braucht uns

Daniel Cohen
Unsere modernen Zeiten
Wie der Mensch die
Zukunft überholt

2001. 152 Seiten
ISBN 3-593-36660-6

Arbeit, Staat, Unternehmen,
Lebensplanung – alles ist im
Umbruch. Sind diese Veränderungen Bedrohung oder
Chance? Technische Innovationen schaffen zwar neue
Freiräume, aber sie stellen die Menschen auch vor
neue Anforderungen. Wohlstand ist scheinbar nur um
den Preis neuer Zwänge zu erreichen. Doch die Angst,
der technische Fortschritt bedeute das Ende der Arbeit
und mache den Einzelnen überflüssig, ist unbegründet.
Im Gegenteil: Individuelle Fähigkeiten und Bedürfnisse rücken in den Mittelpunkt. Daniel Cohen durch-
denkt die Veränderungen der Wirtschaft und die Rolle
des einzelnen Menschen und kommt zu dem Schluss,
dass der Kapitalismus am Scheideweg steht. Wenn die
Weichen richtig gestellt werden, kann der Weg in
eine menschliche Zukunft führen.

Gerne schicken wir Ihnen unsere aktuellen Prospekte:
Campus Verlag · Kurfürstenstr. 49 · 60486 Frankfurt/M.
Tel.: 069/97 65 16-0 · Fax - 78 · www.campus.de

|campus
Frankfurt / New York

Lebensweise der Zukunft

Jeremy Rifkin
Access – Das Verschwinden des Eigentums
Warum wir weniger besitzen und mehr ausgeben werden

2. Auflage, 2000. 424 Seiten
ISBN 3-593-36541-3

Die turbulenten Entwicklungen der Börse lassen keinen Zweifel: Das Industriezeitalter ist vorüber. Masse und Kapital sind schwerfällig und unbeweglich – was zählt, sind Image und Ideen. Das verändert auch unser Leben. Langfristiges Eigentum schwindet, der rasche Zugriff auf Güter und Leistungen entscheidet alles. Es entsteht eine Ökonomie, die in immer neue Bereiche unseres Lebens vordringt: Entertainment und Life Style, Abenteuer und Glücksgefühle. Alles was wir brauchen, wird bald nur noch als bezahlter Service angeboten. Jeremy Rifkin entwirft ein kenntnisreiches Bild des neuen Zeitalters. Faszinierende Beispiele verdeutlichen, welche revolutionären Veränderungen bereits vor sich gehen. Der Autor warnt: Überlassen wir dieser neuen Spielart des Kapitalismus das Feld, geraten die Grundlagen unserer Gesellschaft in Gefahr.

Gerne schicken wir Ihnen unsere aktuellen Prospekte:
Campus Verlag · Kurfürstenstr. 49 · 60486 Frankfurt/M.
Tel.: 069/97 65 16-0 · Fax -78 · www.campus.de

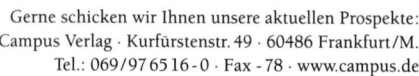

Programmiersprache »Gen«

Evelyn Fox Keller
Das Jahrhundert des Gens

2001. 240 Seiten
ISBN 3-593-36720-3

Wie wurde das Gen entdeckt
und was verbirgt sich hinter
diesem Wort? Welche Rolle
spielt es in unserer Fantasie?
Die Entwicklung der modernen Gentechnologie zeigt,
warum ihre Erfolge das bis-
herige Verständnis vom Gen immer mehr in Frage
stellen: Ein neues Vokabular und neue Konzepte sind
nötig, um die Funktion des einzelnen und das Zusammenspiel aller Gene begreiflich machen. Doch mit der
Entschlüsselung des Genoms ist nicht das Ende der
Biologie erreicht, vielmehr steht die Forschung an einem neuen Anfang. Evelyn Fox Kellner führt ernüch-
ternd durch die emotional geführten Debatte um die
moderne Gentechnologie. Sie verzichtet auf moralische
Wertungen und liefert stattdessen fundierte Informationen und Denkanstöße für alle, die sich unvoreinge-
nommen mit dem Thema auseinander setzen wollen.

Gerne schicken wir Ihnen unsere aktuellen Prospekte:
Campus Verlag · Kurfürstenstr. 49 · 60486 Frankfurt/M.
Tel.: 069/97 65 16 - 0 · Fax - 78 · www.campus.de

|campus
Frankfurt / New York

Lesen Sie täglich eine Neuerscheinung: uns.

Auf unseren Buch-Seiten und in unseren Literatur-Beilagen finden Sie Besprechungen der interessantesten Neuerscheinungen. Testen Sie uns. Mit dem Probeabo, zwei Wochen kostenlos. Tel.: 0800/8 666 8 66. Online: www.fr-aktuell.de

FrankfurterRundschau

Eine Perspektive, die Sie weiterbringt.